CCF CSP

CERTIFIED
SOFTWARE
PROFESSIONAL
JUNIOR / SENIOR

第一轮认证
一本通

丁向民 编著

清华大学出版社
北 京

内 容 简 介

本书根据 CSP-J1/S1 考试题型,并综合了最近两年 CSP-J1/S1 考试真题和最近 10 年信息学奥赛初赛考试真题编写而成。在本书的编写过程中,所有题目都完全模拟 CSP-J1/S1 考试的题型,在对题目进行分析的同时,也对考试知识点进行了梳理,能够更好地帮助考生理清考试思路和把握重难点。

本书共 8 章,前 4 章对选择题的知识点进行了梳理,后 4 章对阅读程序题和完善程序题的知识点进行了梳理。针对每章知识,首先介绍这一章的知识点,让考生有大体把握,然后对该知识点的题目进行详细分析,最后提供有针对性的习题供考生复习巩固。本书通过知识、分析、练习等多种形式让考生轻松掌握 CSP-J1/S1 考试的知识内容,帮助考生更好地通过考试。

本书主要供广大考生作为 CSP-J1/S1 第一轮认证考试之用,也可作为相关人士学习信息学的辅导书。

图书在版编目(CIP)数据

CCF CSP 第一轮认证一本通 / 丁向民编著. —北京:清华大学出版社,2021.6 (2024.11重印)
ISBN 978-7-302-58146-8

Ⅰ.①C… Ⅱ.①丁… Ⅲ.①程序设计—青少年读物 Ⅳ.①TP311-49

中国版本图书馆 CIP 数据核字(2021)第 089736 号

责任编辑:郭 赛
封面设计:傅瑞学
责任校对:胡伟民
责任印制:宋 林

出版发行:清华大学出版社
　　　　网　　　址:https://www.tup.com.cn,https://www.wqxuetang.com
　　　　地　　　址:北京清华大学学研大厦 A 座　　　　邮　　编:100084
　　　　社 总 机:010-83470000　　　　邮　　购:010-62786544
　　　　投稿与读者服务:010-62776969,c-service@tup.tsinghua.edu.cn
　　　　质量反馈:010-62772015,zhiliang@tup.tsinghua.edu.cn
　　　　课件下载:https://www.tup.com.cn,010-83470236
印 装 者:三河市龙大印装有限公司
经　　销:全国新华书店
开　　本:203mm×260mm　　　　印 张:19　　　　字　　数:475 千字
版　　次:2021 年 6 月第 1 版　　　　印　　次:2024 年 11 月第 12 次印刷
定　　价:79.00 元

产品编号:091445-01

前　言

随着国家对青少年编程教育重视程度的不断增强,越来越多的中小学生开始学习编程。经过一段时间的学习,随之而来的问题就是如何评价学生的学习效果。编程教育的评价标准相对较难制定,一方面,基层的高水平编程教育人员相对较少,出一份高质量的检测试卷比较困难;另一方面,编程的灵活性很强,对于阅卷人的要求也很高。针对这种情况,CSP-J/S无疑是一种较好的评价方式,它是由CCF创办的针对青少年的非专业级软件能力认证,于2019年开设,分为CSP-J(Junior,入门级)和CSP-S(Senior,提高级)两组,分别进行两轮认证。

CSP-J/S为什么是一种好的评价模式呢?一方面,试卷由CCF专家组出题,试卷题目的质量很高;另一方面,认证试题全部采用客观题,降低了阅卷人的门槛,也减少了人工阅卷的失误,所以其认可度非常高。另外,该认证对于学生报名没有门槛,不设年龄、性别限制,在校生和在职人员均可参加,所以其影响面很广。

盐城胜伴教育科技是一家致力于青少年编程教育的机构,由于CSP-J/S认证考试刚刚改革不久,目前市面上很少有专门的辅导资料,为了能够更好地服务广大考生,公司将平时的辅导资料进行了整理,以供广大考生一起学习,通过增加练习和辅导资料提高通过认证的概率。

CSP-J/S第一轮认证的形式为笔试,侧重考查学生的计算机基础知识和基本编程能力,并对知识面的广度进行测试。题型由三部分组成:一是选择题,共15题,每题2分,共30分;二是阅读程序题,共3大题,一般由18道判断题和选择题组成,共40分;三是完善程序题,共2大题,由10道选择题组成,共30分。本书分为两部分,第1~4章主要分析第一大题,第5~8章分析第二、三大题。每章的内容主要分为三部分:一是本章的知识点,让考生对本章有大体把握;二是针对知识点进行试题分析;三是针对性的练习。

在近几年的考试辅导过程中作者发现:虽然每年的考试题目千差万别,但每年考查的知识点都变化不大。所以,本书的撰写主要围绕知识点展开,一是将真题划分到各个章节,二是将每道题目归类到各个知识点。通过分析,能够把握历年的考试情况,让考生对历年考查的知识点一目了然,以帮助考生复习总结。在撰写过程中,作者尽量利用图表说明知识点情况,既可以让考生进行数据对照,也可以浏览概况。在试题解析过程中,作者也尽量利用各类图表解释题目,让考生能够尽量形象地理解题目。

　　本书主要由盐城胜伴教育校长丁向民负责撰写,多名老师和同学参与了试题的出题和校正,主要包括尤文、王成成、王子苏、朱峰、丁昱岑、李兆亮、陈相斌、贲依婷等。在本书的撰写过程中,编者还引用了一些文献和网络中的解题思路,在此对各位参与者和原创者一并表示感谢。

　　由于时间仓促,本书难免有错误和不足之处,请广大读者批评指正。

编者

2021 年 3 月

目 录

第1章 计算机基础知识

计算机基础知识包括的范围很广泛,涉及计算机的各个领域,根据 CSP-J/S 考试的重点,主要包括以下知识点。

- 基本常识:主要包括计算机的发展历史、计算机的分类和应用领域等。
- 系统结构:主要包括计算机的组成以及各部件的功能。
- 软件系统:主要包括应用软件和系统软件,其中着重介绍操作系统的作用和功能。
- 数据表示与计算:主要包括二进制原理及二进制的运算、原码、反码和补码。
- 信息编码:主要包括英文、汉字、声音和图像的编码方式以及存储方式。
- 网络基础:主要包括网络体系结构、IP 地址和域名系统、HTML 基础知识。

1.1 基本常识

基本常识主要包括计算机发展历史、计算机应用、计算机常识、计算机领域奖项四个方面。

1.1.1 基本知识介绍

1. 计算机发展历史

电子计算机的发展阶段通常以构成计算机的电子元器件作为划分依据,至今已经历了 4 代,各代的发展概况如表 1-1 所示。

表 1-1 计算机发展概况

代 别	年 代	使用的元器件		使用的软件类型	主要应用领域
第 1 代	20 世纪 40 年代中期至 50 年代末期	CPU:电子管		使用机器语言和汇编语言编写程序	科学和工程计算
		内存:磁鼓			
第 2 代	20 世纪 50 年代中后期至 60 年代中期	CPU:晶体管		使用 FORTRAN 等高级程序设计语言	广泛应用于数据处理领域
		内存:磁芯			
第 3 代	20 世纪 60 年代中期至 70 年代初期	CPU:SSI、MSI		操作系统、数据库管理系统等开始使用	在科学计算、数据处理、工业控制等领域得到广泛应用
		内存:SSI、MSI 的半导体存储器			
第 4 代	20 世纪 70 年代中期至今	CPU:LSI、VLSI		软件开发工具和平台、分布式计算、网络软件等	深入到各行各业,家庭和个人开始使用计算机
		内存:LSI、VLSI 的半导体存储器			

在电子计算机的发展过程中,有以下 3 位具有代表性的人物。

(1) 艾伦·图灵

1936 年,数学家艾伦·图灵(1912—1954)提出了一种抽象的计算模型——图灵机(Turing Machine),他将人们使用纸笔进行数学运算的过程进行了抽象,由一个虚拟的机器替代人们进行数学运算。

图灵机证明了通用计算理论,肯定了计算机实现的可能性,同时给出了计算机应有的主要架构,为后来计算机的发明奠定了基础。1966 年,美国计算机协会(ACM)设立图灵奖,专门奖励那些为计算机事业做出重要贡献的个人。

另外,图灵对于人工智能的发展也贡献显著。1950 年,他提出了关于机器思维的问题,他的论文《计算机和智能》(*Computing Machinery and Intelligence*)引起了广泛的注意和深远的影响。1950 年 10 月,图灵发表论文《机器能思考吗》,这一划时代的作品使图灵赢得了"人工智能之父"的美誉。

(2) 莫西利和埃克特

1946 年 2 月,美国宾夕法尼亚大学由埃克特领导的"莫尔小组"成功研制出世界上第一台通用计算机,名为 ENIAC(Electronic Numerical Internal And Calculator)。

ENIAC 体积庞大,耗电惊人,运算速度不过每秒几千次,但它比当时已有的计算装置要快 1000 倍,而且还有按事先编好的程序自动执行算术运算、逻辑运算和存储数据的功能。ENIAC 宣告了一个新时代的开始,从此科学计算的大门被打开了。

(3) 冯·诺依曼

冯·诺依曼在 1945 年 3 月起草了"存储程序通用电子计算机方案",即 EDVAC (Electronic Discrete Variable Automatic Computer),这对后来计算机的设计产生了决定性的影响,其主要思想有 3 个:计算机系统的冯·诺依曼结构、利用存储程序运行计算机、采用二进制编码替代十进制。这三大思想至今仍为电子计算机设计者所遵循,所以冯·诺依曼被后人称为"计算机之父"。

在计算机的发展过程中,涌现出了很多著名的计算机公司,下面列举部分在各领域表现突出的计算机公司及其成就,如表 1-2 所示。

表 1-2　部分计算机软硬件公司信息

公 司 名 称	主 要 成 就	主 要 产 品	备 注
Microsoft(微软)	操作系统 办公软件	Windows 操作系统 Microsoft Office 系列软件	软件
Oracle(甲骨文)	数据库技术 软件技术	Oracle 数据库 Java 语言	软件
IBM(国际商业机器公司)	硬件 软件	大型机、超级计算机 DB2、SPSS	软硬件
Google(谷歌)	互联网搜索 操作系统	Google 搜索引擎 Android 操作系统	软件
Intel(英特尔)	微处理器 显卡	Pentium 系列 CPU GMA900 集成显卡	硬件
Kingsoft(金山)	办公软件 应用软件	WPS Office 金山词霸、金山毒霸	软件

2. 计算机应用

计算机在信息社会的应用范围非常广泛，归纳起来有以下 5 个方面，如表 1-3 所示。

表 1-3 计算机应用领域

应　用	说　明	特　点	应用领域
科学计算	完成科学研究和工程技术中所提出的数学问题	数据量大、计算工作复杂	导弹实验、卫星发射、灾情预测；数学、物理、化学、天文等学科的科学研究
数据处理	信息的收集、分类、整理、加工、存储等	处理的原始数据量大，运算简单，有大量的逻辑判断运算	人口统计、办公自动化、企业管理、邮政业务、机票订购、情报检索、图书管理等
计算机辅助技术	包括计算机辅助设计、制造、教学、出版、管理等	用模型模拟现实，用计算、逻辑判断功能模拟人脑	建筑工程设计、服装设计、机械制造设计、船舶设计、教育教学、出版印刷等
过程控制	又称实时控制，用计算机实时控制对象	及时收集并检测数据，按最佳值调节控制对象	电力、机械制造、化工、冶金、交通等部门，军事上的导弹控制
人工智能	用计算机模拟人类的智能活动	智能化	专家系统和机器人

3. 计算机常识

计算机常识包含的范围较广，本书着重介绍以下 3 个知识点。

（1）摩尔定律

摩尔定律是由芯片制造厂商英特尔创始人之一戈登·摩尔（Gordon Moore）于 1965 年提出的，该定律被称为计算机第一定律，内容主要有以下 3 种"版本"：

- 集成电路芯片上所集成的电路的数目，每隔 18 个月就翻一番；
- 微处理器的性能每隔 18 个月提高一倍，而价格下降一半；
- 用 1 美元所能买到的计算机的性能，每隔 18 个月翻两番。

摩尔定律揭示了信息技术进步的速度，该定律成为许多工业对于性能预测的基础。根据历史数据，1971 年推出的第一款 4004 芯片，单位面积上的晶体管数量是 2300 个，26 年后的 1997 年，奔腾 Ⅱ 处理器的晶体管数量已经达到 750 万个，增加了 3200 多倍。由于高纯硅的独特性，集成度越高，晶体管的价格越便宜，这样也就引出了摩尔定律的经济学效益，20 世纪 60 年代初，一个晶体管的价格为 10 美元左右，但随着晶体管越来越小，直到小到一根头发丝上可以放 1000 个晶体管时，每个晶体管的价格便只有千分之一美分。

（2）量子计算机

2019 年 10 月，谷歌宣布成功研制出名为 Sycamore 的 53 位量子芯片，该芯片已经成功实现"量子优越性"，可以在 200 秒内完成世界上最快的超级计算机 IBM Summit 需要10 000 年才能完成的计算。2020 年 6 月和 8 月，霍尼韦尔、IBM 这两家科技巨头先后宣布其 64 位量子体积的量子计算机性能已达全球第一。2020 年 12 月 4 日，中国科学技术大学宣布该校潘建伟等人成功构建出 76 个光子的量子计算原型机"九章"，其求解数学算法高斯玻色取样只需 200 秒，而目前世界上最快的超级计算机要用 6 亿年才能完成，这一突破使得我国成为全球第二个实现"量子优越性"的国家。

当越来越多的量子计算机即将成为现实时,可以肯定地说,21 世纪将会成为"量子计算"的世纪。那么什么是量子计算机呢?

量子计算机是基于量子力学原理构建的计算机,主要基于量子态叠加原理制成。量子态叠加原理可以用物理学家薛定谔的思想实验"薛定谔的猫"形象地理解,即和镭、氰化物放置在一个箱子里的猫在观察者打开箱子之前既不能说它是存活,也不能说它是死亡,而是存活和死亡的叠加态。量子态叠加原理使得量子计算机每个量子比特(qubit)能够同时表示二进制中的 0 和 1,从而相较经典计算机,其算力发生爆发式增长,形成"量子优越性"。

经典计算机以晶体管的开闭状态分别表示 0 和 1。量子计算机使用两态量子系统,如电子的自旋、光的偏振等作为量子比特,由于量子态叠加原理能够同时表示 0 和 1,因此量子比特较经典比特具有更多信息,且呈幂指数级别增加。以 4 位计算机为例,1 台 4 位经典计算机一次只能表示 1 种状态,1 台 4 位量子计算机一次能表示 16 种状态。理论上,1 台 n 位的量子计算机的算力等同于 2^n 台 n 位经典计算机的算力。

(3)芯片制造

芯片是集成电路的载体。芯片制作的完整过程包括芯片设计、晶圆生产、芯片封装、芯片测试等环节(如图 1-1 所示),其中,晶圆生产过程尤为复杂。

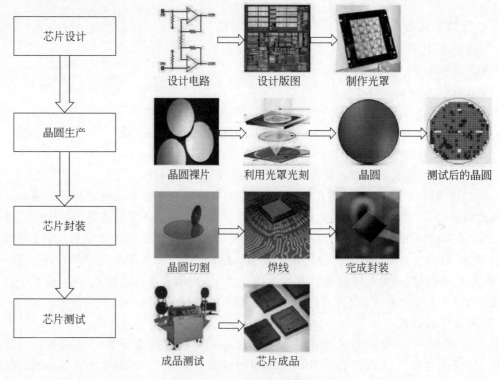

图 1-1　芯片制作的完整过程

• 芯片设计

这是芯片制造的初级阶段,也是一项很重要和复杂的工作,主要分为设计电路、设计版图和制作光罩三部分。

- 晶圆生产

芯片的原料是晶圆,晶圆的成分是硅,硅是由石英砂所精炼出来的,晶圆便是将硅元素加以纯化(99.999%),接着将纯硅制成硅晶棒,成为制造集成电路的石英半导体的材料,将其切片为芯片制作具体需要的晶圆。晶圆越薄,生产成本越低,但对工艺要求就越高。晶圆生产的大致流程是:制作晶圆裸片,然后利用光罩进行光刻,重复多次光刻后形成晶圆,最后对晶圆进行测试,舍弃次品。

- 芯片封装

包括晶圆切割、焊线、完成晶圆固定和绑定引脚等步骤。

- 芯片测试

测试可分为一般测试和特殊测试,一般测试是将封装后的芯片置于各种环境下测试其电气特性,如消耗功率、运行速度、耐压度等,测试后的芯片,依其电气特性划分为不同等级。而特殊测试则是根据客户特殊的技术参数,从相近参数规格、品种中拿出部分芯片进行有针对性的专门测试,看其是否满足客户的特殊需求,最终决定是否为客户设计专用芯片。

4. 计算机领域奖项

(1) 图灵奖

图灵奖(Turing Award)由美国计算机协会(ACM)于 1966 年设立,专门奖励那些为计算机事业做出重要贡献的个人,其名称取自计算机科学的先驱、英国科学家艾伦·麦席森·图灵(Alan M. Turing)。由于图灵奖对获奖条件的要求极高,评奖程序又极严格,一般每年只奖励一名计算机科学家,只有极少几年有两名合作者或在同一方向做出卓越贡献的科学家共享此奖,因此它是计算机界最负盛名、最崇高的奖项,有"计算机界的诺贝尔奖"之称。

(2) 诺贝尔物理学奖

诺贝尔物理学奖是根据诺贝尔 1895 年的遗嘱而设立的五个诺贝尔奖之一,该奖旨在奖励那些在人类物理学领域做出突出贡献的科学家。诺贝尔物理学奖自 1901 年首次颁发至今,已经颁发给了多位计算机领域的突出贡献者。

- 晶体管的发明

1956 年诺贝尔物理学奖授予肖克利、巴丁和布拉坦,以表彰他们对半导体的研究和晶体管效应的发现。晶体管的发明是 20 世纪中叶科学技术领域具有划时代意义的一件大事。晶体管比电子管体积小、耗电省、寿命长、易固化,它的诞生使电子学发生了根本性的变革,加快了自动化和信息化的步伐,对人类社会的经济和文化产生了不可估量的影响。

- 大容量存储硬盘的发明(巨磁电阻)

法国科学家阿尔贝·费尔和德国科学家彼得·格林贝格尔因发现巨磁电阻效应而荣获 2007 年诺贝尔物理学奖。巨磁电阻效应的相关技术被用于读取硬盘中的数据,这项技术是最近几年硬盘小型化的关键。

- 光纤的发明

2009 年诺贝尔物理学奖授予了美籍华人物理学家高锟教授,以表彰他率先以 SiO_2 为原料制成光导纤维,并得到推广应用,为宽带网的发展奠定了基础。

- 集成电路的发明

Jack Kilby 发明的集成电路使微电子学成为所有现代技术的基础。2000 年,为表彰其在这一领域的突出贡献,诺贝尔奖委员会授予 Jack Kilby 诺贝尔物理学奖。

(3) 约翰·冯·诺依曼奖

约翰·冯·诺依曼奖由 IEEE 于 1990 年设立,1992 年首次颁发,目的是表扬那些在计算机科学和技术上具有杰出成就的科学家。该奖项每年颁发一次,每次颁给一位或两位计算机科学家。

1.1.2 典型习题解析

题目 1　计算机最早的应用领域是(　　)。

A. 数值计算　　　　B. 人工智能　　　　C. 机器人　　　　D. 过程控制

解析:计算机是为了科学计算的需要而发明的,第一代电子计算机也是为计算弹道和射击表而设计的,所以计算机最早的应用领域是数值计算。

参考答案:A

题目 2　以下和计算机领域密切相关的奖项是(　　)。

A. 奥斯卡奖　　　　B. 图灵奖　　　　C. 诺贝尔奖　　　　D. 普利策奖

解析:奥斯卡奖的全称是美国电影艺术与科学学院奖(Academy Awards),是美国一项表彰电影业成就的年度奖项,旨在鼓励优秀电影的创作与发展。

诺贝尔奖是以瑞典著名的化学家、硝化甘油炸药的发明人阿尔弗雷德·贝恩哈德·诺贝尔(Alfred Bernhard Nobel)的部分遗产作为基金于 1895 年创立的奖项。在世界范围内,诺贝尔奖通常被认为是领域内最重要的奖项。

普利策奖也称普利策新闻奖,1917 年依据美国报业巨头约瑟夫·普利策(Joseph Pulitzer)的遗愿设立,20 世纪 80 年代,该奖项已经发展成为美国新闻界的最高荣誉。不断完善的评选制度已使普利策奖成为全球性的奖项,被称为"新闻界的诺贝尔奖"。

参考答案:B

题目 3　计算机界的最高奖是(　　)。

A. 菲尔兹奖　　　　B. 诺贝尔奖　　　　C. 图灵奖　　　　D. 普利策奖

解析:菲尔兹奖(Fields Medal)是依据加拿大数学家约翰·查尔斯·菲尔兹(John Charles Fields)的要求而设立的国际性数学奖项,于 1936 年首次颁发,被视为"数学界的诺贝尔奖",每 4 年颁奖一次,每次颁给 2~4 名有卓越贡献的年轻数学家。

关于普利策奖、诺贝尔奖和图灵奖的解析请参考题目 2。

参考答案:C

题目 4　计算机如果缺少(　　),则将无法正常启动。

A. 内存　　　　B. 鼠标　　　　C. U 盘　　　　D. 摄像头

解析:内存(Memory)是计算机中的重要部件之一,它是与 CPU 进行沟通的桥梁。计算机中所有程序的运行都是在内存中进行的,因此内存的性能对计算机的影响非常大。内存也被称为内存储器,其作用是暂时存放 CPU 中的运算数据以及与硬盘等外部存储器交换的数据。只要计算机在运行中,CPU 就会把需要运算的数据调到内存中进行运算,当运算完成后,CPU 再将结果传送出来,内存的运行也决定了计算机运行的稳定性。

参考答案:A

题目 5　目前制造计算机芯片(集成电路)的主要原料是(　　),它是一种可以从沙子中提炼出来的物质。

  A. 硅   B. 铜   C. 锗   D. 铝

  解析：当需要选择一种材料作为计算机中晶体管的基本材料时，需要考虑的关键词是电阻。导体的电阻非常低，因此很容易导电；而绝缘体的电阻很高，因此不能导电。对于晶体管而言，必须根据需要对晶体管的开关进行控制，这时就需要半导体。半导体的电阻介于导体和绝缘体之间，也就是说，其在不同条件下会表现出不同的性质。

  当然，硅并不是地球上唯一的半导体元素，甚至算不上是最好的。但很重要的一点是，硅是一种非常丰富的元素。在地球的每一个地方都可以很轻松地获得硅，并不需要特定的矿厂。经过几十年的技术发展，硅的处理工艺已经相当成熟，人类已经可以在工厂中生产出近乎完美的硅晶体。这些硅晶体对于硅而言等同于砖石相对于碳。所以硅当之无愧地成为现代计算机芯片的基础原料。

  参考答案：A

  题目6 1946年诞生于美国宾夕法尼亚大学的ENIAC属于（　　）计算机。

  A. 电子管   B. 晶体管   C. 集成电路   D. 超大规模集成电路

  解析：1946年2月，世界上第一台数字电子计算机ENIAC在美国宾夕法尼亚大学诞生。ENIAC是世界上第一台能真正自动运行的电子计算机，它包含17468根真空管（电子管），7200根晶体二极管，主要用于解决第二次世界大战时炮弹弹道问题的高速计算。

  参考答案：A

  题目7 仿生学的问世开辟了独特的科学技术发展道路。人们研究生物体的结构、功能和工作原理，并将这些原理移植于新兴的工程技术中。以下关于仿生学的叙述中错误的是（　　）。

  A. 由研究蝙蝠发明雷达   B. 由研究蜘蛛网发明因特网

  C. 由研究海豚发明声呐   D. 由研究电鱼发明伏特电池

  解析：仿生学是在工程上实现并有效地应用生物功能的一门学科，主要是因为某些生物所具有的功能迄今比任何人工制造的机械都优越得多，比如将海豚的体形应用到潜艇设计上。

  该题A、C、D三个选项都是仿生学原理的应用，而B不属于。因特网始于1969年美国的阿帕网，其发明与蜘蛛网没有任何关系。

  参考答案：B

  题目8 摩尔定律是由英特尔创始人之一戈登·摩尔（Gordon Moor）提出的。根据摩尔定律，在过去几十年以及可预测的未来几年内，单块集成电路的集成度大约每（　　）个月翻一番。

  A. 1   B. 6   C. 18   D. 36

  解析：摩尔定律的内容为：当价格不变时，集成电路上可容纳的元器件的数目每隔18~24个月便会增加一倍，性能也将提升一倍。换言之，每1美元所能买到的计算机的性能将每隔18~24个月翻一番。这一定律揭示了信息技术的进步速度。

  参考答案：C

  题目9 生物特征识别是指利用人体本身的生物特征进行身份认证的一种技术。目前，指纹识别、虹膜识别、人脸识别等技术已广泛应用于政府、银行、安全防卫等领域。以下不属于生物特征识别技术及其应用的是（　　　）。

A. 指静脉验证　　　　B. 步态验证　　　　C. ATM 机密码验证　　D. 声音验证

解析：传统的身份鉴定方法包括身份标识物品（如钥匙、证件、ATM 卡等）和身份标识知识（如用户名和密码），但由于主要借助体外物，一旦证明身份的标识物品和标识知识被盗或遗忘，其身份就容易被他人冒充或取代。

生物识别技术比传统的身份鉴定方法更具安全性、保密性和方便性。生物特征识别技术具有不易遗忘、防伪性能高、不易伪造或被盗、可随身"携带"和随时随地可用等优点。

参考答案：C

题目 10　1956 年的（　　　）授予了肖克利、巴丁和布拉顿，以表彰他们对半导体的研究和晶体管效应的发现。

A. 诺贝尔物理学奖　B. 冯·诺依曼奖　　C. 图灵奖　　　　　　D. 高德纳奖

解析：1956 年的诺贝尔物理学奖授予了肖克利、巴丁和布拉顿，以表彰他们对半导体的研究和晶体管效应的发现。

约翰·冯·诺依曼奖旨在表扬在计算机科学和技术领域具有杰出成就的科学家。

图灵奖由美国计算机协会于 1966 年设立，专门奖励那些为计算机事业做出重要贡献的个人，是计算机界最负盛名、最崇高的奖项，有"计算机界的诺贝尔奖"之称。

高德纳奖始于 1996 年，由 ACM 计算机理论研讨会和 IEEE 计算机科学基础研讨会交替颁发，由颁奖委员会评选。

参考答案：A

题目 11　提出"存储程序"的计算机工作原理的人是（　　　）。

A. 克劳德·香农　　B. 戈登·摩尔　　　　C. 查尔斯·巴比奇　D. 冯·诺依曼

解析：冯·诺依曼在 1945 年提出了"存储程序"的计算机工作原理。

克劳德·香农是美国数学家，同时也是信息论的创始人，其 1948 年发表的论文《通信的数学原理》是现代信息论研究的开端。

戈登·摩尔是美国科学家、企业家，是英特尔公司的创始人之一，1965 年提出了摩尔定律，1968 年创办了英特尔公司。

查尔斯·巴比奇是英国数学家、发明家兼机械工程师，1834 年发明了分析机（现代电子计算机的前身）。

参考答案：D

题目 12　关于图灵机，下面的说法中正确的是（　　　）。

A. 图灵机是世界上最早的电子计算机

B. 由于大量使用磁带操作，图灵机的运行速度很慢

C. 图灵机是由英国人图灵发明的，在"二战"中为破译德军的密码发挥了重要作用

D. 图灵机只是一个理论上的计算模型

解析：图灵机是由数学家阿兰·麦席森·图灵提出的一种抽象计算模型，他将人们使

用纸笔进行数学运算的过程抽象化,由一个虚拟的机器替代人们进行数学运算。

参考答案:D

1.1.3　知识点巩固

1. 下列关于图灵奖的说法中不正确的是(　　)。

    A. 图灵奖是美国计算机协会于 1966 年设立的,专门奖励那些为计算机事业做出重要贡献的个人

    B. 图灵奖有"计算机界诺贝尔奖"之称

    C. 迄今为止,还没有华裔计算机科学家获此殊荣

    D. 图灵奖的名称取自计算机科学的先驱、英国科学家阿兰·图灵

2. 计算机的发展非常迅速,以下不属于当前计算机的发展特点的是(　　)。

    A. 友善的人机交互　　　　　　　　　B. 智能的数据推理

    C. 完善的冯·诺依曼体系结构　　　　D. 分布式的信息管理

3. 微型计算机中使用的数据库属于(　　)方面的计算机应用。

    A. 科学计算　　　　　　　　　　　　B. 数据处理

    C. 计算机辅助技术　　　　　　　　　D. 过程控制

4. 对于计算机采用二进制的原因,不正确的是(　　)。

    A. 运算简单　　　　　　　　　　　　B. 电子元器件容易获得

    C. 逻辑性强　　　　　　　　　　　　D. 符合人类的思考习惯

5. 1958 年 9 月 12 日,基尔比研制出世界上第一块集成电路,成功地实现了把电子器件集成在一块半导体材料上的构想。2000 年,基尔比因发明集成电路而荣获(　　)。

    A. 诺贝尔物理学奖　　　　　　　　　B. 约翰·冯·诺依曼奖

    C. 图灵奖　　　　　　　　　　　　　D. 高德纳奖

1.2　系　统　结　构

1.2.1　基本知识介绍

(1) 计算机体系结构

最早提出计算机体系结构的人是冯·诺依曼,他提出计算机应该具有五大部件:存储器、运算器、控制器、输入设备和输出设备。其中,控制器和运算器又称 CPU,是冯·诺依曼计算机体系结构的核心,其他部件都是通过 CPU 进行通信的。这类计算机的主要体系结构如图 1-2 所示。

现代计算机,尤其是小型与微型计算机都发展成总线连接,形成以总线为中心的计算机硬件系统。总线将 CPU、内存储器、外存储器及输入/输出设备连接起来。总线是指能为多个功能部件提供服务的一组公用信息线,包括地址线、数据线和控制线,它们分别用于传送地址、数据和控制信号。借助总线连接,计算机可以在各部件之间实现传送地址、数据和控

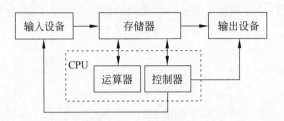

图 1-2　冯·诺依曼计算机体系结构

制信息的操作。这类计算机的主要体系结构如图 1-3 所示。

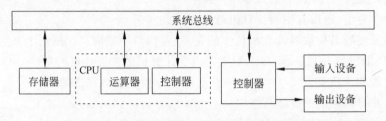

图 1-3　以总线为中心的计算机系统结构

（2）CPU

　　CPU 是计算机的核心部件，负责完成对计算机的运算和控制。CPU 主要由三个部分组成：运算器、控制器和 Cache。运算器又称算术逻辑部件（Arithmetical Logic Unit，ALU），主要功能是完成对数据的算术运算、逻辑运算和逻辑判断等操作。控制器（Control Unit,CU）是整个计算机的指挥中心,负责根据事先给定的命令发出各种控制信号,指挥计算机各部分的工作。Cache 主要用来存放指令和运算所需要的数据。这三个部件通过 CPU 总线进行数据和指令的传递。

　　CPU 的基本组成结构如图 1-4 所示。

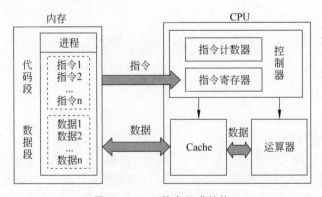

图 1-4　CPU 基本组成结构

（3）存储器

　　存储器根据是否可以直接和 CPU 交换数据分为内存储器和外存储器,内存储器的速度较快,而外存储器,相对速度较慢。内存储器的数据存取速度虽然很快,但与 CPU 相比还存在一定的差距,为了加快数据存取速度,CPU 内部又增加了高速缓冲存储器（Cache）。

于是 Cache、内存储器和外存储器共同构成了计算机的三层存储层次结构。

- Cache

Cache 是为了解决 CPU 与主存之间速度不匹配而采用的一种技术,一般放在 CPU 内部。Cache 又分为一级缓存(L1)、二级缓存(L2)和三级缓存(L3)等。

Cache 的工作原理基于程序访问的局部性。程序访问的局部性是指在一个较短的时间间隔内,由程序产生的地址通常集中在存储器逻辑地址空间的很小的范围内,CPU 只对局部范围的存储器地址进行频繁访问,而对此范围以外的地址则访问甚少的现象。

- 内存储器

内存储器包括寄存器、Cache 和主存储器。寄存器在 CPU 芯片的内部,Cache 也制作在 CPU 芯片内,而主存储器由插在主板内存插槽中的若干内存条组成。主存储器主要由半导体存储器芯片构成。

半导体存储器芯片按照读写功能可分为随机读写存储器(Random Access Memory,RAM)和只读存储器(Read Only Memory,ROM)两大类。RAM 可读可写,断电时信息会丢失;ROM 中的内容只能读出,不能写入,信息可永久保存,不会因为断电而丢失。

- 外存储器

外存储器又称辅助存储器,主要用于保存暂时不用但又需要长期保留的程序或数据。存放在外存中的程序必须调入内存才能运行,但外存的价格比较便宜,可保存的信息量也更大。外存储器通过专门的输入/输出(I/O)接口与主机相连。

外存储器目前使用得最多的是磁表面存储器、光存储器及闪存存储器三大类。

(4) 输入/输出设备

输入/输出设备(I/O 设备)是计算机系统的重要组成部分。程序和数据等信息都需要通过输入设备送入计算机。计算的结果或各种控制信号需要通过输出设备传送出去。计算机的 I/O 设备或装置统称为外部设备,简称外设。通常计算机的外存储器,如磁盘、磁带等也属于外设。

外部设备的种类很多,有机械式、光电式、电子式等多种形式。由于 I/O 设备大多是机电装置,有机械传动或物理移位等动作过程,相对而言,I/O 设备是计算机系统中运转速度最慢的部件。输入/输出信息的形式也不同,可以是数字量,也可以是开关量或模拟量,而且输入/输出信息的速度也有很大差异,所以 CPU 与外设之间的连接和信息交换格式也比较复杂。CPU 与外设连接的电路称为 I/O 接口。

(5) 总线

总线是指在 CPU、内存、外存和各种 I/O 设备之间传输信息并协调它们工作的一种部件(含传输线和控制电路)。有时将连接 CPU 和内存的总线称为 CPU 总线(或前端总线),把连接内存和 I/O 设备(包括外存)的总线称为 I/O 总线。

1.2.2　典型习题解析

题目1　以下属于输出设备的是(　　　)。

A. 扫描仪　　　　B. 键盘　　　　　C. 鼠标　　　　　D. 打印机

解析:打印机(Printer)是计算机的输出设备之一,用于将计算机的处理结果打印在相关介质上。常见的输入设备有鼠标、键盘、扫描仪、模/数转换器等;常见的输出设备有打印机、显示器、数/模转换器等。

参考答案:D

题目 2　以下不是 CPU 生产厂商的是(　　)。

A. Intel　　　　　　B. AMD　　　　　　C. Microsoft　　　　D. IBM

解析:题中 A、B、D 都是 CPU 生产厂商,Microsoft 是一家美国科技公司,其主要业务是软件开发。

参考答案:C

题目 3　以下不是存储设备的是(　　)。

A. 光盘　　　　　　B. 磁盘　　　　　　C. 固态硬盘　　　　D. 鼠标

解析:存储设备分为内存储器和外存储器,软盘、硬盘、光盘、U 盘、移动硬盘等是外存储器,内存储器又分为 RAM 和 ROM,RAM 为随机存储器,ROM 是只读存储器。鼠标是计算机的一种输入设备,也是计算机显示系统纵横坐标定位的指示器。

参考答案:D

题目 4　32 位机器和 64 位机器的区别是(　　)。

A. 显示器不同　　B. 硬盘大小不同　　C. 寻址空间不同　　D. 输入法不同

解析:寻址空间一般指 CPU 对于内存寻址的能力,这种寻址能力是由机器的位数决定的。显示器的屏幕尺寸是指屏幕对角线的长度,单位为英寸。硬盘容量是以 MB(兆)和 GB(千兆)为单位的,影响硬盘容量的因素有单碟容量和碟片数量。输入法是指为了将各种符号输入计算机或其他设备而采用的编码方法。

参考答案:C

题目 5　在 PC 中,Pentium(奔腾)、酷睿、赛扬等是指(　　)。

A. 生产厂家名称　　　　　　　　　B. 硬盘的型号

C. CPU 的型号　　　　　　　　　　D. 显示器的型号

解析:常见的 PC 生产厂家有惠普(HP)、联想、苹果、华硕、宏碁、戴尔。常见的硬盘厂家有迈拓(Maxtor)、希捷(Seagate)、三星(Samsung)、IBM、西部数据(Western Digital)、日立(Hitachi)、富士通。奔腾、赛扬、酷睿是英特尔公司的三个处理器的系列型号。常见的显示器品牌有飞利浦、戴尔、华硕。

参考答案:C

题目 6　下列说法中正确的是(　　)。

A. CPU 的主要任务是执行数据运算和程序控制

B. 存储器具有记忆能力,其中的信息在任何时候都不会丢失

C. 如果两个显示器的屏幕尺寸相同,则它们的分辨率必定相同

D. 个人用户只能使用 Wi-Fi 的方式连接到 Internet

解析:存储器具有记忆功能,但存储器分为 RAM 和 ROM 两类,RAM 在断电的情况下会立刻丢失信息。ROM 在断电的情况下则不会丢失信息。故 B 选项不完全正确。

屏幕大小和分辨率没有直接关系,是两个不同的概念。屏幕大小是指屏幕的尺寸,分辨率是指屏幕的精密度,即屏幕所能显示的像素数量。故 C 选项错误。

将计算机接入 Internet 的方法有很多,除了 Wi-Fi 之外,还可以通过局域网、电话线、有

线电视电缆等方式接入 Internet。故 D 选项错误。

参考答案：A

题目 7　所谓"中断"是指(　　)。

A. 操作系统随意停止一个程序的运行

B. 当出现需要时,CPU 暂时停止当前程序的执行转而处理新情况的过程

C. 因停机而停止一个程序的运行

D. 计算机宕机

解析：中断是指当计算机在运行过程中出现某些意外情况并需要主机干预时,机器能自动停止正在运行的程序并转入处理新的程序,处理完毕后又返回原来被暂停的程序继续运行。

参考答案：B

题目 8　以下属于输出设备的是(　　)。

A. 扫描仪　　　　　　B. 键盘　　　　　　C. 鼠标　　　　　　D. 打印机

解析：参考题目 1 解析。

参考答案：D

题目 9　CPU、存储器、I/O 设备是通过(　　)连接起来的。

A. 接口　　　　　　B. 总线　　　　　　C. 控制线　　　　　　D. 系统文件

解析：总线是一种内部结构,它是 CPU、存储、I/O 设备传递信息的公用通道,主机的各个部件都通过总线相连接。按照计算机传输的信息种类,计算机的总线可以划分为数据总线、地址总线和控制总线,分别用来传输数据、数据地址和控制信号。

接口是计算机系统中两个独立部件进行信息交换的共享边界。这种交换可以发生在计算机软硬件、外部设备或进行操作的人之间。

控制总线主要用来传送控制信号和时序信号。控制总线的传送方向一般是双向的,控制总线的位数则根据系统实际控制的需要而定。

系统文件指存放操作系统主要文件的文件夹,它的存在对于维护计算机系统的稳定性具有重要作用。

参考答案：B

题目 10　断电后会丢失数据的存储器是(　　)。

A. RAM　　　　　　B. ROM　　　　　　C. 硬盘　　　　　　D. 光盘

解析：RAM 是与 CPU 直接交换数据的内部存储器,也称主存(内存),它可以随时读写,而且速度很快,通常作为操作系统或其他正在运行中的程序的临时数据存储媒介。

ROM 的一般信息已经固化到上面了,不能写入,所以无法消失。

硬盘属于外存的一种,其断电后不会丢失数据,早期的硬盘为磁盘形式,现在出现了通过半导体存储器存储数据的固态硬盘。

光盘是指利用光电转换原理存储数据的介质。

参考答案：A

题目 11　目前个人计算机的(　　)市场占有率最靠前的厂商包括 Intel、AMD 等公司。

A. 显示器　　　　　　B. CPU　　　　　　C. 内存　　　　　　D. 鼠标

解析：常见的内存厂商有东芝、西门子、Micron(美光或迈克龙)、HY(现代)、三星等。常见的鼠标厂商有狐狼、罗技、雷蛇等。

关于显示器和CPU的解析请参考题目5。

参考答案：B

题目 12 地址总线的位数决定了CPU可直接寻址的内存空间,例如地址总线为16位,其最大的可寻址空间为64KB。如果地址总线是32位,则理论上其最大的可寻址内存空间为( )。

A. 128KB B. 1MB C. 1GB D. 4GB

解析：如果计算机的地址总线为32位,则其寻址空间为 2^{32} B=4GB。

32位寻址是指内存中的每个单元都是由32位二进制数标识的,最多可寻址2的32次方,也就是4GB的内存。现在的CPU大多是64位寻址。

参考答案：D

题目 13 寄存器是( )的重要组成部分。

A. 硬盘 B. 高速缓存 C. 内存 D. 中央处理器(CPU)

解析：寄存器是CPU中的一个重要组成部分,它是CPU内部的临时存储单元。寄存器既可以存放数据和地址,也可以存放控制信息或CPU工作时的状态。

参考答案：D

题目 14 从ENIAC到当前最先进的计算机,冯·诺依曼体系结构始终占有重要地位。冯·诺依曼体系结构的核心内容是( )。

A. 采用开关电路 B. 采用半导体器件
C. 采用存储程序和程序控制原理 D. 采用键盘输入

解析：冯·诺依曼计算机的三大思想是：采用二进制数据表示、采用存储程序、采用程序控制原理。

存储程序和程序控制原理的要点是将程序输入计算机,并存储在内存储器中(存储程序)。运行时,控制器按地址顺序访问指令、分析指令、执行指令,遇到转移指令时则转移地址,再按地址顺序访问指令(程序控制)。

参考答案：C

题目 15 主存储器的存取速度比中央处理器(CPU)的工作速度慢得多,从而使得后者的效率受到影响。根据局部性原理,CPU所访问的存储单元通常都趋于聚集在一个较小的连续区域中。于是,为了提高系统的整体执行效率,在CPU中引入了( )。

A. 寄存器 B. 高速缓存 C. 闪存 D. 外存

解析：寄存器是中央处理器的组成部分,可用来暂存指令、数据和地址。

高速缓存为了大幅提高系统的执行效率,在CPU与主存储器之间用速度最快的SRAM作为CPU的数据快取区,利用局部性原理让数据访问的速度适应CPU的处理速度。闪存是长寿命的非易失型(在断电情况下仍能保持所存储的数据信息)存储器,通常用来保存设置信息。存储器按用途可分为主存储器和辅助存储器,外存通常是磁性介质或光盘,能长期保存信息,并且不依赖于电,速度与CPU相比慢得多。

参考答案：B

题目 16 关于计算机内存,下面的说法中正确的是( )。

A. 随机存储器(RAM)的意思是当程序运行时,每次具体分配给程序的内存位置是随机的

B. 1MB 内存通常是指 1024×1024 字节大小的内存

C. 计算机内存严格说来包括主存(Memory)、高速缓存(Cache)和寄存器(Register)三个部分

D. 一般内存中的数据即使在断电的情况下也能保留 2 小时以上

解析:选项 B 中,1MB=1024KB=1024×1024B,即 1024×1024 字节。

选项 A 中,随机存取指当存储器中的消息被读取或写入时,所需要的时间与这段信息所在的位置无关。

选项 C 中,计算机内存包括只读存储器(ROM)和随机存储器(RAM)。

选项 D 中,内存中的数据在断电的情况下会马上丢失。

参考答案:B

题目 17　以下关于 BIOS 的说法中正确的是(　　)。

A. BIOS 是计算机基本输入/输出系统软件的简称

B. BIOS 包含键盘、鼠标、声卡、显卡、打印机等常用输入/输出设备的驱动程序

C. BIOS 一般由操作系统厂商开发

D. BIOS 能提供各种文件复制、删除以及目录维护等文件管理功能

解析:BIOS 是一组固化到计算机主板上的一个 ROM 芯片上的程序,它保存着计算机最重要的基本输入/输出的程序、开机后的自检程序和系统自启动程序,它可以从 CMOS 中读写系统设置的具体信息,其主要功能是为计算机提供最底层、最直接的硬件设置和控制。此外,BIOS 还向作业系统提供一些系统参数。

选项 A 中,BIOS 的全称是计算机基本输入/输出系统(Basic Input Output System)。

选项 B 中,BIOS 只存储一些系统启动的基本信息,这些设备的驱动程序是不存在的。

选项 C 中,BIOS 是由芯片厂家生产的,而不是由操作系统厂商开发的。

选项 D 中,这些功能都是由操作系统完成的。

参考答案:A

题目 18　以下关于 CPU 的说法正确的是(　　)。

A. CPU 的全称为中央处理器(或中央处理单元)

B. CPU 可以直接运行汇编语言

C. 同样的主频下,32 位的 CPU 比 16 位的 CPU 的运行速度快一倍

D. CPU 最早是由 Intel 公司发明的

解析:选项 A 中,CPU(Central Processing Unit)的全称为中央处理器。

选项 B 中,CPU 只能执行机器指令,也就是二进制代码,不能直接运行汇编语言。

选项 C 中,位数只能说明处理的字长,所在的系统硬件指令不同,速度很难说谁快谁慢。

选项 D 中,Intel 公司最早发明的是微处理器,在微处理器发明之前,CPU 是由电子管、晶体管实现的。

参考答案:A

1.2.3 知识点巩固

1. 下列部件中,既可作为输入设备,又可作为输出设备的是(　　)。
　　A. 打印机　　　　　B. 触摸屏　　　　　C. 键盘　　　　　D. 显示器

2. 在 CPU 中,用于跟踪指令地址的寄存器是(　　)。
　　A. 地址寄存器(AR)　　　　　　　B. 数据寄存器(DR)
　　C. 程序计数器(PC)　　　　　　　D. 指令寄存器(IR)

3. 位于 CPU 与主存之间的高速缓冲存储器(Cache)用于存放部分主存数据的备份,主存地址与 Cache 地址之间的转换工作由(　　)完成。
　　A. 硬件　　　　　B. 软件　　　　　C. 用户　　　　　D. 程序员

4. 如果主存容量为 16MB,且按字节编址,则表示该主存地址至少需要(　　)位。
　　A. 16　　　　　B. 20　　　　　C. 24　　　　　D. 32

5. 计算机的存储器采用多级方式是为了(　　)。
　　A. 减小主机箱的体积
　　B. 解决容量、价格、速度三者之间的矛盾
　　C. 便于保存大量数据
　　D. 便于操作

6. 以下关于在 CPU 与主存之间增加高速缓冲存储器(Cache)的叙述中,错误的是
(　　)。
　　A. Cache 扩充了主存储器的容量
　　B. Cache 可以降低由于 CPU 与主存之间的速度差异而造成的系统性能影响
　　C. Cache 的有效性利用了对主存储器访问的局部性特征
　　D. Cache 通常保存着主存储器中部分内容的一份副本

7. 衡量计算机的主要性能指标除了字长、存取周期、运算速度外,通常还包括(　　)。
　　A. 外部设备的数量　　　　　　　B. 计算机的制造成本
　　C. 计算机的体积　　　　　　　　D. 主存储器的容量

8. 现代计算机采用以总线为中心的技术,取代了过去以 CPU 为中心的技术,以下不是其原因的是(　　)。
　　A. 便于采用模块结构,简化系统设计
　　B. 总线标准可以得到厂商的广泛支持,便于生产与之兼容的硬件板卡和软件,继而形成多个厂商的竞争态势
　　C. 模块结构便于系统的扩充和升级,以及故障诊断和维修
　　D. 有利于 CPU 快速访问内存数据

1.3　软件系统

1.3.1　基本知识介绍

计算机软件是指计算机系统中的程序及其文档,也就是用户与硬件之间的接口,用户主要通过软件与计算机进行交流,软件一般被分为系统软件和应用软件两大类。系统软件用来控制和协调计算机及外部设备,支持应用软件开发和运行的系统,主要功能是调度、监控和维护计算机系统。应用软件是用户可以使用的各种程序设计语言,以及用各种程序设计语言编制的应用程序的集合。

（1）计算机软件的分类

计算机软件的详细分类如图 1-5 所示。

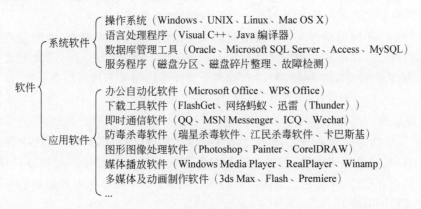

图 1-5　计算机软件分类

（2）操作系统

操作系统主要有以下三个方面的作用。

- 为计算机中运行的程序管理和分配各种软硬件资源

计算机中一般有多个程序在同时运行,这些程序在运行时需要使用系统中的各种资源,此时就需要操作系统承担资源的调度和分配工作,以避免冲突,保证程序正常有序地运行。操作系统的主要功能包括处理器管理、存储管理、文件管理、I/O 设备管理等。

- 为用户提供友好的人机界面

操作系统提供了友好的图形用户界面,可供用户使用,免去了记忆复杂操作命令的负担。

- 为应用程序的开发和运行提供高效率的平台

操作系统屏蔽了几乎所有物理设备的技术细节,以规范、高效的方式向应用程序提供有力的支持,从而为开发和运行其他系统软件及各种应用程序提供平台。

操作系统的管理主要分为处理器管理、存储管理、文件管理和设备管理。

- 处理器管理

处理器管理是操作系统的重要组成部分,负责调度、管理和分配处理器并控制程序的执行。处理器管理中最重要的是进程管理,为了提高并发粒度和降低并发开销,现代操作系统引进了线程的概念,此时进程仍然是资源分配和保护的单位。

• 存储管理

存储管理是操作系统的重要组成部分,主要负责管理内存资源。任何程序及数据都必须占用内存空间后才能执行,因此存储管理的优劣直接影响系统的性能。主存储空间一般分为两部分:一部分是系统区,存放操作系统的核心程序及标准子程序、例行程序等;另一部分是用户区,存放用户的程序和数据等,供当前正在执行的应用程序使用。存储管理主要是对主存储器中的用户区域进行管理,另外也包括对辅存储器的部分管理。

• 文件管理

操作系统中负责管理和存储文件信息的软件机构称为文件管理系统,简称文件系统。文件系统由三部分组成:与文件管理有关的软件、被管理的文件以及实施文件管理所需的数据结构。从系统角度来看,文件系统是对文件存储空间进行组织和分配,负责文件的存储并对存入的文件进行保护和检索的系统。具体地说,它负责为用户建立、存入、读出、修改、转储文件,并控制文件的存取,当用户不再使用时撤销文件等。

通常情况下,不同的操作系统有着不同的文件系统,不能互相兼容,大部分程序都基于文件系统进行操作,在不同种类的文件系统上不能工作。例如 Windows 常用的文件系统为 FAT32 或 NTFS,而 UNIX 则使用 NFS,这两个文件系统如果不进行特殊处理,就不能相互工作。

• 设备管理

现代计算机的 I/O 设备种类繁多、功能各异,其管理已经成为操作系统中最复杂的部分。由于 I/O 设备往往速度慢,所以 I/O 设备管理的主要任务就是尽量提高设备与设备、设备与 CPU 的并行性,使得系统效率得到提高。同时,要为用户使用外部设备屏蔽硬件细节,提供方便易用的接口。

1.3.2 典型习题解析

题目 1 以下不是 Microsoft 公司出品的软件是( )。
A. PowerPoint B. Word C. Excel D. Acrobat Reader
解析:Acrobat Reader 是美国 Adobe 公司开发的一款优秀的 PDF 文档阅读软件。PowerPoint、Word 和 Excel 都是美国 Microsoft 公司开发的 Office 办公软件的组件。
参考答案:D
题目 2 操作系统的作用是( )。
A. 把源程序译成目标程序 B. 便于进行数据管理
C. 控制和管理系统资源 D. 实现硬件之间的连接
解析:操作系统是管理计算机硬件、软件资源,调度用户作业程序和处理各种中断,从而保证计算机各部分协调高效地工作的系统软件,它的功能是控制和管理计算机系统资源和程序的执行。
选项 A 是编译程序的功能,选项 B 是数据库管理系统的功能,选项 D 是接口的功能。
参考答案:D

题目3　以下软件中不属于即时通信软件的是(　　　)。

A. QQ　　　　　　　B. MSN　　　　　　C. WeChat　　　　D. P2P

解析：即时通信软件是一种基于互联网的即时交流软件,此类软件使得人们可以通过连接 Internet 的设备随时随地与另一个在线用户交谈,甚至可以通过视频看到对方的实时图像。QQ、MSN、WeChat 都属于即时通信软件。

P2P(Peer to Peer,对等网络)是一种在对等者之间分配任务和工作负载的分布式应用架构,是对等计算模型在应用层形成的一种组网或网络形式。

参考答案：D

题目4　下列对操作系统功能的描述中最为完整的是(　　　)。

A. 负责外设与主机之间的信息交换

B. 负责诊断机器的故障

C. 控制和管理计算机系统的各种软硬件资源的使用

D. 将源程序编译成目标程序

解析：操作系统(Operating System,OS)是电子计算机系统中负责支撑应用程序运行环境以及用户操作环境的系统软件,同时也是计算机系统的核心与基石,它的职责包括对硬件的直接监管、对各种计算资源(如内存、处理器时间等)的管理以及提供诸如作业管理之类的面向应用程序的服务等。

参考答案：C

题目5　在 Windows 资源管理器中,右击一个文件后会出现一个名为"复制"的操作选项,它的意思是(　　　)。

A. 用剪贴板中的文件替换该文件

B. 在该文件所在文件夹中,将该文件复制一份

C. 将该文件复制到剪贴板,并保留原文件

D. 将该文件复制到剪贴板,并删除原文件

解析：复制指文件原来的地方还有原文件,而粘贴的地方也有该文件,让文件在相同或不同的地方再复制出一个甚至多个。

另外,还有一个与"复制"非常相似的功能——剪切。剪切是把文件从一个地方转移到另一个地方,剪切后的文件就会从文件原来的地方被剪下来,等待用户粘贴到目标位置。

参考答案：C

题目6　(　　　)不属于操作系统。

A. Windows　　　　B. DOS　　　　　　C. Photoshop　　　D. NOI Linux

解析：Photoshop 是 Adobe Systems 公司开发和发行的图像处理软件,不属于操作系统。

DOS 和 Windows 都是 Microsoft 公司开发的操作系统,NOI Linux 是一个专为 NOI/NOIP 定制的 Linux 操作系统版本。

参考答案：C

题目7　有人认为,在个人计算机送修前,将文件放入回收站就是已经将其删除了。这种想法是(　　　)。

A. 正确的,文件放入回收站将被彻底删除,无法恢复

B. 不正确的,只有将回收站清空后,才意味着文件被彻底删除、无法恢复

C. 不正确的,即使回收站清空,文件也只是被标记为删除,仍可能通过恢复软件找回

D. 不正确的,只要在硬盘上出现过的文件就永远不可能被彻底删除

解析:回收站主要用来存放用户临时删除的文档资料,存放在回收站的文件可以被恢复。即使清空回收站,文件也不是被彻底删除,只是被标记为删除,可以通过软件找回;但若间隔时间过长,被标记删除的文件一旦被后来的文件覆盖,则文件将无法找回。

参考答案:C

题目 8 Linux 下可执行文件的默认扩展名为( )。

A. exe   B. com   C. dll   D. 以上都不是

解析:Linux 与 Windows 不同,其不是根据扩展名区分文件类型的。事实上,Linux 下的文件不需要扩展名,一切皆文件,包括设备文件、目录文件、普通文件等。要想知道某个文件是否是可执行文件,一般需要通过 ls l 命令查看文件属性中是否包含可执行权限。

参考答案:D

题目 9 下列软件中不是计算机操作系统的是( )。

A. Windows   B. Linux   C. OS/2   D. WPS

解析:WPS 是一款由金山公司开发的办公软件。Windows、Linux 和 OS/2 都属于操作系统。其中,OS/2 是 Microsoft 和 IBM 公司共同创造,后来由 IBM 公司单独开发的一套操作系统。

参考答案:D

1.3.3　知识点巩固

1. 以下各项中,( )不是操作系统软件。

　　A. Android   B. Linux   C. Windows 10   D. Sybase

2. 若一个单处理器的计算机系统中同时存在 3 个并发进程,则同一时刻允许占用处理器的进程数( )。

　　A. 至少为 1 个   B. 至少为 3 个   C. 最多为 1 个   D. 最多为 3 个

3. 计算机启动时,可以通过存储在( )中的引导程序引导操作系统。

　　A. RAM   B. ROM   C. Cache   D. CPU

4. 在 Windows 系统中,可以通过文件扩展名判别文件类型,( )是可执行文件的扩展名。

　　A. xml   B. txt   C. obj   D. exe

5. 操作系统通过( )组织和管理外存中的信息。

　　A. 字处理程序   B. 设备驱动程序

　　C. 文件目录和目录项   D. 语言翻译程序

6. 以下属于金山公司出品的软件是( )。

　　A. WPS Office   B. Word   C. QQ   D. Photoshop

1.4 数据表示与计算

1.4.1 基本知识介绍

(1) 计算机的存储单位

计算机存储数据的最小单位是位(b),一个二进制位要么是0,要么是1,只有这两种状态。

字节(B)是计算机数据处理的基本单位,1字节为8位,即1B=8b。一般情况下,一个ASCII码字符占用1字节,一个汉字国际码字符占用2字节。

字(word)通常由一个或若干个字节组成。字是计算机进行数据处理时一次存取、加工和传送的数据长度。由于字长是计算机一次所能处理信息的实际位数,所以它决定了计算机数据处理的速度,是衡量计算机性能的一个重要指标,字长越长,计算机的性能越好。

计算机中数据的换算都以字节为基本单位,以 $2^{10}=1024$ 为进率。常见的数据单位及其换算关系如表1-4所示。

表1-4 常见的数据换算关系

单 位	KB	MB	GB	TB	PB
换算关系	1KB=1024B	1MB=1024KB	1GB=1024MB	1TB=1024GB	1PB=1024TB
叫法	千字节	兆字节	吉字节	太字节	拍字节

(2) 计算机的进制

计算机通常使用的记数制有十进制、二进制、八进制和十六进制。为了能够区别书写的数字是哪个进制的数,通常在数字后面加上一个字母,十进制数加D或者不加(默认为十进制),二进制数加B,八进制数加Q、十六进制数加H。

各个进制之间的换算关系非常重要,表1-5列出了数字0~15的所有十进制、二进制、八进制和十六进制之间的换算关系。

表1-5 几种常用进制之间的换算关系

十进制	二进制	八进制	十六进制	十进制	二进制	八进制	十六进制
0	0000	0	0	8	1000	10	8
1	0001	1	1	9	1001	11	9
2	0010	2	2	10	1010	12	A
3	0011	3	3	11	1011	13	B
4	0100	4	4	12	1100	14	C
5	0101	5	5	13	1101	15	D
6	0110	6	6	14	1110	16	E
7	0111	7	7	15	1111	17	F

（3）二进制运算

二进制数运算包括算术运算和逻辑运算。

- 二进制数的算术运算

二进制数算术运算包括加法、减法、乘法和除法运算。

二进制数加法运算法则是：$0+0=0,0+1=1+0=1,1+1=10$（向高位进位）。

二进制数减法运算法则是：$0-0=1-1=0,1-0=1,0-1=1$（借1当二）。

二进制数乘法运算法则是：$0\times0=0,0\times1=1\times0=0,1\times1=1$。

二进制数除法运算规则是：$0\div0=0,0\div1=0$（$1\div0$无意义），$1\div1=1$。

在计算机内部，二进制的加法是基本运算，利用加法可以实现二进制数的减法、乘法和除法运算。在计算机的运算过程中，应用了"补码"进行运算。

- 二进制数的逻辑运算

在逻辑运算中，用1或0表示"真"或"假"。逻辑运算主要包括：逻辑加（又称"或"运算，符号为∨）、逻辑乘（又称"与"运算，符号为∧）、逻辑"非"（符号为 $\overline{X}$）和逻辑"异或"（符号为⊕）。各个逻辑运算的运算法则如表1-6所示。

表1-6　逻辑运算法则

A	B	A∨B	A∧B	$\overline{A}$	$\overline{B}$	A⊕B
0	0	0	0	1	1	0
0	1	1	0	1	0	1
1	0	1	0	0	1	1
1	1	1	1	0	0	0

当两个变量之间进行逻辑运算时，只在对应位之间按上述规律进行逻辑运算，不同位之间没有任何关系，当然也就不存在算术运算中的进位或借位问题。

（4）数值数据的表示

- 机器数和真值

一个数在计算机中的表示形式称为机器数。机器数所对应的原来的数值称为真值。机器数的最高位一般作为符号位，0表示正数，1表示负数。

整数机器数的表示法可用图说明，图1-6是一个用8位二进制数表示的有符号整数，其代表的数为-28。数符为1代表机器数为负数，即-0011100，换算为十进制数为-28。

图1-6　利用图表示整数机器数

浮点机器数的表示法稍显复杂，一个浮点数可以表示为 $N=M\times2^{E}$，其中M为定点小数，E为定点整数。一个浮点数需要表示出M、E以及它们的符号。

浮点数的表示方法有很多，表1-7是一种表示方法。

表 1-7 一种浮点数的表示方法

浮点数部分	数 符	尾 数	阶 符	阶 码
含义	M 的符号	M 的值	E 的符号	E 的值
-1.011×2^{111}	1	011	0	111

为了便于计算机的运算,机器数采用了不同的编码方法,称为码制。常见的码制有原码、反码、补码和移码。

- 原码

一个数 X 的原码表示为:符号位用 0 表示正,用 1 表示负;数值部分为 X 的绝对值的二进制形式,记 X 的原码为$[X]_原$。例如,当 X＝＋1100001 时,$[X]_原$＝01100001;当 X＝－1110101 时,$[X]_原$＝11110101。0 在原码中有两种表示方式:00000000 和 10000000,即＋0 和－0。

原码的特点是容易与真值相转换,但做加减运算不太方便。

- 反码

一个数 X 的反码表示为:若 X 为正数,则其反码和原码相同;若 X 为负数,则在原码的基础上符号位保持不变,数值位各位取反,记 X 的反码为$[X]_反$。例如,当 X＝＋1100001 时,$[X]_原$＝01100001;当 X＝－1100001 时,$[X]_反$＝10011110。0 在反码中也有两种表示形式:00000000 和 11111111。

反码弥补了原码做加减运算的不足。例如,若 X_1＝97,X_2＝－97,则 X_1+X_2＝0。利用二进制原码运算为:若$[X_1]_原$＝01100001,$[X_2]_原$＝11100001,则$[X_1]_原$＋$[X_2]_原$为

$$
\begin{array}{r}
01100001 \\
+\ 11100001 \\
\hline
\boxed{1}\ \ 01000010
\end{array}
$$

注:虚框内为溢出码。

结果转换为十进制数为 66,结果显然不对。

若利用反码进行运算,则$[X_1]_反$＝01100001,$[X_2]_反$＝10011110,则$[X_1]_反$＋$[X_2]_反$为

$$
\begin{array}{r}
01100001 \\
+\ 10011110 \\
\hline
11111111
\end{array}
$$

该结果为负数,将此负数由反码转换成原码,其结果为 1000 0000,即为－0。

虽然反码解决了加减运算问题,但由于并没有解决 0 的两种表示方法的不足,因此现在已经较少使用了。

- 补码

一个数 X 的补码表示方式为:当 X 为正数时,X 的补码与 X 的原码相同;当 X 为负数时,X 的补码的符号位与原码相同,其数值位取反加 1。记 X 的补码表示为$[X]_补$。例如,X＝＋1110001,$[X]_补$＝01110001;X＝－1110001,$[X]_补$＝10001111。0 在补码中的表示是唯一的,即 00000000,而 10000000 表示－128 的补码。

补码不仅解决了加减运算问题,而且 0 的表示也是唯一的。接着上述反码的例子,如果

利用补码进行运算,$[X_1]_补=01100001$,$[X_2]_补=10011111$,则$[X_1]_补+[X_2]_补$为

$$
\begin{array}{r}
01100001 \\
+\ 10011111 \\
\hline
\boxed{1}\quad 00000000
\end{array}
$$

该结果为 0,并且没有$+0$和-0之分。

补码比原码、反码所能表示的范围略宽,1 字节(8 位)的有符号整数能表示的范围为$-128\sim127$,而原码和反码都只能表示$-127\sim127$,所以补码目前被广泛应用于计算机的数制表示中。

- 移码

一个数 X 的移码表示方式为:X 的数值部分与补码类似,但符号位与补码相反,记 X 的移码为$[X]_移$。例如,$[X]_补=01110001$,$[X]_移=11110001$;$[X]_补=10001111$,$[X]_移=00001111$。0 在移码中的表示也是唯一的,即 10000000。

1.4.2 典型习题解析

题目 1　下列 4 个不同进制的数中,与其他 3 项数值不相等的是(　　)。

A. $(269)_{16}$ 　　　　B. $(617)_{10}$ 　　　　C. $(1151)_8$ 　　　　D. $(1001101011)_2$

解析:由于十六进制和八进制转换成二进制比较容易,所以本题将所有选项都统一转换为二进制。

$$(269)_{16}=(1001101001)_2$$
$$(617)_{10}=(1001101001)_2$$
$$(1151)_8=(1001101001)_2$$

十进制转二进制:除 2 取余法。

十六进制转二进制:把十六进制的每一位展开成 4 位二进制数,位数不足的补 0,连起来后去掉前导 0。

八进制、四进制分别转成 3 位、2 位二进制数,同十六进制。

参考答案:D

题目 2　1MB 等于(　　)。

A. 1000 字节　　　　B. 1024 字节　　　　C. 1000×1000 字节　D. 1024×1024 字节

解析:$1MB=1024KB=1024\times1024B$

参考答案:D

题目 3　计算机存储数据的基本单位是(　　)。

A. bit 　　　　B. Byte 　　　　C. GB 　　　　D. KB

解析:最基本的单位是 Byte(字节),最小的单位是 bit(位)。

参考答案:B

题目 4　在 8 位二进制补码中,10101011 表示的数是十进制下的(　　)。

A. 43 　　　　B. -85 　　　　C. -43 　　　　D. -84

解析:补码的最高位 1 表示负数,当 X 为负数时,X 的补码的符号位与原码相同,其数

值位取反加 1 得$[X]_原$＝11010101，X＝－85。

参考答案：B

题目5　十进制小数 13.375 对应的二进制数是（　　）。

A. 1101.011　　　　　B. 1011.011　　　　　C. 1101.101　　　　　D. 1010.01

解析：该数有整数和小数部分，因整数和小数部分的转换方法不同，因此需要分开转换。整数部分的转换采用除 2 取余法；小数部分的转换采用乘 2 取整法。

整数部分的转换方法　　　　　　　　　　小数部分的转换方法

参考答案：A

题目6　二进制数 00101100 和 00010101 的和是（　　）。

A. 00101000　　　B. 01000001　　　C. 01000100　　　D. 00111000

解析：二进制数的加法运算法则是：0＋0＝0，0＋1＝1＋0＝1，1＋1＝10（向高位进位）。

```
      0   0   1   0   1   1   0   0
  +   0   0 ₁ 0   1 ₁ 0 ₁ 1   0   1
  ─────────────────────────────────
      0   1   0   0   0   0   0   1
```

参考答案：B

题目7　与二进制小数 0.1 相等的八进制数是（　　）。

A. 0.8　　　　　　B. 0.4　　　　　　C. 0.2　　　　　　D. 0.1

解析：二进制转八进制的方法是：以小数点为分界，整数部分向左每 3 位二进制转换为八进制（不足 3 位的在左添 0 补充），小数部分向右每 3 位二进制转换为八进制（不足 3 位的在右添 0 补充）。

```
      0        .        100
      ↓        ↓         ↓
      0        .         4
```

参考答案：B

题目8　1MB 等于（　　）。

A. 1000 字节　　　　　　　　　　　B. 1024 字节

C. 1000×1000 字节　　　　　　　　D. 1024×1024 字节

解析：在计算机的二进制表示中，1KB＝2^{10}B＝1024B，1MB＝2^{20}B＝1024×1024B。

参考答案：D

题目 9 二进制数 00100100 和 00010100 的和是(　　)。

A. 00101000　　　　B. 01011001　　　　C. 01000100　　　　D. 00111000

解析：二进制数的加法运算法则是：$0+0=0,0+1=1+0=1,1+1=10$(向高位进位)。

$$
\begin{array}{cccccccc}
0 & 0 & 1 & 0 & 0 & 1 & 0 & 0 \\
+\ 0 & 0 & 0 & 1 & 0 & {}_1 1 & 0 & 0 \\
\hline
0 & 0 & 1 & 1 & 1 & 0 & 0 & 0
\end{array}
$$

参考答案：D

题目 10 与二进制小数 0.1 相等的十六进制数是(　　)。

A. 0.8　　　　B. 0.4　　　　C. 0.2　　　　D. 0.1

解析：二进制转十六进制的方法是：以小数点为分界，整数部分向左每 4 位二进制转换为十六进制(不足 4 位的在左添 0 补充)，小数部分向右每 4 位二进制转换为十六进制(不足 4 位的在右添 0 补充)。

$$
\begin{array}{ccc}
0 & . & 1000 \\
\downarrow & \downarrow & \downarrow \\
0 & . & 8
\end{array}
$$

参考答案：A

题目 11 1TB 代表的字节数量是(　　)。

A. 2 的 10 次方　　　B. 2 的 20 次方　　　C. 2 的 30 次方　　　D. 2 的 40 次方

解析：$1TB=2^{10}GB=2^{20}MB=2^{30}KB=2^{40}B$。

参考答案：D

题目 12 二进制数 00100100 和 00010101 的和是(　　)。

A. 00101000　　　　B. 001010100　　　　C. 01000101　　　　D. 00111001

解析：该题的方法与题目 9 相似，直接运算即可。

$$
\begin{array}{cccccccc}
0 & 0 & 1 & 0 & 0 & 1 & 0 & 0 \\
+\ 0 & 0 & 0 & 1 & 0 & {}_1 1 & 0 & 1 \\
\hline
0 & 0 & 1 & 1 & 1 & 0 & 0 & 1
\end{array}
$$

参考答案：D

题目 13 下列各无符号十进制整数中，能用 8 位二进制表示的数中最大的是(　　)。

A. 296　　　　B. 133　　　　C. 256　　　　D. 199

解析：8 位二进制数的范围是从 00000000～11111111，转换为十进制为 0～255。

参考答案：D

题目 14 二进制数 11.01 在十进制下是(　　)。

A. 3.25　　　　B. 4.125　　　　C. 6.25　　　　D. 11.125

解析：二、八、十六进制数转换为十进制数，只需要将这些进制的数用记数制通用形式表示出来并计算出结果，便可得到相应的十进制数。

$$原式 = 1 \times 2^1 + 1 \times 2^0 + 1 \times 2^{-2}$$
$$= 2 + 1 + 0.25$$
$$= 3.25$$

参考答案：A

题目 15 在十六进制表示法中，字母 A 相当于十进制中的（　　）。

A. 9   B. 10   C. 15   D. 16

解析：十六进制与十进制的对应关系是：0～9 对应 0～9，A～F 对应 10～15。

参考答案：B

题目 16 把 64 位非零浮点数强制转换成 32 位浮点数后，不可能（　　）。

A. 大于原数   B. 小于原数

C. 等于原数   D. 与原数符号相反

解析：将 64 位非零浮点数强制转换成 32 位浮点数，两个数会有大小上的细微差别，但不会发生符号变化，因为有专门的符号位。

参考答案：D

题目 17 十六进制数 9A 在（　　）进制下是 232。

A. 四   B. 八   C. 十   D. 十二

解析：该题可以采用尝试法，即将十六进制数 9A 分别转换成四进制、八进制、十进制和十二进制，看哪种进制的最后结果是 232。

二进制是计算机表示的基础，首先将十六进制转换为二进制，后面就可以非常方便地再将其转换为四、八和十进制。

```
    9              A
    ↓              ↓
  1001           1010
```

（1）转换成四进制（2 位对 1 位）

```
  10      01      10      10
  ↓       ↓       ↓       ↓
  2       1       2       2
```

（2）转换成八进制（3 位对 1 位）

```
  010     011     010
  ↓       ↓       ↓
  2       3       2
```

参考答案：B

题目 18 在二进制下，1011001 ＋（　　）＝ 1100110。

A. 1011   B. 1101   C. 1010   D. 1111

解析：要计算括号内的值，可以把加法运算转换成减法运算。

二进制数的减法运算法则是：$0-0=1-1=0,1-0=1,0-1=1$(借 1 当二)。

```
  1  1  0  0  1  1  0
- 1  0  0  1  0  0  1
  0  0  0  1  1  0  1
```

参考答案：B

题目 19　一个正整数在二进制下有 100 位,则它在十六进制下有(　　)位。

A. 7　　　　　　　B. 13　　　　　　　C. 25　　　　　　　D. 不能确定

解析：十六进制数转换成二进制数的转换原则是"一位拆四位",即把 1 位十六进制数写成对应的 4 位二进制数,然后按顺序连接即可。

参考答案：C

题目 20　$2E+03$ 表示(　　)。

A. 2.03　　　　　　B. 5　　　　　　　C. 8　　　　　　　D. 2000

解析：根据浮点数的表示方法,$2E+03$ 的表示为 2×10^3,即 2000。

参考答案：D

题目 21　设 X、Y、Z 分别代表三进制下的 1 位数字,若等式 $XY + ZX = XYX$ 在三进制下成立,那么同样在三进制下,等式 $XY \times ZX = ($　　$)$ 也成立。

A. YXZ　　　　　　B. ZXY　　　　　　C. XYZ　　　　　　D. XZY

解析：三进制下的 3 个数字分别为 0,1,2。由等式 $XY+ZX=XYX$ 为两位数加两位数等于三位数,可知和的第一位 X 由进位而来,所以可以推算出 X 的值为 1,将 X 的值代入等式 $1Y+Z1=1Y1$,可以进一步推算出 Z 的值为 2,否则无法实现进位；最后确定 Y 的值为 0。于是 $XY \times ZX$,其实就是 $10 \times 21=210$。

参考答案：B

题目 22　一个字长为 8 位的整数的补码是 11111001,则它的原码是(　　)。

A. 00000111　　　　B. 01111001　　　　C. 11111001　　　　D. 10000111

解析：一个正数的补码=原码,一个负数的补码=原码(除符号位外)取反加 1,本题"11111001"的首位数是 1,则这个数是负数,原码=补码减 1 取反=10000111。

参考答案：D

题目 23　一个自然数在十进制下有 n 位,则它在二进制下的位数与(　　)最接近。

A. 5n　　　　　　B. $n\log_2 10$　　　　C. $10\log_2 n$　　　　D. $10n\log_2 n$

解析：N 进制与二进制的位数换算关系一般为 $\log_2 N$,当 N 为 2 的整数次方时,其对应关系为整数,即八进制的 1 位对应二进制的 3 位,十六进制的 1 位对应二进制的 4 位。当 N 不为 2 的整数次方时,其对应关系为只能约等于。

例如,53 的二进制数为 110101,可以计算出与 $n\log_2 10$ 最接近。

参考答案：B

题目 24　十进制小数 125.125 对应的八进制数是(　　)。

A. 100.1　　　　　B. 175.175　　　　C. 175.1　　　　　D. 100.175

解析：十进制数转八进制也分为整数部分和小数部分,整数部分采用除 8 取余法,小数部分采用乘 8 取整法。

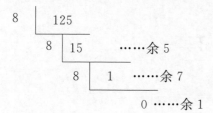

$$0.125 \times 8 = 1$$

参考答案：C

1.4.3 知识点巩固

1. 在 IEEE754 浮点表示法中,阶码采用（　　）表示。
    A. 原码　　　　　　　B. 反码　　　　　　　C. 补码　　　　　　　D. 移码
2. 某机器的字长为 8,符号位占 1 位,数据位占 7 位,采用补码表示时的最小整数为
（　　）。
    A. -2^8　　　　　　B. -2^7　　　　　　C. -2^7+1　　　　　D. -2^8+1
3. 十六进制数 CC 所对应的八进制数为（　　）。
    A. 314　　　　　　　B. 630　　　　　　　C. 1414　　　　　　　D. 3030
4. 将 1111101100.0001101B 转换成十六进制数为（　　）。
    A. 3EC.1AH　　　　B. FC0.1AH　　　　C. FC0.15H　　　　D. 3EC.15H
5. 一个 4 位二进制补码的表示范围是（　　）。
    A. 0～15　　　　　　B. -8～7　　　　　C. -7～7　　　　　D. -7～8
6. 十进制数-48用补码表示为（　　）。
    A. 10110000　　　　B. 11010000　　　　C. 11110000　　　　D. 11001111
7. 计算机内的浮点数表示方法主要有（　　）。
    A. 指数和基数　　　B. 尾数和小数　　　C. 阶码和尾数　　　D. 整数和小数
8. 十六进制数$(AB)_{16}$转换为等值的八进制数是（　　）。
    A. 253　　　　　　　B. 35l　　　　　　　C. 243　　　　　　　D. 101
9. 下列数中最大的是（　　）。
    A. $(227)_8$　　　　B. $(1FF)_{16}$　　　C. $(10100001)_2$　　　D. $(1789)_{10}$
10. 在二进制下,1010111 和 1101010 的和是（　　）。
    A. 1100000　　　　B. 1000001　　　　C. 10111111　　　　D. 11000001
11. 在二进制下,1101011 和 1010111 的差是（　　）。
    A. 0111100　　　　B. 1100010　　　　C. 0010100　　　　D. 0101000
12. 如果等式 12+22=100 成立,则该运算采用（　　）进制。
    A. 二　　　　　　　B. 三　　　　　　　C. 四　　　　　　　D. 五

1.5 信息编码

1.5.1 基本知识介绍

信息的范畴很广泛,除了 1.4 节介绍的数值型数据外,还有很多非数值型数据,主要包括字符、汉字、图形图像、声音、音频、视频等。这些类型的数据由于格式不同,其信息表示的方式也大相径庭。

1. 英文字符数据的表示

英文字符编码方案的国际标准为 ASCII 码(American Standard Code for Information Interchange,美国国家信息交换标准字符码)。ASCII 码利用 7 位二进制数表示,共有 128 个元素。1 字节(8 位)是计算机中的常用单位,ASCII 码字符将字节中多余的最高位取 0,如表 1-8 所示为 7 位 ASCII 码字符的编码表。

表 1-8　ASCII 码字符的编码表

$d_6 d_5 d_4$ / $d_3 d_2 d_1 d_0$	000	001	010	011	100	101	110	111
0000	NUL	DEL	SP	0	@	P	、	P
0001	SOH	DC1	!	1	A	Q	a	q
0010	STX	DC2	"	2	B	R	b	r
0011	EXT	DC3	#	3	C	S	c	s
0100	EOT	DC4	$	4	D	T	d	t
0101	ENQ	NAK	%	5	E	U	e	u
0110	ACK	SYN	&	6	F	V	f	v
0111	BEL	ETB	,	7	G	W	g	w
1000	BS	CAN	(	8	H	X	h	x
1001	HT	EM	)	9	I	Y	i	y
1010	LF	SUB	*	:	J	Z	j	z
1011	VT	ESC	+	;	K	[	k	{
1100	FF	FS	,	<	L	\	l	⊥
1101	CR	GS	—	=	M	]	m	}
1110	SD	RS	.	>	N	∧	n	~
1111	SI	US	/	?	O	_	o	DEL

2. 汉字的存储与编码

汉字是象形文字,常见的汉字就有 6000 多个,所以汉字的编码利用了 2 字节表示。汉字的编码方式有很多,常见的有区位码、国标码和机内码。

区位码是我国制定的汉字交换的统一标准,它采用区号范围 1~94、位号范围 1~94 表示汉字。例如"学"字的区位码为 4907D,即表示"学"字位于第 49 区的 07 个编码,转换成十六进制后为 3107H。

国标码是汉字信息交换的代码,也称交换码。国标码是将区位码的十进制区号和位号分别转换成十六进制数,然后分别加上 20H,即

$$国标码 = 十六进制的区位码 + 2020H$$

例如:"学"字的国标码为 3107H+2020H=5127H。

机内码是计算机系统内部标识汉字的编码。一个汉字由 2 字节组成,为了与 ASCII 码区别,其最高位均为 1。国标码和机内码的换算关系为

$$机内码 = 十六进制的国际码 + 8080H$$

例如:"学"字的机内码为 5127H+8080H=D1A7H。

3. 图像数据的表示

图像数据的表示方法与声音相似,都需要先将图像数据数字化。

目前,图像的数字化途径主要有两类:一类是利用扫描设备对各类图像资料进行扫描,通过扫描仪实现数字化;另一类是通过数码相机直接对景物进行拍摄,数码相机直接将拍摄到的景物数字化。不论哪种途径,数字化过程大体都分为采样、量化和编码三步。图 1-7 演示了灰度图像的数字化过程。

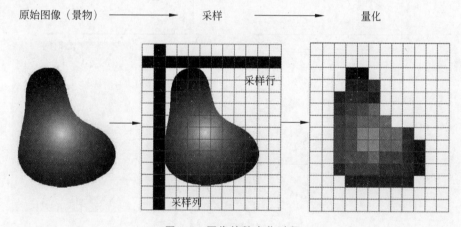

图 1-7　图像的数字化过程

(1)采样

图像是一种二维信号,需要变为一维信号后才能采样,先沿垂直方向按一定间隔从上往下顺序地沿水平方向直线扫描,取出各水平行上的一维扫描线,再对该一维扫描线信号按一定间隔采样得到离散信号。经过采样后,一幅图像的像素数目也称图像的分辨率,图像分辨率一般用水平方向的像素个数 M 乘以垂直方向的像素个数 N 表示,即 M×N。

(2)量化

经过采样,模拟图像已在空间上离散化为像素,但所得到的像素值(即颜色值或灰度值)仍是连续量,把取样后所得到的这些连续量所表示的像素值离散化为整数值的过程称为量化。量化时所确定的离散取值个数称为量化级数,表示量化的亮度值(或色彩值)所需的二进制位数称为量化字长,也称图像深度。图 1-6 所采用的量化级数为 16,量化深度为 4。量

化字长越长,就越能反映图像的原有效果。

（3）编码

把离散的像素矩阵按一定方式编制成二进制编码组,并将所得到的图像数据按某种图像格式记录在图像文件中称为图像的编码。

影响图像质量的两个重要参数就是图像分辨率和颜色深度,图像分辨率越高,颜色深度越深,则数字化后的图像效果就越逼真,图像数据量就越大。对于一幅图像,其分辨率为M×N,其颜色深度为D,图像的数据量可利用以下公式计算:

$$图像数据量 = M \times N \times D/8 (Byte)$$

例如,一幅 1024×768 像素的 32 位彩色图像,其文件大小的计算过程如下:1024×768×32/8=3145728B=3MB。

4.声音数据的表示

对于计算机来说,处理和存储的只能是二进制数,所以在使用计算机处理和存储声音信号之前,必须使用模数转换(A/D)技术将模拟音频转换为二进制数,这样模拟音频就转换为数字音频了。转换过程包括采样、量化和编码三个步骤,图 1-8 显示了音频数字化的过程。模拟音频向数字音频的转换是在计算机的声卡中完成的。

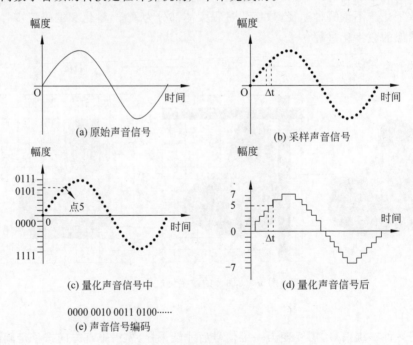

图 1-8　音频信号的数字化过程

（1）采样

采样是指将时间轴上连续的信号每隔一定的时间间隔便抽取出一个信号的幅度样本,把连续的模拟量用一个个离散的点表示出来,使其成为时间上离散的脉冲序列。

每秒采样的次数称为采样频率,用 f 表示;样本之间的时间间隔称为采样周期,用 T 表示,T=1/f。例如:CD 的采样频率为 44.1kHz,表示每秒采样 44100 次。常用的采样频率有 8kHz、11.025Hz、22.05kHz、15kHz、44.1kHz、48kHz 等。

（2）量化

量化是指将采样后离散信号的幅度用二进制数表示出来的过程。

每个采样点所能表示的二进制位数称为采样位数（也称量化位数）。采样位数反映了度量声音波形幅度的精度。例如，每个声音样本用16位（2字节）表示，测得的声音样本值为0～65536，它的精度就是输入信号的1/65536。常用的采样位数为8b/s、12 b/s、16b/s、20b/s、24b/s等。

采样频率、采样位数和声道数对声音的音质和占用的存储空间起着决定性作用。

我们希望音质越高越好，磁盘存储空间越少越好，这本身就是一个矛盾。必须在音质和磁盘存储空间之间取得平衡。声音采样的各个要素之间的关系可用下述公式表示：

数据率＝采样频率×采样位数×声道数/8

数据量＝数据率×时间＝采样频率×采样位数×声道数×时间/8

（3）编码

采样和量化后的信号还不是数字信号，需要把它转换成数字编码脉冲，这一过程称为编码。最简单的编码方式是二进制编码，即将已经量化的信号幅值用二进制数表示，计算机采用的就是这种编码方式。

模拟音频经过采样、量化和编码后所形成的二进制序列就是数字音频信号，我们可以将其以文件的形式保存在计算机的存储设备中，这样的文件通常称为数字音频文件。

1.5.2　典型习题解析

题目1　分辨率为800×600、16位的位图，存储图像信息所需的空间为（　　）。

A. 937.5KB　　　　B. 4218.75KB　　　　C. 4320KB　　　　D. 2880KB

解析：图像存储空间＝图像分辨率×图像位数/8

$$＝800*600*16/8$$
$$＝960000Byte$$
$$＝937.5KB$$

参考答案：A

题目2　矢量图（Vector Image）图形文件所占的存储空间比较小，并且无论如何放大、缩小或旋转等都不会失真，这是因为它（　　）。

A. 记录了大量像素块的色彩值

B. 用点、直线或者多边形等基于数学方程的几何图元表示图像

C. 每个像素点的颜色信息均用矢量表示

D. 把文件保存在互联网，采用在线浏览的方式查看图像

解析：

矢量图根据几何特性绘制图形，矢量可以是一个点或一条线，矢量图只能靠软件生成，文件占用的内存空间很小。矢量图的特点是图像放大后不会失真，和分辨率无关，适用于图形设计、文字设计和一些标志设计、版式设计等。

选项B是矢量图的特征。选项A是位图的特征。选项C和D都是错误的干扰选项。

参考答案：B

题目3 一片容量为 8GB 的 SD 卡能存储大约（　　　）张大小为 2MB 的数码照片。

A. 1600　　　　　　B. 2000　　　　　　C. 4000　　　　　　D. 16000

解析：照片张数＝存储卡的容量/每张照片的大小

　　　　　　＝8GB/2MB

　　　　　　≈8×1000MB/2MB

　　　　　　≈4000

参考答案：C

题目4 如果 256 种颜色用二进制编码表示，则至少需要（　　）位。

A. 6　　　　　　B. 7　　　　　　C. 8　　　　　　D. 9

解析：颜色种数 N 与颜色位数 x 之间的关系是 $2^x=N$，由此可以推出：$x=\log_2 N=\log_2 256=8$。

参考答案：C

题目5 在计算机内部用来传送、存储、加工处理的数据或指令都是以（　　　）形式进行的。

A. 二进制码　　　　B. 八进制码　　　　C. 十进制码　　　　D. 智能拼音码

解析：计算机内部采用二进制表示数据，即用 0 和 1 的编码表示数据，其优点是电路简单，工作可靠并稳定，运算简单，逻辑性强。

参考答案：A

题目6 现有一段文言文，要通过二进制哈夫曼编码进行压缩。为简单起见，假设这段文言文只由 4 个汉字"之""呼""者""也"组成，它们出现的次数分别为 700、600、300、200。那么，"也"字的编码长度是（　　　）。

A. 1　　　　　　B. 2　　　　　　C. 3　　　　　　D. 4

解析：霍夫曼编码（Huffman Coding）是可变字长编码的一种，由霍夫曼于 1952 年提出，该方法完全依据字符的出现概率构造异字头的平均长度最短的码字，有时称为最佳编码。

霍夫曼编码的算法步骤如下：

（1）初始化，将信号源的符号按照出现概率递减的顺序排列；

（2）计算，将两个最小的出现概率进行合并相加，将得到的结果作为新符号的出现概率；

（3）重复步骤（1）和（2）直到概率相加的结果等于1；

（4）分配码字，为所有出现的符号分配码字，概率大的符号用编码 0 表示，概率小的符号用编码 1 表示（当然也可以倒过来）；

（5）记录编码，记录概率为 1 处到当前信号源符号之间的 0,1 序列，从而得到每个符号的编码。

本题的霍夫曼编码的具体过程如下所示。

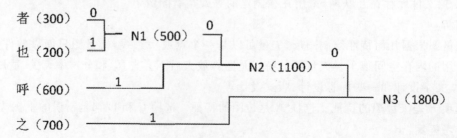

利用霍夫曼编码最后得到"也"字的码长为$(001)_2=3$。

参考答案:C

题目 7 LZW 编码是一种自适应词典编码。在编码过程中,开始时只有一部基础构造元素的编码词典,如果在编码的过程中遇到一个新的词条,则该词条及一个新的编码会被追加到词典中,并用于后续信息的编码。

举例说明,考虑一个待编码的信息串:"xyx yy yy xyx"。初始词典只有 3 个条目,第一个为 x,编码为 1;第二个为 y,编码为 2;第三个为空格,编码为 3;于是串"xyx"的编码为 1-2-1(其中"-"为编码分隔符),加上后面的一个空格就是 1-2-1-3。但由于有了一个空格,我们就知道前面的"xyx"是一个单词,而由于该单词没有在词典中,我们就可以自适应地把这个词条添加到词典中,编码为 4,然后按照新的词典对后续信息进行编码,以此类推。于是,最后得到编码 1-2-1-3-2-2-3-5-3-4。

现在已知初始词典的 3 个条目如上,则信息串"yyxy xx yyxy xyx xx xyx"的编码是_____。

解析:该题主要考查 LZW 编码的原理,只要考生能够认真阅读题干,了解清楚其原理,就可以按照原理将编码序列写出。

该题编码的具体过程如下:

Y —— 2 ⎫
Y —— 2 ⎬ 4
X —— 1 ⎪
Y —— 2 ⎭

空格——3

X —— 1 ⎫ 5
X —— 1 ⎬

空格——3

YYXY—4

空格——3

X —— 1 ⎫
Y —— 2 ⎬ 6
X —— 1 ⎭

空格——3

XX —— 5

空格——3

XYX —— 6

参考答案:2-2-1-2-3-1-1-3-4-3-1-2-1-3-5-3-6。

题目 8 下列选项中不属于视频文件格式的是(　　　)。

A. TXT   B. AVI   C. MOV   D. RMVB

解析:常见的视频文件格式有 AVI、MPEG、MOV、WAM、MP3 等。

选项 A 属于文本格式。

参考答案:A

题目 9 下列选项中不属于图像格式的是( )。

A. JPEG   B. TXT   C. GIF   D. PNG

解析:TXT 是微软在操作系统上附带的一种文本文件格式。

JPEG 是一种常见的图像格式,其扩展名为 jpg 或 jpeg。

GIF 是一种基于 LZW 算法的连续色调的无损压缩图像格式。

PNG 是一种图像文件存储格式,其目的是试图替代 GIF 和 TIFF 文件格式。

参考答案:B

题目 10 若字符'0'的 ASCII 码为 48,则字符'9'的 ASCII 码为( )。

A. 39   B. 57   C. 120   D. 视具体的计算机而定

解析:在 ASCII 码表中,字符'0'到字符'9'的 ASCII 码值是连续的,所以可以根据'0'的 ASCII 码推出'9'的 ASCII 码。在已知'0'的 ASCII 码值为 48 的情况下,'9'的 ASCII 码为 48+9=57。

参考答案:B

题目 11 关于 ASCII 码,下面说法中正确的是( )。

A. ASCII 码就是键盘上所有键的唯一编码

B. 一个 ASCII 码使用 1 字节的内存空间就能够存放

C. 最新扩展的 ASCII 编码方案包含了汉字和其他欧洲语言的编码

D. ASCII 码是英国人主持制定并推广使用的

解析:ASCII 码是一种 7 位编码,但它存放时必须占全 1 字节,即占用 8 位。

选项 A,ASCII 和键盘没有对应关系。

选项 C,扩展的 ASCII 码占用 2 字节,汉字编码不是扩展 ASCII 的内容。

选项 D,ASCII 码是美国标准信息交换码,由美国国家标准委员会制定。

参考答案:B

题目 12 已知大写字母 A 的 ASCII 码为 65(十进制),则大写字母 J 的十进制 ASCII 码为( )。

A. 71   B. 72   C. 73   D. 以上都不是

解析:该题利用了 ASCII 码表中字母按字母顺序存放的原理,通过计算即可得出答案。首先计算出 A 与 J 相隔 9 位,所以 J 的编码就是在 A 的基础上加 9,即 74。

参考答案:D

1.5.3　知识点巩固

1. 在 32×32 点阵的"字库"中,汉字"北"与"京"的字模占用的字节数之和是( )。

A. 512   B. 256   C. 384   D. 128

2. 以下文件格式中,属于声音文件的是( )。

A. PDF   B. WAV   C. AVI   D. DOC

3. 要想表示 256 级灰度图像,则表示每个像素点的数据最少需要( )位二进制位。

A. 4   B. 8   C. 16   D. 256

4. 某数码相机使用 1280×1024 分辨率拍摄 24 位真彩色照片,相机使用标称 1GB 存储容量的 SD 卡,若采用无压缩的数据存储格式,则最多可以存储(　　)张照片。

    A. 31　　　　　　B. 127　　　　　　C. 254　　　　　　D. 762

5. 以下文件格式中属于视频文件的是(　　)。

    A. RTF　　　　　B. WAV　　　　　C. MPG　　　　　D. JPG

6. 英文大写字母 D 的 ASCII 码值为 44H,英文大写字母 F 的 ASCII 码值的十进制数为(　　)。

    A. 46　　　　　　B. 68　　　　　　C. 70　　　　　　D. 15

7. 以下图像文件格式中支持图层信息的是(　　)。

    A. JPEG　　　　B. BMP　　　　　C. DIB　　　　　D. PSD

8. 美工为一本物理课本绘制插图使用矢量图格式的主要原因是(　　)。

    A. 矢量图可以任意缩放而分辨率不影响视觉表达

    B. 矢量图可以跨平台使用

    C. 矢量图色彩比较丰富

    D. 矢量图更适合在网页上直接浏览观看

9. 以下媒体文件格式中,(　　)是视频文件格式。

    A. WAV　　　　　B. BMP　　　　　C. MP3　　　　　D. MOV

10. 选择采样频率为 44.1kHz、样本精度为 16 位的声音数字化参数,录制 1 秒的双声道未经压缩的音频信号需要的存储空间为(　　)千字节(KB)。

    A. 1411.2　　　　B. 705.6　　　　C. 176.4　　　　D. 88.2

1.6　网　络　基　础

1.6.1　基本知识介绍

计算机网络是一个复杂的系统,通常采用层次结构实现,将网络按层的方式组织。分层的好处是:每一层实现一个相对独立的功能,因此可以将一个复杂问题分解为若干个较容易处理的小问题。计算机网络的各层及其协议的集合称为网络的体系结构。

1. 网络体系结构

(1) 开放系统互连参考模型

为了使不同体系结构的计算机互连,国际标准化组织(ISO)在 1977 年提出了著名的开放系统互连参考模型 OSI/RM(Open Systems Interconnection Reference Model),简称 OSI。"开放"是指只要遵循 OSI 标准,一个系统就可以和世界上任何地方也遵循同一标准的其他任何系统进行通信。"系统"是指在现实的系统中与互联有关的各部分。

OSI 参考模型共分为 7 层,分层原则是:根据不同层次的抽象分层;每层应当实现一个定义明确的功能;每层功能的选择应该有助于制定网络协议的国际标准;各层边界的选择应尽量减少跨接口的通信量;层数应足够多,以避免不同的功能混杂在同一层中,但也不能太多,否则体系结构会过于庞大。

OSI 参考模型各层的功能简述如下。

1～3层主要负责通信,称为通信子网层。5～7层属于资源子网,称为资源子网层。第4层是传输层,起着衔接上下3层的作用。

- 物理层:提供建立、维护和拆除物理链路所需的机械、电子、功能和规程的特性;提供有关在传输介质上传输非结构的位流及物理链路故障检测的指示。
- 数据链路层:为网络层实体提供点到点的无差错帧传输功能,并进行流控制。
- 网络层:为传输层实体提供端到端的交互网络数据传送功能,使得传输层摆脱路由选择、交换方式、拥挤控制等网络传输细节;可以为传输层实体建立、维持和拆除一条或多条通信路径;对网络传输中发生的不可恢复的差错予以报告。
- 传输层:为会话层实体提供透明、可靠的数据传输服务,保证端到端的数据完整性;选择网络层能提供的最适宜的服务;提供建立、维护和拆除传输连接功能。
- 会话层:为彼此合作的表示层实体提供建立、维护和结束会话连接的功能;完成通信进程的逻辑名字与物理名字之间的对应;提供会话管理服务。
- 表示层:为应用层进程提供能解释所交换信息含义的一组服务,如代码转换、格式转换、文本压缩、文本加密与解密等。
- 应用层:提供 OSI 用户服务,例如事务处理程序、电子邮件和网络管理程序等。

图 1-9 描述了应用 OSI 模型传输数据的例子。发送进程要传送数据给接收进程,它要把数据交给应用层,应用程序在数据前面加上应用报头,即 AH(也可以是空的),再把结果交给表示层。表示层可以有多种方式对此加以交换,也可以在前面加一个报头,然后把结果交给会话层。表示层不知道应用层给它的数据中哪一部分是 AH,哪一部分是真正的用户数据。这一过程一直重复至物理层,然后被实际传输给接收机。在接收机中,当信息向上传递时,各种报头被一层一层地剥去。最后,数据到达接收进程。

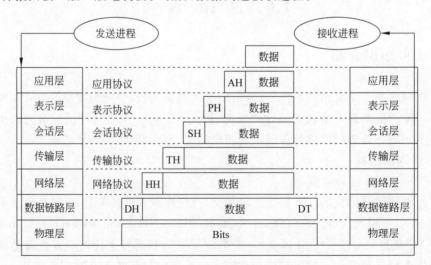

图 1-9 OSI 参考模型

(2) TCP/IP

由于 OSI 协议的实现过程很复杂,运行效率低,因此很少有厂商推出符合 OSI 标准的商用产品。目前,互联网上广泛使用的是 TCP/IP。TCP/IP(Transmission Control Protocol/ Internet Protocol,传输控制协议/互联网络协议)是 Internet 上不同子网之间的主机进行数据交换所遵守的网络通信协议。TCP/IP 一般泛指所有与 Internet 有关的一系列网络协议的总称,其中 TCP 和 IP 是其中最重要的两个协议。TCP/IP 体系结构主要由 4层构成,分别为网络接口层、网络层、传输层和应用层。

　　TCP/IP 采用的 4 层体系结构与 OSI 参考模型采用的 7 层体系结构是相对应的,它们的结构对比如图 1-10 所示。

图 1-10　TCP/IP 与 OSI 体系结构对比

● 网络接口层

也称链路层(Link Layer)或数据链路层,相当于 OSI 参考模型的第 1 层和第 2 层,负责与网络中的传输介质打交道。常用的链路层技术主要有以太网(Ethernet)、令牌环(Token Ring)、光纤数据分布接口(FDDI)、X.25、帧中继(Frame Relay)、ATM 等。

● 网络层

作用是将数据包从源主机发送出去,并使这些数据包独立地到达目标主机。数据包传送过程中,到达目标主机的顺序可能不同于它们被发送时的顺序。因为网络情况过于复杂,随时可能有一些路径发生故障或是网络中的某处出现数据包的堵塞,所以网络层提供的服务是不可靠的,可靠性由传输层实现。

● 传输层

提供应用程序之间的通信。传输层提供了可靠的传输协议 TCP 和不可靠的传输协议 UDP。TCP 是一个可靠的、面向连接的协议,允许在因特网上的两台主机之间进行信息的无差错传输。网络传输过程中,为了保证数据在网络中传输的正确、有序,使用"连接"的概念,一个 TCP 连接是指:在传输数据前,先要传送三次握手信号,以使双方为数据的传送做准备。UDP 是用户数据报协议,使用此协议时,源主机一有数据就会发送出去,不管发送的数据包是否到达目标主机或数据包是否出错,收到数据包的主机不会通知发送方是否正确收到数据,UDP 是一种不可靠的传输协议。

● 应用层

直接为用户的应用进程提供服务。如支持万维网应用的 HTTP,支持电子邮件的 SMTP,支持文件传送的 FTP 等。

(3) TCP/IP 的核心协议

TCP/IP 的核心协议主要有 TCP、UDP、IP、ICMP、IGMP 和 ARP,这些核心协议主要工作在网络层和传输层,其与网络接口层和应用层的主要协议如表 1-9 所示。

表 1-9　TCP/IP 的核心协议

层次名称	执行的协议	
应用层	HTTP，HTTPS，FTP，POP3，SMTP，SSH，Telnet，DNS，MIME，…	BOOTP，NTP，RIP，DNS，SNMP，DHCP，ARP，NFS，TFTP，RPC，…
传输层	TCP	UDP
网络层	IP，ICMP，IGMP，ARP	
网络接口层	Ethernet，Token Ring，FDDI，X.25，Frame Relay，ATM，…	

- IP

IP 层接收由网络接口层发来的数据包，并把该数据包发送到更高层——TCP 或 UDP 层；相反，IP 层也可以把从 TCP 或 UDP 层接收来的数据包传送到更低层——网络接口层。IP 数据包是不可靠的，因为 IP 并没有做任何事情确认数据包是否按顺序发送或者被破坏，IP 数据包中含有发送它的主机地址（源地址）和接收它的主机地址（目的地址）。

高层的 TCP 和 UDP 服务在接收数据包时，通常假设包中的源地址是有效的。也可以这样说，IP 地址形成了许多服务的认证基础，这些服务相信数据包是从一个有效的主机发送来的。IP 确认包含一个选项，叫作 IP source routing，可以用来指定一条源地址和目的地址之间的直接路径。对于一些 TCP 和 UDP 服务来说，使用该选项的 IP 包是从路径上的最后一个系统传递过来的，并不是来自它的真实地点。这个选项是为了测试而存在的，说明了它可以被用来欺骗系统以进行平常是被禁止的连接。那么，许多依靠 IP 源地址进行确认的服务将产生问题并会被非法入侵。

- ICMP

ICMP 与 IP 位于同一层，它被用来传送 IP 的控制信息，主要用来提供有关通向目的地址的路径信息。ICMP 的 Redirect 信息通知主机通向其他系统的更准确的路径，而 Unreachable 信息则指出路径有问题。另外，如果路径不可用，则 ICMP 可以使 TCP 连接终止。PING 是最常用的基于 ICMP 的服务。

- IGMP

IGMP（Internet Group Management Protocol，Internet 组管理协议）是因特网协议家族中的一个组播协议。该协议运行在主机和组播路由器之间。IGMP 共有 3 个版本，即 IGMPv1、v2 和 v3。

- ARP

ARP（Address Resolution Protocol，地址解析协议）是根据 IP 地址获取物理地址的一个 TCP/IP。主机发送信息时将包含目标 IP 地址的 ARP 请求广播到网络上的所有主机，并接收返回消息，以此确定目标的物理地址；收到返回消息后将该 IP 地址和物理地址存入本机 ARP 缓存中并保留一定时间，下次请求时直接查询 ARP 缓存以节约资源。ARP 建立在网络中各个主机互相信任的基础上，网络上的主机可以自主发送 ARP 应答消息，其他主机收到应答报文时不会检测该报文的真实性就会将其记入本机的 ARP 缓存；由此攻击者就可以向某一主机发送伪 ARP 应答报文，使其发送的信息无法到达预期的主机或到达错误的主机，这就构成了一个 ARP 欺骗。ARP 命令可用于查询本机 ARP 缓存中 IP 地址和 MAC 地址的对应关系、添加或删除静态对应关系等。ARP 的相关协议有 RARP、代理 ARP。

- TCP

TCP 是面向连接的通信协议,通过三次握手建立连接,通信完成时要拆除连接,由于 TCP 是面向连接的,所以只能用于端到端的通信。

TCP 提供的是一种可靠的数据流服务,采用"带重传的肯定确认"技术实现传输的可靠性。TCP 还采用一种称为"滑动窗口"的方式进行流量控制,窗口实际表示接收能力,用来限制发送方的发送速度。

如果 IP 数据包中有已经封好的 TCP 数据包,那么 IP 将把它们向上传送到 TCP 层。TCP 将包排序并进行错误检查,同时实现虚电路之间的连接。TCP 数据包中包括序号和确认,所以未按照顺序收到的包可以被排序,损坏的包可以被重传。

TCP 将它的信息送到更高层的应用程序,例如 Telnet 的服务程序和客户程序。应用程序轮流将信息送回 TCP 层,TCP 层便将它们向下传送到 IP 层、设备驱动程序和物理介质,最后到接收方。

面向连接的服务(如 Telnet、FTP、rlogin、X Windows 和 SMTP)需要高度的可靠性,所以它们使用了 TCP。DNS 在某些情况下使用 TCP(发送和接收域名数据库),但使用 UDP 传送有关单个主机的信息。

- UDP

UDP 是面向无连接的通信协议,UDP 数据包括目的端口号和源端口号的信息,由于通信不需要连接,所以可以实现广播发送。

UDP 通信时不需要接收方确认,属于不可靠的传输,可能会出现丢包现象,实际应用中应要求程序员编程验证。

UDP 与 TCP 位于同一层,但它不负责数据包的顺序、错误或重发。因此,UDP 不被应用于那些使用虚电路的面向连接的服务,UDP 主要用于那些面向查询-应答的服务,例如 NFS。相对于 FTP 或 Telnet,这些服务需要交换的信息量较小。使用 UDP 的服务包括 NTP(网络时间协议)和 DNS(DNS 也使用 TCP)。

欺骗 UDP 包比欺骗 TCP 包更容易,因为 UDP 没有建立初始化连接(也可以称为握手,因为在两个系统之间没有虚电路),也就是说,与 UDP 相关的服务面临着更大的危险。

Internet 又称因特网,是世界上规模最大的互联网络,是地理位置不同的各种网络在物理上连接起来而形成的全球信息网。Internet 已经发展成为影响最广、增长最快、市场潜力最大的产业之一,而且仍在以超出人们想象的速度增长。

3. 域名

IP 地址用数字表示,使用时难以记忆和书写,因此在 IP 地址的基础上又发展出一种符号化的地址方案,以代替数字型的 IP 地址,这就是域名。

域名由多个分量组成,分量之间用点号隔开,格式为:＊.三级域名.二级域名.顶级域名(如 mail.yctc.edu.cn,其中 cn 是顶级域名,表示中国,edu 是二级域名,表示教育机构)。各个分量代表不同级别的域名,级别最低的域名写在最左边,级别最高的顶级域名写在最右边,完整的域名不能超过 255 个字符。但域名并不代表计算机所在的物理地点,它只是一个逻辑概念,使用域名有助于记忆。

域名的划分是在顶级域名的基础上注册二级域名,二级域名下还可以注册三级域名,等等。现在的顶级域名有以下三大类。

（1）国家顶级域名：国家顶级域名采用 ISO 3166 的规定定制各个国家的顶级域名,如 cn 表示中国,us 表示美国,jp 表示日本等。

（2）国际顶级域名。采用 int,国际性的组织可在 int 下注册。

（3）通用顶级域名。常见的通用顶级域名有 com 表示公司,net 表示网络服务机构,org 表示非营利性组织,edu 表示教育机构,gov 表示政府部门,mil 表示军事部门,aero 表示航空运输企业等。

在国家顶级域名下注册的二级域名由该国家自行确定,我国将二级域名划分为类别域名和行政区域名两大类。其中,类别域名有 6 个：ac 表示科研机构,com 表示工、商、金融等企业,edu 表示教育机构,gov 表示政府部门,net 表示互联网络、接入网络的网络信息中心和运行中心,org 表示各种非营利性组织。行政区域名有 34 个,适用于各省、自治区、直辖市。

一般一个单位可以申请注册一个三级域名,一旦拥有一个域名,单位便可以自行决定是否需要进一步划分子域,并且不需要向上级报告子域的划分情况。

当用户通过域名访问 Internet 上某个主机时,其实是访问其 IP 地址,那么系统将如何识别哪个域名对应哪个 IP 地址呢? 这个域名到 IP 地址的转换是由域名服务器(DNS)完成的。通过建立 DNS 数据库,域名服务器会记录主机名称与 IP 地址的对应关系,并为所有访问 Internet 的客户机提供域名解析服务。

3. IP 地址

为了实现 Internet 上各主机之间的通信,每台主机都必须有一个唯一的网络地址,这就是 IP 地址。IP 地址由 32 位二进制数组成,格式如图 1-11 所示。根据网络地址和主机地址长度的不同,IP 地址可分为 5 类：A 类、B 类、C 类、D 类和 E 类。

网络地址	主机地址

图 1-11 IP 地址结构

A 类地址由 1 字节的网络地址和 3 字节的主机地址组成,网络地址的最高位必须是 0。A 类地址的第一个字段范围是 $1\sim126$,理论上可连接 $2^{24}-2=16777214$ 台主机,A 类地址适合于大型网络。

B 类地址的前 2 个字节为网络号,首位为 10,后 16 位表示主机地址。B 类地址第一个字段的范围是 $128\sim191$,理论上可连接 $2^{16}-2=65534$ 台主机,B 类地址适用于节点比较多的网络。

C 类地址的前 3 个字节为网络号码,首位为 110,最后一个字节表示主机地址。C 类地址第一个字段的范围是 $192\sim223$,每个网络最多只能包含 $2^8-2=254$ 台主机,适用于小规模的局域网络。

D 类地址的最高 4 位为 1110,用于组播,例如修改路由器。E 类地址的最高 4 位为 1111,地址用于实验保留。

在 A、B、C 类地址中,理论上能够连接的主机数为什么要减去 2 呢? 这是因为在 IP 地址中,有两个地址是作为特殊用途的,不能用于主机地址,即主机号全为 0 时代表整个网络,全为 1 时代表广播地址。

IP 地址采用 32 位二进制数表示,不便于记忆,为了提高可读性,将 32 位以 8 位为一个单位划分为 4 段,再将 8 位二进制数转换为等效的十进制数,如：210.52.207.2,IP 地址的每段所能表示的十进制数最大不超过 255。

子网掩码用来指明一个 IP 地址的哪些位标识的是主机所在的子网以及主机的位掩码。子网掩码不能单独存在,它必须结合 IP 地址一起使用。子网掩码的作用就是将某个 IP 地址划分成网络地址和主机地址两部分。子网掩码由 1 和 0 组成,且 1 和 0 分别连续。子网掩码的长度也是 32 位,左边是网络位,用二进制数字 1 表示,1 的数目等于网络位的长度;右边是主机位,用二进制数字 0 表示,0 的数目等于主机位的长度。

利用 IP 地址和子网掩码可以计算出该网络的网络号和主机号。网络号的计算方法为将 IP 地址和子网掩码进行逻辑与运算,主机号的计算方法为用 IP 地址减去网络号。

首先将 IP 地址和子网掩码转换成二进制形式,再进行如下计算:

IP 地址 210.28.176.228 转换成二进制为 11010010 00011100 10110000 11100100

子网掩码 255.255.255.192.0 转换成二进制为 11111111 11111111 1111111 11000000

IP 地址和子网掩码的逻辑与运算为

```
        11010010 00011100 10110000 11100100   IP 地址
AND     11111111 11111111 11111111 11000000   子网掩码
        11010010 00011100 10110000 11000000   网络号
```

主机号＝IP 地址－网络号＝00000000 00000000 00000000 00100100

再将网络号和主机号分别转换成十进制。

网络号为 210.28.176.192,主机号为 0.0.0.36。

随着世界各国互联网应用的发展,越来越多的 IP 地址被不断分配给最终用户,这样一来,IP 地址近乎枯竭。在这样的情况下,IPv6 应运而生,IPv6 是 Internet Protocol Version 6 的缩写,它是 IETF(Internet Engineering Task Force,互联网工程任务小组)设计的用于替代现行版本(IPv4)的下一代 IP 协议。IPv6 具有比 IPv4 大得多的地址空间,IPv6 使用了 128 位地址,地址空间支持 2^{128} 个地址。以地球 70 亿人口计算,每个人平均可分得 4.86×10^{28} 个地址。IPv6 的地址采用冒号十六进制表示,将 128 位二进制数以 16 位为一组进行划分,分成 8 组,每组采用 4 位十六进制数表示,如下的地址表示形式就是一个合法的 IPv6 地址:

2001:0db8:85a3:08d3:1319:8a2e:0370:7344

为了保证从 IPv4 向 IPv6 的平稳过渡,在 IPv6 地址的低 32 位中存放了以前的 IPv4 地址,同时将高 96 位置 0。

4. HTML

HTML 即超文本标记语言(Hypertext Markup Language),是用于描述网页文档的一种标记语言。HTML 是组织多媒体文档的重要语言,它不仅可以编写 Web 网页,而且也越来越多地被用来制作光盘上的多媒体节目。HTML 可以编排文档、创建列表、建立链接、插入声音和影视片断。

万维网(Web)是一个信息资源网络,它之所以能够使这些信息资源为广大用户所利用,主要依靠以下 3 条基本技术。

(1) 指定网上信息资源地址的统一命名方法:URL(Uniform Resource Locator)。

(2) 存取资源的协议:超文本传送协议(Hypertext Transfer Protocol,HTTP)。

（3）在资源之间很容易浏览的超文本链接技术：源于 HyperText 的 HyperLink。

一个 HTML 文档通常由文档头（head）、文档名称（title）、表格（table）、段落（paragraph）和列表（list）等成分构成，它们是文本文档的基本构件，并且使用 HTML 规定的标签（tag）标识这些元素。

HTML 标签由 3 部分组成：左尖括号"＜"、标签名称和右尖括号"＞"。标签通常是成对出现的，左尖括号表示开始的"开始标签（start tag）"，右尖括号表示结束的"结束标签（end tag）"。例如，＜H1＞与＜/H1＞分别表示一级标题的开始标签和结束标签，H1 是一级标签的名称。除了在结束标签名称的前面加一个斜杠符号"/"之外，开始标签名称和结束标签名称都是相同的。

某些元素还可以包含属性（attribute）。属性是指背景颜色、字体属性（大小、颜色、正体、斜体等）、对齐方式等，它是包含在开始标签中的附加信息。例如，＜P ALIGN＝CENTER＞表示这段文字是居中对齐的。

每个 HTML 文档都是由标签＜HTML＞开始，而以标签＜/HTML＞结束的。每个 HTML 文档都由两个部分组成：文档头（head）和正文（body），并分别用＜HEAD＞ … ＜/HEAD＞和＜BODY＞ … ＜/BODY＞进行标记。文档头标签＜HEAD＞ … ＜/HEAD＞之间所包含的是文档名称（title）。

图 1-12(a)是利用记事本编写的一个简单的 HTML 示例代码，将其保存后，利用 IE 浏览器打开后的效果如图 1-12(b)所示。

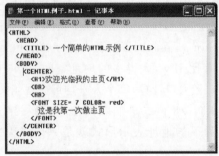

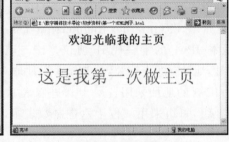

(a) 利用记事本编写的 HTML 示例代码　　　　　　(b) IE 浏览效果图

图 1-12　HTML 编辑及显示

HTML 涉及的标签很多，主要的标签如表 1-10 所示。

表 1-10　HTML 语言常用标签

标　　签	描　　述	标　　签	描　　述
＜HTML＞＜/HTML＞	文件的开始和结束	＜BODY＞＜/BODY＞	文件的主体
＜HEAD＞＜/HEAD＞	文件的头部	＜META＞	元信息标签，在＜HEAD＞头文件中
＜TITLE＞＜/TITLE＞	文件标题，在＜HEAD＞头文件中	＜H1＞＜/H1＞ … ＜H6＞＜/H6＞	一级标题 … 六级标题

续表

标　签	描　述	标　签	描　述
<B></B>	粗体	 	换行
<I></I>	斜体	<P></P>	段落
<U></U>	下画线	<ADRESS></ADRESS>	E-mail 地址等,主要用于英文
<S></S>	删除线	<PRE></PRE>	预格式化
<STRIKE></STRIKE>	删除线	<CENTER></CENTER>	居中
	上标	<LINK></LINK>	超级链接
	下标	<HR>	插入水平线
<BIG></BIG>	大字号	<PLAINTEXT>	固定宽度字体(不执行标记符号)
<SMALL></SMALL>	小字号	<IMG>	插入图片
<VAR></VAR>	声明变量标签	<TABLE>	插入表格
<FONT></FONT>	字体标签	<SCRIPT>	插入脚本

1.6.2 典型习题解析

题目 1 广域网的英文缩写是(　　)。

A. LAN　　　　　B. WAN　　　　　C. MAN　　　　　D. LNA

解析:广域网(Wide Area Network,WAN)通常跨接很大的物理范围,其覆盖的范围从几十千米到几千千米不等,它能连接多个城市或国家,或横跨几个洲并提供远距离通信,形成国际性的远程网络。

局域网(Local Area Network,LAN)是指在某一区域内由多台计算机互联而成的计算机组。覆盖范围一般是方圆几千米以内。局域网可以实现文件管理、应用软件共享、打印机共享、工作组内的日程安排、电子邮件和传真通信服务等功能。

城域网(Metropolitan Area Network,MAN)是在一个城市范围内所建立的计算机通信网,属于宽带局域网。

LNA(低噪声放大器)是噪声系数很低的放大器,一般用作各类无线电接收机的高频或中频前置放大器(如手机、计算机或者 iPad 中的 Wi-Fi),以及高灵敏度电子探测设备的放大电路。

参考答案:B

题目 2 中国的国家顶级域名是(　　)。

A. cn　　　　　B. ch　　　　　C. chn　　　　　D. china

解析:cn 表示中国的国家顶级域名,它由我国国际互联网络信息中心(Inter NIC)正式注册并运行。

ch 是因特网域名管理机构(ICANN)为瑞士(Switzerland)分配的顶级域名(ccTLD)。

选项 C 与选项 D,没有此类写法。

参考答案：A

题目 3　无论是 TCP/IP 模型还是 OSI 模型,都可以被视为网络的分层模型,每个网络协议都会被归入某一层。如果用现实生活中的例子比喻这些"层",则以下最恰当的是(　　)。

A. 中国公司的经理与波兰公司的经理交互商业文件

第4层	中国公司经理		波兰公司经理
	↑ ↓		↑ ↓
第3层	中国公司经理秘书		波兰公司经理秘书
	↑ ↓		↑ ↓
第2层	中国公司翻译		波兰公司翻译
	↑ ↓		↑ ↓
第1层	中国邮递员	←→	波兰邮递员

B. 军队发布命令

第4层	司令						
			↓				
第3层	军长1			军长2			
		↓				↓	
第2层	师长1	师长2		师长3		师长4	
	↓		↓		↓		↓
第1层	团长1	团长2	团长3	团长4	团长5	团长6	团长7	团长8

C. 国际会议中,每个人都与他国地位对等的人直接进行会谈

第4层	英国女王	←→	瑞典国王
第3层	英国首相	←→	瑞典首相
第2层	英国外交大臣	←→	瑞典外交大臣
第1层	英国驻瑞典大使	←→	瑞典驻英国大使

D. 体育比赛中,每一级比赛的优胜者晋级上一级比赛

第4层	奥运会
	↑
第3层	全运会
	↑
第2层	省运会
	↑
第1层	市运会

解析：选项 A、B、D 中都只体现了其中一层之间的沟通。不同层级中应有不同的沟通

方式或协议。

参考答案：C

题目4 下列协议中与电子邮件无关的是（　　）。

A. POP3 　　　　　B. SMTP 　　　　　C. WTO 　　　　　D. IMAP

解析：POP3（Post Office Protocol-Version 3，邮局协议版本 3）主要用于支持使用客户端远程管理服务器上的电子邮件。

SMTP（Simple Mail Transfer Protocol，简单邮件传输协议）是在 Internet 传输 E-mail 的事实标准，也是一个相对简单的基于文本的协议。

WTO（World Trade Organization，世界贸易组织）是当代最重要的国际经济组织之一。

IMAP（Internet Mail Access Protocol，Internet 邮件访问协议）的主要作用是邮件客户端（如 MS Outlook Express）可以通过它从邮件服务器上获取邮件信息、下载邮件等。

参考答案：C

题目5 FTP 可以用于（　　）。

A. 远程传输文件 　　　B. 发送电子邮件 　　　C. 浏览网页 　　　D. 网上聊天

解析：FTP（File Transfer Protocol，文件传输协议）的作用是允许用户从一台远端的计算机上将文件复制到自己的计算机上，或是将自己机器上的文件复制到远端机器。

参考答案：A

题目6 以下属于电子邮件收发协议的是（　　）。

A. SMTP 　　　　　B. UDP 　　　　　C. P2P 　　　　　D. FTP

解析：SMTP 是一组用于从源地址向目的地址传送邮件的规则，负责控制信件的中转方式。

UDP 是 OSI 参考模型中的一种无连接的传输层协议，提供面向事务的简单但不可靠的信息传送服务。

P2P 是一种在对等者（Peer）之间分配任务和工作负载的分布式应用架构，是对等计算模型在应用层形成的一种组网或网络形式。

FTP 用于在 Internet 上控制文件的双向传输。同时，FTP 也是一个应用程序（Application）。基于不同的操作系统有不同的 FTP 应用程序，而所有这些应用程序都遵守同一种协议以传输文件。

参考答案：A

题目7 （　　）是目前互联网上常用的 E-mail 服务协议。

A. HTTP 　　　　　B. FTP 　　　　　C. POP3 　　　　　D. Telnet

解析：HTTP 是互联网上应用最为广泛的一种网络协议，所有 WWW 文件都必须遵守这个协议。

Telnet 协议是 TCP/IP 族中的一员，是 Internet 远程登录服务的标准协议和主要方式，它为用户提供了在本地计算机上完成远程主机工作的能力。

参考答案：C

题目8 关于互联网，下面的说法中正确的是（　　）。

A. 新一代互联网使用的 IPv6 标准是 IPv5 标准的升级与补充

B. 互联网的入网主机如果有了域名就不再需要 IP 地址

C. 互联网的基础协议为 TCP/IP

D. 互联网上所有可下载的软件及数据资源都是可以合法、免费使用的

解析：选项 A 中，IPv6 与 IPv5 一点关系也没有，IPv6 是 IPv4 的升级。如果说 IPv4 实现的是人机对话，IPv6 则扩展到任意事物之间的对话，它不仅可以为人类服务，还将服务于众多硬件设备，如家用电器、传感器、汽车等，它将深入社会每个角落的真正的宽带网，而且它所带来的经济效益将非常巨大。

选项 B 中，IP 地址通常指定的是服务器，也就是主机，建立网站需要域名和主机。域名就是上网单位的名称，是一个通过计算机登录网络的单位在该网中的地址。域名是上网单位和个人在网络上的重要标识，起着识别作用，便于他人识别和检索某一企业、组织或个人的信息资源，从而更好地实现网络上的资源共享。

选项 C 中，TCP/IP 作为 Internet 的核心协议是一个协议族，包含多种协议。

选项 D 中，互联网中的优质内容可能都需要付费，但也不会全部打压和禁止免费的资源。

参考答案：C

题目 9　蓝牙和 Wi-Fi 都是(　　)设备。

A. 无线广域网　　　B. 无线城域网　　　C. 无线局域网　　　D. 无线路由器

解析：蓝牙(Bluetooth)是一种无线技术标准，可实现固定设备、移动设备和楼宇个人域网之间的短距离数据交换。

Wi-Fi 是一种允许电子设备连接到一个无线局域网(WLAN)的技术，连接的无线局域网通常是有密码保护的；但也可以是开放的，允许任何在 WLAN 范围内的设备进行连接。

参考答案：C

题目 10　以下不属于无线通信技术的是(　　)。

A. 蓝牙　　　　　B. Wi-Fi　　　　　C. GPRS　　　　　D. 以太网

解析：GPRS(General Packet Radio Service)是通用分组无线服务技术的简称，它是 GSM 移动电话用户可用的一种移动数据业务，属于第二代移动通信中的数据传输技术。

以太网(Ethernet)指基带局域网规范，是当今局域网采用的最通用的通信协议标准。

参考答案：D

题目 11　计算机病毒是(　　)。

A. 通过计算机传播的危害人体健康的一种病毒

B. 人为制造的能够侵入计算机系统并给计算机带来故障的程序或指令集合

C. 一种由于计算机元器件老化而产生的对生态环境有害的物质

D. 利用计算机的海量高速运算能力而研制出来的用于疾病预防的新型病毒

解析：计算机病毒(Computer Virus)是编制者在计算机程序中插入的破坏计算机功能或者数据的代码，影响计算机的使用，是能自我复制的一组计算机指令或者程序代码。

参考答案：B

题目 12　下列 32 位 IP 地址中书写错误的是(　　)。

A. 162.105.115.27　B. 192.168.0.1　　C. 256.256.129.1　　D. 10.0.0.1

解析：32 位 IP 地址被分割为 4 个 8 位二进制数(也就是 4 字节)。通常用点分十进制表示成(a.b.c.d)的形式，其中，a,b,c,d 若转换为十进制整数，就在 0~255。

参考答案：C

题目 13 IPv4 协议使用 32 位地址，随着其不断被分配，地址资源日趋枯竭。因此，它正逐渐被使用（   ）位地址的 IPv6 协议所取代。

A. 40   B. 48   C. 64   D. 128

解析：IPv4 有 32 位地址长度，理论上能编址 1600 万个网络、40 亿台主机。IPv6 指的是网络协议版本 6。一个 IPv6 的 IP 地址由 8 个地址节组成，每节包含 16 个地址位，以 4 个十六进制数书写，节与节之间用冒号分隔，其书写格式为 x:x:x:x:x:x:x:x，其中每一个 x 代表 4 位十六进制数。

参考答案：D

题目 14 通常在搜索引擎中，对某个关键词加上双引号表示（   ）。

A. 排除关键词，不显示任何包含该关键词的结果

B. 将关键词分解，在搜索结果中必须包含其中的一部分

C. 精确搜索，只显示包含整个关键词的结果

D. 站内搜索，只显示关键词所指向网站的内容

解析：加引号的目的是保持检索词的完整性。比如在检索《北京大学》时用引号将"北京大学"四个字限定起来，这样，检索结果中就不会出现"北京""大学"两个词分开的情况了。

参考答案：C

题目 15 （   ）是主要用于显示网页服务器或者文件系统的 HTML 文件的内容，并让用户与这些文件交互的一种软件。

A. 资源管理器   B. 浏览器   C. 电子邮件   D. 编译器

解析：文件资源管理器是一项系统服务，负责管理数据库、持续消息队列或事务性文件系统中的持久性或持续性数据。旧版本的 Windows 把"文件资源管理器"叫作"资源管理器"。

浏览器是指可以显示网页服务器或者文件系统的 HTML 文件内容，并让用户与这些文件交互的一种软件，用来显示在万维网或局域网等内的文字、图像及其他信息。

电子邮件是一种用电子手段提供信息交换的通信方式，是互联网应用最广的服务。电子邮件可以是文字、图像、声音等多种形式。

编译器就是将"一种语言（通常为高级语言）"翻译为"另一种语言（通常为低级语言）"的程序。一个现代编译器的主要工作流程为：源代码 → 预处理器 → 编译器→ 目标代码→ 链接器→ 可执行程序

参考答案：B

题目 16 在下列 HTML 语句中，可以正确产生一个指向×××官方网站的超链接是（   ）。

A. ＜a url＝"http://www.noi.cn"＞欢迎访问×××网站＜/a＞

B. ＜a href＝"http://www.noi.cn"＞欢迎访问×××网站＜/a＞

C. ＜a＞http://www.noi.cn＜/a＞

D. ＜a name＝"http://www.noi.cn"＞欢迎访问×××网站＜/a＞

解析：href 指超文本引用，＜a＞标签的 href 属性用于指定超链接目标的 URL，name 属性用于指定锚（anchor）的名称，name 属性可以创建文档内的书签。

参考答案：B

题目 17　关于 HTML，下列说法中正确的是（　　　）。

A. HTML 实现了文本、图形、声音乃至视频信息的统一编码

B. HTML 的全称为超文本标记语言

C. 网上广泛使用的 Flash 动画都是使用 HTML 编写的

D. HTML 也是一种高级程序设计语言

解析：HTML 可以被应用程序解释，但不具备高级程序设计语言的特征。

Flash 动画由其软件开发，交互功能由 ActionScript 脚本语言开发。

参考答案：B

1.6.3　知识点巩固

1. ARP 的作用是（　　　）。

　A. 实现 MAC 地址与主机名之间的映射

　B. 实现 lP 地址与 MAC 地址之间的变换

　C. 实现 IP 地址与端口号之间的映射

　D. 实现应用进程与物理地址之间的变换

2. 当 URL 为 http:// www.noi.cn 时，其中的 http 表示（　　　）。

　A. 域名　　　　　　　　　　　　　B. 所使用的协议

　C. 访问的主机　　　　　　　　　　D. 请求查看的文档名

3. （　　　）服务的主要功能是实现文件的上传和下载。

　A. Gopher　　　　B. FTP　　　　C. Telnet　　　　D. E-mail

4. 下列 Internet 应用中对实时性要求最高的是（　　　）。

　A. 电子邮件　　　B. Web 浏览器　　C. FTP 文件传输　D. IP 电话

5. 在 HTML 文件中，（　　　）标记在页面中可以显示 work 为斜体字。

　A. <pre>work</pre>　　　　　　　B. <u>work</u>

　C. <i>work</i>　　　　　　　　　D. work

6. 电子邮件地址 linxin@mail.ceiaec.org 中的 linxin、@ 和 mail.ceiaec.org 分别表示用户邮箱的（　　　）。

　A. 账号、邮件接收服务器域名和分隔符

　B. 账号、分隔符和邮件接收器域名

　C. 邮件接收服务器域名、分隔符和账号

　D. 邮件接收服务器域名、账号和分隔符

7. 下面四个主机地址中，属于网络 220.115.200.0/21 的地址是（　　　）。

　A. 220.115.198.0　　　　　　　　B. 220.115.206.0

　C. 220.115.217.0　　　　　　　　D. 220.115.224.0

8. IP 地址 192.168.1.0 代表（　　　）。

　A. 一个 C 类网络号　　　　　　　B. 一个 C 类网络中的主机

　C. 一个 B 类网络中的广播　　　　D. 一个 B 类网络号

9. 在因特网域名中,edu 通常表示(　　)。

    A. 商业组织　　　　　B. 教育机构　　　　　C. 政府部门　　　　　D. 军事部门

10. 根据统计显示,80%的网络攻击源于内部网络,因此必须加强对内部网络的安全控制。下面的措施中,无助于提高局域网内安全性的是(　　)。

    A. 使用防病毒软件　　　　　　　　B. 使用日志审计系统

    C. 使用入侵检测系统　　　　　　　D. 使用防火墙内部攻击

第2章 程序设计基础

程序设计是解决特定问题的过程,是软件构造活动中的重要组成部分。程序设计往往以某种程序设计语言为工具,设计出这种语言下的程序。程序设计过程应当包括分析、设计、编码、测试、排错等阶段。任何设计活动都是在各种约束条件和相互矛盾的需求之间寻求一种平衡,程序设计也不例外。

- 计算机语言与算法。计算机语言是人与计算机传递信息的媒介,其种类非常多,总体来说可以分成机器语言、汇编语言、高级语言三大类。计算机算法是以一步接一步的方式详细描述计算机如何将输入转换为所要求的输出的过程,或者说,算法是对计算机上执行的计算过程的具体描述。
- C++ 语言基础。C++ 是 C 语言的继承,它既可以进行 C 语言的过程化程序设计,又可以进行以抽象数据类型为特点的基于对象的程序设计,还可以进行以继承和多态为特点的面向对象的程序设计。C++ 不但擅长面向对象程序设计,还可以进行基于过程的程序设计,因此 C++ 就适应的问题规模而论,大小由之。C++ 不仅拥有计算机高效运行的实用性特征,同时还致力于提高大规模程序的编程质量与程序设计语言的问题描述能力。

2.1 计算机语言与算法

2.1.1 基本知识介绍

自然语言是人类传递信息、交流思想和情感的工具,程序设计语言则是人与计算机联系的工具。刚开始学习计算机语言时,很多同学都觉得难度很大,其实编写计算机程序与写作文非常相似,其对比如图 2-1 所示。

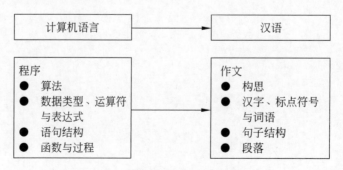

图 2-1 程序与作文的对比

1. 语言及其编程方法

一个程序应包括以下两方面内容。

(1) 对数据的描述。在程序中要指定数据的类型和组织形式,即数据结构(data structure)。

(2) 对操作的描述。即操作步骤,也就是算法(algorithm)。

数据是操作的对象,操作的目的是对数据进行加工处理,以得到期望的结果。作为程序设计人员,必须认真考虑和设计数据结构与操作步骤(即算法)。因此,著名计算机科学家沃思(Nikiklaus Wirth)提出了一个公式:

$$数据结构 + 算法 = 程序$$

实际上,一个程序除了以上两个主要要素之外,还应当包括程序设计方法以及采用哪一种计算机语言实现。因此,程序的完全表示方法为

$$程序 = 算法 + 数据结构 + 程序设计方法 + 语言工具和环境$$

以上四个方面是一个程序设计人员所应掌握的基本知识。在这四个方面中,算法是灵魂,数据结构是加工对象,语言是工具,编程需要采用合适的方法。

2. 算法

算法是为解决一个问题而采取的方法和步骤,同一个问题可以有不同的解题方法和步骤。方法有优劣之分,有些方法只需要很少的步骤,而有些方法则需要较多的步骤。一般来说,希望采用简单和运算步骤少的方法。因此,为了有效进行解题,不仅需要保证算法正确,还要考虑算法的质量,选择合适的算法。

计算机算法可分为两大类:数值算法和非数值算法。数值算法的目的是求数值解,非数值算法涉及的范围很广,例如事务管理、预测分析等。

一个算法应该具有以下特征。

- 有穷性。一个算法应包含有限的操作步骤,不能是无限的。
- 确定性。算法中的每一个步骤都应当是确定的,不应当是含糊、模棱两可的。
- 有零个或多个输入。输入是指在执行算法时需要从外界取得必要的信息。一个算法也可以没有输入。
- 有一个或多个输出。算法的目的是求解,"解"就是输出。没有输出的算法是没有意义的。
- 有效性。算法中的每一个步骤都应当能有效执行,并得到确定的结果。

算法的表示有多种方法,常用的有自然语言、流程图、N-S流程图、伪代码、PAD图等。

- 自然语言。自然语言表示通俗易懂,但文字冗长,容易出现歧义。自然语言表示的含义往往不太严格,要根据上下文才能判断其准确含义。此外,用自然语言描述包含分支和循环的算法很不方便。
- 流程图。流程图是指用一些图框表示各种操作。用图形表示算法更加直观形象,易于理解。美国国家标准化协会(American National Standard Institute, ANSI)规定了一些常用的流程图符号,如图2-2所示。

3. 常见的计算机语言

截至2021年1月,计算机编程语言排行榜中排名前5位的编程语言如表2-1所示。

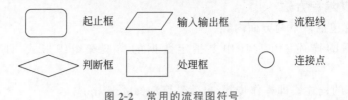

图 2-2 常用的流程图符号

表 2-1 2021 年 1 月计算机编程语言使用排行榜

名　　次	计算机语言名称	市场所占比率	比上年同期增减
1	C	16.48%	+0.40%
2	Java	12.53%	−4.72%
3	Python	12.21%	+1.90%
4	C++	6.91%	+0.71%
5	C#	4.20%	−0.60%

（1）C 语言

C 语言是一种生命力很强的语言,从 20 世纪 70 年代初到现在已经有 40 多年。C 语言具有很多优点,如语言简洁、紧凑;使用方便、灵活;运算符丰富;能进行位操作等。

C 语言程序是由函数构成的。一个 C 语言源程序至少包含一个 main 函数,以及若干个其他函数。函数是 C 语言程序的基本单位,被调用的函数可以是系统提供的库函数,也可以是用户根据需要自己编制设计的函数。

C 语言程序总是从 main 函数开始执行,不管 main 函数在整个程序中的位置。

用高级语言编写的程序称为源程序(sourceprogram)。计算机只能识别和执行由 0 和 1 组成的二进制指令,不能识别和执行用高级语言编写的指令。为了使计算机能执行高级语言源程序,必须先用一种称为编译程序的软件把源程序翻译成二进制形式的目标程序,然后将该目标程序与系统的函数库和其他目标程序连接起来,形成可执行的目标程序。具体执行过程和生成的文件如图 2-3 所示。

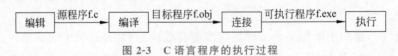

图 2-3 C 语言程序的执行过程

（2）Java 语言

Java 是由 Sun Microsystems 公司于 1995 年 5 月推出的一种面向对象的程序设计语言。Java 技术具有卓越的通用性、高效性、平台移植性和安全性,广泛应用于 PC、数据中心、游戏控制台、科学超级计算机、移动电话和互联网,拥有全球最大的开发者专业社群。

Java 由四部分组成:Java 编程语言、Java 类文件格式、Java 虚拟机(Java Virtual Machine,JVM)和 Java 应用程序接口(Application Programming Interface,API)。Java API 为 Java 应用提供了一个独立于操作系统的标准接口,可分为基本部分和扩展部分。在硬件或操作系统平台上安装 Java 平台之后,Java 应用程序即可运行。Java 平台已经嵌入了几乎所有的操作系统。这样 Java 程序可以只编译一次,就可以在各种系统中运行。

Java 不同于一般的编译执行计算机语言和解释执行计算机语言,它首先将源代码编译成二进制字节码(byte code),然后依赖各种不同平台上的虚拟机解释执行字节码,从而实现了"一次编译,到处执行"的跨平台特性。不过,每次执行编译后的字节码都需要消耗一定的时间,这也在一定程度上降低了 Java 程序的运行效率。

(3) Python

Python 的创始人为 Guido van Rossum。1989 年圣诞节,Guido 为了打发圣诞节的无趣,决定开发一个新的脚本解释程序,作为 ABC 语言的一种继承。之所以选中 Python(大蟒蛇的意思)作为该编程语言的名字,是因为他是 Monty Python 喜剧团体的爱好者。2004年以后,Python 的使用率呈线性增长。2011 年 1 月,Python 被 TIOBE 编程语言排行榜评为 2010 年度语言。

Python 是一种动态的、面向对象的脚本语言,最初用于编写自动化脚本(shell),随着版本的不断更新和新功能的添加,Python 越来越多地用于独立大型项目的开发。

(4) C++ 语言

1979 年,Bjarne Stroustrup 到了 Bell 实验室开始从事将 C 改良为带类的 C(C with classes)的工作。1983 年,该语言被正式命名为 C++。自从 C++ 被发明以来,它经历了 3 次重要的修订。第一次修订是在 1985 年,第二次修订是在 1990 年,第三次修订发生在 C++ 的标准化过程中。

(5) C♯

C♯ 是 Microsoft 公司在 2000 年 6 月发布的一种面向对象的编程语言,主要由安德斯·海尔斯伯格(Anders Hejlsberg)主持开发,是第一个面向组件的编程语言。

C♯ 是运行于.NET Framework 之上的高级程序设计语言。C♯ 看起来与 Java 有着惊人的相似之处;它包括单一继承、接口以及与 Java 几乎同样的语法和编译成中间代码再运行的过程。但是 C♯ 与 Java 有着明显的不同,它借鉴了 Delphi 的特点,与 COM(组件对象模型)是直接集成,而且它是 Microsoft 公司.NET Windows 网络框架的主角。

(6) 汇编语言

汇编语言(Assembly Language)是面向机器的程序设计语言。使用汇编语言编写的程序,机器不能直接识别,要通过一种程序将汇编语言翻译成机器语言,这种起到翻译作用的程序叫作汇编程序,汇编程序是系统软件中的语言处理系统软件。汇编程序把汇编语言翻译成机器语言的过程称为汇编。

汇编语言的优点:
- 是面向机器的低级语言,通常是为特定的计算机或系列计算机专门设计的;
- 保持了机器语言的优点,具有直接和简捷的特点;
- 可以有效地访问、控制计算机的各种硬件设备,如磁盘、存储器、CPU、I/O 端口等;
- 目标代码简短,占用内存少,执行速度快,是高效的程序设计语言;
- 经常与高级语言配合使用,应用十分广泛。

汇编语言的缺点:
- 是一种层次非常低的语言,仅高于直接手工编写的二进制机器指令码;
- 编写的代码非常难懂,不易维护;
- 很容易产生 Bug,难于调试;

- 只能针对特定的体系结构和处理器进行优化;
- 开发效率很低,时间长且单调。

（7）机器语言

机器语言（Machine Language）是一种指令集,这种指令集称为机器码（machine code）,是 CPU 可直接解读的数据。

虽然大多数语言既可以被编译（compiled）,又可被解释（interpreted）,但大多数只在一种情况下能够良好运行。在一些编程系统中,程序需要经过几个阶段的编译,一般而言,后阶段的编译往往更接近机器语言。

指令系统是计算机硬件的语言系统,也称机器语言,它是软件和硬件的主要界面,从系统结构的角度看,它是系统程序员看到的计算机的主要属性。

4. 编译和解释

计算机并不能直接接收和执行用高级语言编写的源程序,源程序在输入计算机时,通过"翻译程序"翻译成机器语言形式的目标程序,计算机才能识别和执行。这种"翻译"通常有两种方式,即编译方式和解释方式。

编译程序是指将高级语言（如 C++）源程序作为输入进行翻译转换,产生出机器语言的目标程序,然后让计算机执行这个目标程序,最终得到计算结果。

解释程序将源语言（如 BASIC）编写的源程序作为输入,解释一句后就提交计算机执行一句,并不形成目标程序。但解释程序的执行速度很慢,若源程序中出现循环,则解释程序也会重复地解释并提交执行这一组语句,会造成很大的资源浪费。

编译程序与解释程序最大的区别在于前者生成目标代码,而后者不生成;此外,前者产生的目标代码的执行速度比解释程序的执行速度更快;后者的人机交互好,适合初学者使用。

2.1.2 典型习题解析

题目 1　给定一个含 N 个不同数字的数组,在最坏的情况下,找出其中最大或最小的数至少需要 N-1 次操作。则在最坏的情况下,在该数组中同时找出最大与最小的数至少需要（　　）次操作（⌈⌉表示向上取整,⌊⌋表示向下取整）。

A. $\lceil 3N/2 \rceil - 2$　　　　B. $\lfloor 3N/2 \rfloor - 2$　　　　C. $2N-2$　　　　D. $2N-4$

解析：给定一个含 N 个不同数字的数组,同时找出最大与最小的数的算法如下。

```
if(a[0]<a[1])
{
    max=a[1];
    min=a[0];
}
else
{
    max=a[0];
    min=a[1];
```

```
    }
    for(i=2;i<N-1;i=i+2)
    {
        if(a[i]>a[i+1])
        {
            if(a[i]>max)
                max=a[i];
            if(a[i+1]<min)
                min=a[i+1];
        }
        else
        {
            if(a[i+1]>max)
                max=a[i];
            if(a[i]<min)
                min=a[i+1];
        }
    }
```

假设数组为 a[N],设置两个变量 max 和 min,用来存放数组中的最大值和最小值。该程序主要分为两部分。第一步为比较 a[0] 和 a[1],如果 a[0]<a[1],则将 a[0] 赋给 min,将 a[1] 赋给 max;否则将 a[1] 赋给 min,将 a[0] 赋给 max。第二步为每次取两个数进行比较,将比较结果中较大的数再和 max 对比,将较小的数再和 min 对比,直到结束。

设总的数据量是 N,则总的比较次数是 3N/2-2。这里的-2 是对第 1 次取数,只要比较一次,就可以将大的数赋给 max,将小的数赋给 min,不需要再比较后面的数了。每次取 2 个数,共需 N/2 次,每次比较 3 次,共需要比较 3×N/2 次。考虑到 N 可能是奇数,做完除 2 操作后可能变成小数,又因为题中表明至少需要几次操作,则可得出向上取整。

参考答案：A

题目 2　下面的故事与(　　　)算法有异曲同工之妙。

从前有座山,山里有座庙,庙里有个老和尚在给小和尚讲故事:"从前有座山,山里有座庙,庙里有个老和尚在给小和尚讲故事:'从前有座山,山里有座庙,庙里有个老和尚在给小和尚讲故事……'"

A. 枚举　　　　　　B. 递归　　　　　　C. 贪心　　　　　　D. 分治

解析：在进行归纳推理时,如果逐个考察某类事件的所有可能情况,从而得出一般结论,那么这个结论就是可靠的,这种归纳方法叫作枚举法。枚举法利用了计算机运算速度快、精确度高的特点,因此枚举法通过牺牲时间换取答案的全面性。

程序调用自身的编程技巧称为递归(recursion)。递归作为一种算法在程序设计语言中应用广泛。一个过程或函数在其定义或说明中有直接或间接调用自身的一种方法,它通常把一个大型的复杂问题层层转化为一个与原问题相似的规模较小的问题,递归策略只需要少量的程序就可以描述出解题过程所需要的多次重复计算,大幅减少了程序的代码量。递归的能力在于用有限的语句定义对象的无限集合。一般来说,递归需要有边界条件、递归前进段和递归返回段。当边界条件不满足时,递归前进;当边界条件满足时,递归返回。

贪心算法(又称贪婪算法)是指不从整体最优上加以考虑,它所做出的是在某种意义上的局部最优解。贪心算法自顶向下、以迭代的方法做出相继选择,每做一次贪心选择就会将所求问题简化为一个规模更小的子问题。对于一个具体问题,要想确定它是否具有贪心选择的性质,就必须证明每一步所做的贪心选择最终能得到问题的最优解。

分治算法的基本思想是将一个规模为 N 的问题分解为 K 个规模较小的子问题,对于这类问题,往往先把它分解成几个子问题,找到求出这几个子问题的解法后,再找到合适的方法把它们组合成整个问题的解法。如果这些子问题还较大且难以解决,则可以再把它们分成几个更小的子问题,以此类推,直至可以直接求出解为止。

参考答案:B

题目 3 下列不属于面向对象程序设计语言的是(   )。

A. C   B. C++   C. Java   D. C♯

解析:当前主流的面向对象程序设计语言有 Java、C++、C♯、Python 等。

面向过程的程序设计语言有 C、PASCAL、BASIC、FORTRAN 等。

除了面向对象和面向过程语言外,还有汇编语言。

参考答案:A

题目 4 给定含有 n 个不同的数的数组 $L = \langle x_1, x_2, \cdots, x_n \rangle$。如果 L 中存在 $x_i (1 < i < n)$ 使得 $x_1 < x_2 < \cdots < x_{i-1} < x_i > x_{i+1} > \cdots > x_n$,则称 L 是单峰的,并称 x_i 是 L 的峰顶。现在已知 L 是单峰的,请把三行代码补充到算法中,使得算法可以正确找到 L 的峰顶。

a. Search(k+1, n)   b. Search(1, k−1)   c. return L[k]

```
Search(1, n)
k←[n/2]
if L[k] >L[k-1] and L[k] >L[k+1]
then _____
else if L[k] >L[k-1] and L[k] <L[k+1]
then _____
else _____
```

正确的填空顺序是(   )。

A. c, a, b   B. c, b, a   C. a, b, c   D. b, a, c

解析:该题通过观察 3 个选项可知采用了递归调用的思想,又结合 k=n/2,可知程序采用二分查找法进行数据查找。

对于第 1 个空,如果满足 L[k] > L[k−1] and L[k] > L[k+1],则说明 L[k]就是 L 中的最大值,即找到峰顶,此时应该返回 L[k]。

对于第 2 个空,如果满足 L[k] > L[k−1] and L[k] < L[k+1],则说明 L[k]在 L 数据的前半段,应该向后半段进行查找,即查找 Search(k+1, n)。

对于第 3 个空,原理与第 2 个空相似,选择剩下的选项 b。

参考答案:A

题目 5 设某算法的计算时间表示为递推关系式 T(n)=T(n−1)+n(n 为正整数)及 T(0)=1,则该算法的时间复杂度为(   )。

A. O(logn)   B. O(nlogn)   C. O(n)   D. O(n²)

解析：该递推关系式可以逐层展开为：

```
T(n)=T(n-1)+n
   =T(n-2)+(n-1)+n
   =T(n-3)+(n-2)+(n-1)+n
   ...
   =T(0)+1+2+…+(n-2)+(n-1)+n
   =1+1+2+…+(n-2)+(n-1)+n
   =1+(n+1)×n/2
```

所以时间复杂度为 $O(n^2)$。

参考答案：D

题目6 以下是面向对象的高级语言的是（　　）。

A. 汇编语言　　　　　　B. C++　　　　　　　　C. FORTRAN　　　D. BASIC

解析：汇编语言（Assembly Language）是一种用于电子计算机、微处理器、微控制器或其他可编程器件的低级语言，亦称符号语言。

FORTRAN（Formula Translation）是一种编程语言。

BASIC（Beginner's All-purpose Symbolic Instruction Code）是一种直译式的程序设计语言。

参考答案：B

题目7 下面是根据欧几里得算法编写的函数，它所计算的是 a 和 b 的（　　）。

```
int euclid(int a, int b)
{
  if (b ==0)
    return a;
  else
    return euclid(b, a %b);
}
```

A. 最大公共质因子　　　　　　　　　B. 最小公共质因子
C. 最大公约数　　　　　　　　　　　D. 最小公倍数

解析：欧几里得算法是用来求两个正整数的最大公约数的算法，古希腊数学家欧几里得在其著作 *The Elements* 中最早描述了这种算法，所以它被命名为欧几里得算法。定理：两个整数的最大公约数等于其中较小的那个数和两数相除余数的最大公约数。最大公约数（Greatest Common Divisor）的缩写为 GCD。

参考答案：C

题目8 （　　）就是把一个复杂的问题分成两个或更多个相同类似的子问题，再把子问题分解成更小的子问题……直到最后的子问题可以简单地直接求解。而原问题的解就是子问题解的并。

A. 动态规划　　　　B. 贪心　　　　　　C. 分治　　　　　　D. 搜索

解析：动态规划程序设计是对解最优化问题的一种途径、方法，它不是一种特殊算法。不像搜索或数值计算那样具有一个标准的数学表达式和明确清晰的解题方法。动态规划程序设计往往针对一种最优化问题,由于各种问题的性质不同,确定最优解的条件也互不相同,因此动态规划的设计方法对不同的问题具有各具特色的解题方法,而不存在一种万能的动态规划算法可以解决各类最优化问题。

贪心算法和分治算法的解析请见题目2。

搜索算法是利用计算机的高性能有目的地穷举一个问题解空间的部分或所有可能的情况,从而求出问题的解的一种方法。在大规模实验环境中,通常通过在搜索前根据条件降低搜索规模,根据问题的约束条件进行剪枝,利用搜索过程中的中间解避免重复计算这几种方法进行优化。

参考答案:C

题目9 在程序运行过程中,如果递归调用的层数过多,则会因为(　　)而引发错误。

A. 系统分配的栈空间溢出　　　　　　B. 系统分配的堆空间溢出

C. 系统分配的队列空间溢出　　　　　D. 系统分配的链表空间溢出

解析:在程序运行过程中,递归调用的内部执行过程如下。

(1) 运行开始时,首先为递归调用建立一个工作栈,其结构包括值参、局部变量和返回地址。

(2) 每次执行递归调用之前,把递归函数的值参和局部变量的当前值以及调用后的返回地址压栈。

(3) 每次递归调用结束后,将栈顶元素出栈,使相应的值参和局部变量恢复为调用前的值,然后转向返回地址指定的位置继续执行。

如果递归调用的层数过多,则会因为系统分配的栈空间溢出而引发错误。

参考答案:A

题目10 在使用高级语言编写程序时,一般提到的“空间复杂度”中的“空间”是指(　　)。

A. 程序运行时理论上所占的内存空间

B. 程序运行时理论上所占的数组空间

C. 程序运行时理论上所占的硬盘空间

D. 程序源文件理论上所占的硬盘空间

解析:算法的复杂度主要包括算法的时间复杂度和空间复杂度。算法的时间复杂度是指执行算法所需要的计算工作量;算法的空间复杂度是指执行这个算法所需要的内存空间。

参考答案:A

题目11 在含有 n 个元素的双向链表中查询是否存在关键字为 k 的元素,最快情况下运行的时间复杂度是(　　)。

A. $O(1)$　　　　B. $O(\log n)$　　　　C. $O(n)$　　　　D. $O(n\log n)$

解析:对于链表查询,时间复杂度时一般认为是 $O(n)$,因为其查询必须从一个节点链接到另一个节点逐个查询。不论是单链表还是双向链表,遍历的原理都是一样的。

参考答案:C

题目12 关于汇编语言,下列说法中错误的是(　　)。

A. 是一种与具体硬件相关的程序设计语言

B. 在编写复杂程序时,相对于高级语言而言代码量较大,且不易调试

C. 可以直接访问寄存器、内存单元以及 I/O 端口

D. 随着高级语言的诞生,如今已被完全淘汰,不再使用

解析:现在的机器还达不到没有编译器就直接执行高级语言的本领,语言发展主要提高了抽象层次和开发效率,并不是为了消灭这些底层的语言,所以汇编语言肯定还是会大有用途的,不会被淘汰。

参考答案:D

题目 13 ( )是一种选优搜索法,它按选优条件向前搜索,以达到目标。当搜索到某一步时,发现原先选择并不优或达不到目标时就退回一步重新选择。

A. 回溯法   B. 枚举法   C. 动态规划   D. 贪心

解析:回溯法(探索与回溯法)是一种选优搜索法,又称试探法,按选优条件向前搜索以达到目标。但当探索到某一步时,若发现原先选择并不优或达不到目标,就退回一步重新选择,这种走不通就退回再走的技术称为回溯法,而满足回溯条件的某个状态的点称为回溯点。

关于枚举法、动态规划和贪心算法的解析请参考题目 2。

参考答案:A

题目 14 PASCAL 语言、C 语言和 C++ 语言都属于( )。

A. 面向对象语言   B. 脚本语言   C. 解释性语言   D. 编译性语言

解析:PASCAL 语言是一种结构式程序设计语言,最初是为系统地教授程序设计而发明的,其语法严谨,特点是简明化和结构化,适合教学、科学计算等。

C 语言是国际上应用最广泛的计算机高级语言,具有语言简洁紧凑、使用方便灵活及运算符丰富等特点,语法限制不严格,程序设计自由度大,程序可移植性好。

C++ 是 C 语言的继承,它既可以进行 C 语言的过程化程序设计,又可以进行以抽象数据类型为特点的基于对象的程序设计,还可以进行以继承和多态为特点的面向对象的程序设计。

参考答案:D

题目 15 关于程序设计语言,下列说法中正确的是( )。

A. 添加了注释的程序一般会比同样的没有添加注释的程序运行速度慢

B. 高级语言开发的程序不能使用在低层次的硬件系统(如自控机床或低端手机)上

C. 高级语言相对于低级语言更容易实现跨平台的移植

D. 以上说法都不对

解析:高级语言是从人类的逻辑思维角度出发的计算机语言,抽象程度大幅提高,需要编译成特定机器上的目标代码才能执行,一条高级语言的语句往往需要若干条机器指令完成。高级语言独立于机器的特性是依靠编译器为不同机器生成不同的目标代码(或机器指令)实现的。

选项 A,注释会在编译时被忽略,不影响程序的运行速度。

选项 B,高级语言可以使用底层硬件编译后生成目标代码,可以在硬件系统上执行。

参考答案: C

2.1.3　知识点巩固

1. 下列程序设计语言中,(　　)可称为通用的脚本语言。
   A. Visual Basic　　　B. Python　　　C. Java　　　D. C♯

2. 有 23 块饼干需要分给甲、乙、丙、丁四个孩子,每个孩子最多可得到的饼干数依次为 9、8、7、6 个,找出所有不同分法的算法需要采用列举方式,列举每个孩子所有可能得到的饼干数。对 4 人所得饼干数总和是否为 23 进行判断,找出符合要求的各种分法,此算法属于(　　)。
   A. 解析算法　　　B. 枚举算法　　　C. 速归算法　　　D. 排序算法

2.2　C++ 语言基础

2.2.1　基本知识介绍

1. 常量与变量

(1) 常量

程序运行期间其值不能被改变的量称为常量。

常量的类型如表 2-2 所示。

表 2-2　常量的类型

序号	类　型	示例 1	示例 2	定 义 方 式
1	数值型常量	100	3.1415926	const int pi＝3.14159;
2	字符型常量	'a'	"string"	const char cha＝'a';
3	符号常量	max	pi	♯ define pi 3.14159

(2) 变量

程序运行期间其值可以被改变的量称为变量。

变量的命名规则: C++ 规定标识符只能由字母、数字和下画线组成,且只能由字母和下画线开头,大小写敏感,不能使用关键字和保留字为变量命名。

2. 运算符

(1) 算术运算符

符号	＋	－	*	/	％	++	——
含义	加	减	乘	除	整除求余	自加	自减

备注:i＋＋为先使用后运算,＋＋i 为先运算后使用。

（2）关系运算符

符号	>	<	==	>=	<=	! =
含义	大于	小于	等于	大于等于	小于等于	不等于

（3）逻辑运算符

符号	&&	||	!
含义	逻辑与	逻辑或	逻辑非
运算规则	运算符前后都为真结果才为真	运算符前后有一个为真结果就为真	真的非为假,假的非为真

（4）位运算符

符号	<<	>>	&	|	^	~
含义	按位左移	按位右移	按位与	按位或	按位异或	按位取反

（5）赋值运算符（＝）

意义：将赋值运算符右边的值(包含表达式最后的运算结果)赋值给赋值运算符左边的变量。

```
A=1;
```

赋值操作的右结合性：被赋值的每个操作数都具有相同的数据类型,C++允许将这么多个赋值操作写在一个表达式中。

```
a=b=c=1;
```

赋值操作具有低优先级。

（6）条件运算符（？：）

语句形式：

```
条件语句?语句 1: 语句 2;
```

当条件语句为真时,执行语句 1 并返回最终值；当条件语句为假时,执行语句 2 并返回最终值。

（7）复合赋值运算符

符号	+=	-=	* =	/=	%=
含义	加法赋值	减法赋值	乘法赋值	除法赋值	模运算赋值
符号	<<=	>>=	&=	^=	|=
含义	左移赋值	右移赋值	位逻辑与赋值	位逻辑或赋值	位逻辑异或赋值

使用复合赋值操作时,左操作数只计算了一次；而使用相似的长表达式时,该操作数则计算了两次,第一次作为右操作数,而第二次则作为左操作数。例如：

```
a +=1;            //直接对 a 的内存中的值+1
a =a+1;           //先取出 a 中的值,然后+1,最后把得出的值放回
```

(8) 其他运算符

逗号运算符：,

指针运算符：*

引用运算符和取地址运算符：&

求字节数运算符：sizeof

强制类型转换运算符：(类型)或 类型()

成员运算符：.

域运算符：：：

指向成员的运算符：->

下标运算符：[]

函数运算符：()

3. 程序和语句

常用的控制语句有以下几种。

- if(){…}else{…}(判断语句)
- for(){…}(循环语句)
- while(){…}(循环语句)
- do{…}while(循环语句)
- continue;(结束本次循环语句)
- break(中止语句,中止 switch 或循环语句)
- switch(多分支选择语句)
- goto(转向语句)
- return(从函数返回语句)

2.2.2 典型习题解析

题目1 为了统计一个非负整数的二进制形式中"1"的个数,代码如下：

```
int CountBit(int x)
{
  int ret =0;
    while(x)
      {
      ret++;
      _____;
      }
  return ret;
    }
```

则空格内要填入的语句是( )

A. x>>=1　　　　B. x&=x-1　　　　C. x|=x>>1　　　　D. x<<=1

解析：判断该题的典型方法就是案例法，即设 x=9，返回的 ret 值应该是 2，依次计算出选项 A、B 的值分别是 4、2，选项 C 和 D 是干扰项，无意义。

仍以 x=9 为例，分析程序执行的过程。

步骤	ret	x(二进制)	x-1	x&=x-1
1	1	1001	1000	1000
2	2	1000	0111	0

从以上步骤可以看出，统计 1 的个数有两种情况：一种情况是 x 的尾部为 1，则 x-1 只使得尾部的值由 1 变 0；另一种情况是尾部为 0，此时 x-1 需要借位，所以使得 x 的右数第一个 1 发生变化。这两种情况都可以通过 x&=x-1 操作统计 1 的个数。

参考答案：B

题目 2　若有如下程序段，其中 s、a、b、c 均已定义为整型变量，且 a、c 均已赋值（c>0）。

```
s =a;
for (b =1; b <=c; b++)
    s =s +1;
```

则与上述程序段修改 s 值的功能等价的赋值语句是（　　　）。

A. s = a + b;　　　　B. s = a + c;　　　　C. s = s + c;　　　　D. s = b + c;

解析：a 是一个常量值，作为 s 的初值，每次循环加 1，共加了 c 次，得 s=a+c。选项 C 具有迷惑性，因为开始赋值了 s=a;，但是 s=s+c 是不对的，因为 s 是一个变量，假设初始值等于 a，则经过循环后就不再是 a 了，此时的 s=s+c 就不等于 a+c 了。

参考答案：B

题目 3　有以下程序：

```
#include <iostream>
using namespace std;
int main() {
    int k =4, n =0;
    while (n <k) {
        n++;
    if (n %3 !=0)
        continue;
    k--;
    }
    cout <<k <<"," <<n <<endl;
    return 0;
}
```

程序运行后的输出结果是（　　　）。

A. 2,2　　　　B. 2,3　　　　C. 3,2　　　　D. 3,3

解析：该程序使用"模拟法"求解，具体分析如下：

k	n
4	0
	1
	2
3	3

参考答案：D

题目 4 要求以下程序的功能是计算 $s = 1 + 1/2 + 1/3 + \cdots + 1/10$。

```
#include <iostream>
using namespace std;
int main() {
int n;
float s;
s =1.0;
for (n =10; n >1; n--)
    s =s +1 / n;
cout <<s <<endl;
return 0;
}
```

程序运行后输出结果错误,导致错误结果的程序行是(　　)。

A. s=1.0;　　　　　　　　　　　　　　B. for(n=10;n>1;n--)

C. s=s+1/n;　　　　　　　　　　　　　D. cout<<s<<endl;

解析：该题主要考查程序设计中的除法运算,如果除法运算的两个数都是整数,则默认为整除运算,该题选项 C 中 1/n 的计算结果按整除运算,则一直为 0,所以应将其改为 s=s+1.0/n,将其一个操作数变成浮点数,这样除法运算就变成了浮点除法运算。

参考答案：C

题目 5 设变量 x 为 float 型且已赋值,则以下语句中能将 x 中的数值保留到小数点后两位,并将第三位四舍五入的是(　　)。

A. x = (x * 100) + 0.5 / 100.0;

B. x = (x * 100 + 0.5) / 100.0;

C. x = (int) (x * 100 + 0.5) / 100.0;

D. x = (x / 100 + 0.5) * 100.0;

解析：

选项 A 乘以 100 后没有除 100,值放大了 100 倍,无论怎样舍也不会变回去。

选项 B 并不能保留小数点后面两位,但是可以将小数点第三位四舍五入。

选项 C 和 B 的差别就在于强制转换类型 i,(int)(x * 100+0.5) 把 float 型数据(x * 100+0.5)强转换成 int,x * 100 的目的是将小数点后两位变为整数,加 0.5 就是为了四舍五入,因为强制转换时会将小数部分去掉,如果原来大于 0.5,那么就会进 1,整数部分就会加 1,然后再除以 100.0,小数点后两位变回四舍五入后的值。

选项 D 中的 x/100 +0.5 不能实现第三位小数四舍五入的功能。

参考答案:C

题目 6 有以下程序:

```
#include <iostream>
using namespace std;
int main() {
    int s, a, n; s =0; a =1;
    cin >>n;
    do {
        s +=1;
        a -=2;
    } while (a !=n);
    cout <<s <<endl;
    return 0;
}
```

若要使程序的输出值为 2,则应该从键盘给 n 输入(   )。

A. -1   B. -3   C. -5   D. 0

解析:本题较为简单,据题意 s=2,得 do…while 将执行两次,执行两次后 a=-3;且当 a=n 时将跳出循环,得出 n=-3。

参考答案:B

题目 7 一个 32 位整型变量占用(   )字节。

A. 4   B. 8   C. 32   D. 128

解析:一个字节有 8 位,所以应是 4 字节,故选 A。

参考答案:A

题目 8 下列程序中,能正确计算 1～100 这 100 个自然数之和 sum(初始值为 0)的是 (   )。

```
A. i =1;                        B. i =1;
   do {                            do {
   sum +=i;                        sum +=i;
   i++;                            i++;
   } while (i <=100);              } while (i >100);
C. i =1;                        D. i =1;
   while (i <100){                 while (i >=100){
   sum +=i;                        sum +=i;
   i++;                            i++;
   }                               }
```

解析:选项 B 和选项 D 的错误都在于 while 中的条件语句,while 中满足条件为 1 时执行,为 0 时跳出循环,而选项 B 和选项 D 在第一次执行时就已经不满足条件了,所以跳出循环,无法执行题中的要求。选项 C 只能执行到 99,当 i=100 时不符合 while 条件,会跳出循环。

参考答案：A

2.2.3　知识点巩固

1. 若 a 被定义成整型变量,则下列( )操作与 a/2 的功能相同。
   A. a％2　　　　　B. a＞＞1　　　　　C. a＆＝1　　　　　D. a｜＝2
2. 设有定义"int x＝2;",下列表达式中值不为 6 的是( )。
   A. x * ＝x＋1　　B. x＋＋,2 * x　　C. x * ＝(1＋x)　　D. 2 * x,x＋＝2
3. 下列程序中,计算 1,3,5,7,…,99 的和,结果存放在 sum 变量中,不能得出正确结果的是( )。(语句)

```
A. int sum=0;
   for(int i=1;i<=99;i=i+2)
       sum+=i;
```

```
B. int sum=0,i=1;
   do{
       sum+=i;
       i=i+2;
   }while(i<=99);
```

```
C. int sum=0,i=1,n=50;
   sum=(i+(2*n-1))*n/2;
```

```
D. int sum=0,i=1;
   while(i>=99){
       sum+=i;
       i=i+2;
   }
```

4. 判断某一年份是否为闰年的表达式是( )。
   A. year％4＝＝0 ｜｜ year％100!＝0 ＆＆ year％400＝＝0
   B. year％4＝＝0 ＆＆ year％100!＝0 ｜｜ year％400＝＝0
   C. year％400＝＝0 ＆＆ year％100!＝0｜｜ year％4＝＝0
   D. year％100!＝0 ｜｜ year％400＝＝0 ＆＆ year％4＝＝0
5. 有下列程序:

```
#include <iostream>
using namespace std;
int main()
{
    int x;
    cin>>x;
    if(x<=3);
    else
    if(x!=10)
        cout<<x;
}
```

程序运行时,输入的值在( )范围才会有输出结果。
   A. 不等于 10 的整数　　　　　　　B. 大于 3 且不等于 10 的整数

　　C. 大于 3 或等于 10 的整数　　　　　D. 小于 3 的整数

6. 有下列程序：

```
#include <iostream>
using namespace std;
int main()
{
    int a=1,b=2,c=3,d=0;
    if(a==1&&b++==2)
        if(b!=2||c--!=3)
            cout<<a<<b<<c;
        else
            cout<<a<<b<<c;
    else
        cout<<a<<b<<c;
    return 0;
}
```

程序运行后的输出结果是(　　)。

　　A. 123　　　　　　　　B. 132　　　　　　　　C. 133　　　　　　　　D. 321

第3章 基本数据结构

数据结构是指相互之间存在一种或多种特定关系的数据元素集合,是带有结构的数据元素的集合,它指数据元素之间的相互关系,即数据的组织形式。根据数据元素之间关系的不同特性,通常有以下4类基本的数据结构。

- 集合结构:结构中的数据元素之间除了同属于一个集合的关系外,无任何其他关系。
- 线性结构:结构中的数据元素之间存在一对一的线性关系。
- 树状结构:结构中的数据元素之间存在一对多的层次关系。
- 图状结构或网状结构:结构中的数据元素之间存在多对多的任意关系。

数据结构的形式定义为:数据结构是一个二元组 Data_Structure=(D,R)。其中,D 是数据元素的有限集,R 是 D 上关系的有限集。

上述数据结构的定义是对操作对象的一种数学描述,结构中定义的"关系"描述的是数据元素之间的逻辑关系,因此称为数据的逻辑结构。存储结构(又称物理结构)是逻辑结构在计算机中的存储映像,是逻辑结构在计算机中的实现,它包括数据元素的表示和关系的表示。逻辑结构与存储结构的关系为:存储结构是逻辑关系的映像与元素本身的映像。逻辑结构是抽象,存储结构是实现,两者综合起来建立了数据元素之间的结构关系。

数据元素之间的关系在计算机中有两种不同的表示方法:顺序存储结构和链式存储结构。

3.1 线 性 表

3.1.1 基本知识介绍

线性表(Linear List)是由 $n(n \geqslant 0)$ 个类型相同的数据元素 $a_1, a_2, \cdots, a_n$ 组成的有限序列,记为$(a_1, a_2, \cdots a_{i-1}, a_i, a_{i+1}, \cdots, a_n)$。这里的数据元素 $a_i(1 \leqslant i \leqslant n)$ 只是一个抽象的符号,其具体含义在不同情况下也不同,既可以是原子类型,也可以是结构类型,但同一线性表中的数据元素必须属于同一数据对象。此外,线性表中相邻数据元素之间存在序偶关系,即对于非空的线性表,表中 a_{i-1} 领先于 a_i,称 a_{i-1} 是 a_i 的直接前驱,而称 a_i 是 a_{i-1} 的直接后继。除了第一个元素 a_1 外,每个元素 a_i 有且仅有一个被称为直接前驱的节点 a_{i-1},除了最后一个元素 a_n 外,每个元素 a_i 有且仅有一个被称为直接后继的节点 a_{i+1}。线性表中元素的个数 n 被定义为线性表的长度,$n=0$ 时称为空表。

线性表的特点可概括如下。

- 同一性:线性表由同类数据元素组成,每个 a_i 必须属于同一数据对象。

- 有穷性：线性表由有限个数据元素组成,表的长度就是表中数据元素的个数。
- 有序性：线性表中相邻数据元素之间存在序偶关系$<a_i,a_{i+1}>$。

由此可以看出,线性表是一种最简单的数据结构,因为数据元素之间是由"一前驱一后继"的直观有序的关系确定的;线性表也是一种常见的数据结构,因为矩阵、数组、字符串、栈、队列等都符合线性条件。

线性表根据数据存储的不同分为顺序表和链表。

顺序表指用一组地址连续的存储单元依次存储线性表的数据元素,称为线性表的顺序存储结构或顺序映像(Sequential Mapping),它以"物理位置相邻"表示线性表中数据元素之间的逻辑关系,可以随机存取表中任一元素。图 3-1 表示一个具体的顺序表的例子。

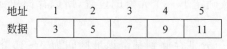

图 3-1　顺序表的例子

在使用链表结构表示数据元素 a_i 时,除了存储 a_i 本身的信息之外,还需要一个存储指示其后继元素的存储位置,这两个部分组成了 a_i 的存储映像,通常称为节点(node)。

其中,data 域为数据域,用来存储节点的值;next 域为指针域,用来存储节点的直接后继的存储地址(位置)。n 个节点组成了一个链表,即线性表$(a_1,a_2,\cdots,a_n)$的链式存储结构,其抽象表示如图 3-2 所示。

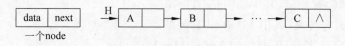

图 3-2　链表的例子

3.1.2　典型习题解析

题目 1　以下关于字符串的判定语句中正确的是(　　　)。

A. 字符串是一种特殊的线性表　　　　B. 串的长度必须大于 0

C. 字符串不可以用数组表示　　　　　D. 空格字符组成的串就是空串

解析：字符串(String)是由数字、字母、下画线组成的一串字符。一般记为 s＝a1,a2,…an(n≥0),它是编程语言中表示文本的数据类型。在程序设计中,字符串为符号或数值的一个连续序列。

本题考查字符串的特点,首先字符串是一种特殊的线性表,串的长度可以为 0,既可以用数组存储,也可以用链表存储。空串是没有任何字符的串,与空格字符组成的串有本质区别。

参考答案：A

题目 2　链表不具备的特点是(　　　)。

A. 可随机访问任何一个元素　　　　　B. 插入、删除操作不需要移动元素

C. 无须事先估计存储空间的大小　　　D. 所需存储空间与存储元素个数成正比

解析：链表中的元素在内存中不是顺序存储的,而是通过存在元素中的指针联系到一起的。如果要访问链表中的一个元素,则需要从第一个元素开始,一直找到需要的元素位置。但是增加和删除一个元素对于链表数据结构就非常简单了,只要修改元素中的指针就可以了。如果应用需要经常插入和删除元素,则利用链表的效率非常高。

本题中选项 A 是数组的特点,不是链表的特点,其他选项都是链表的特点。

参考答案：A

题目3 线性表若采用链表存储结构,则要求内存中可用的存储单元地址( )。

A. 必须连续 B. 部分地址必须连续

C. 一定不连续 D. 连续或不连续均可

解析：链表利用指针域确定下一个元素的位置,所以存储单元地址连续或不连续均可。

参考答案：D

题目4 将(2,6,10,17)分别存储到某个地址区间为 0~10 的哈希表中,如果哈希函数 h(x)=( ),则不会产生冲突,其中"a mod b"表示 a 除以 b 的余数。

A. $x \bmod 11$ B. $x^2 \bmod 11$

C. $2x \bmod 11$ D. $\lfloor \sqrt{x} \rfloor \bmod 11$,其中$\lfloor \sqrt{x} \rfloor$表示$\sqrt{x}$向下取整

解析：哈希表是根据关键码值(key value)而直接进行访问的,它通过把关键码值映射到表中的一个位置访问记录,以加快查找的速度,这个映射函数称为哈希函数。

本题中,利用哈希函数 h(x)取得哈希地址,各选项的计算答案分别如下：

A. (2,6,10,6)有冲突,其中 $17 \bmod 11 = 6$

B. (4,3,1,3)有冲突,其中 $17^2 \bmod 11 = 3$

C. (4,1,9,1)有冲突,其中 $2 \times 17 \bmod 11 = 1$

D. (1,2,3,4)无冲突,其中 $\lfloor \sqrt{17} \rfloor \bmod 11 = 4$

参考答案：D

题目5 双向链表中有两个指针域 llink 和 rlink,分别指向该节点的前驱及后继。设 p 指向链表中的一个节点,它的左右节点均非空。现要求删除节点 p,则下列语句序列中错误的是( )。

A. p->rlink->llink=p->rlink;

　　p->llink->rlink=p->llink;

　　delete p;

B. p->llink->rlink=p->rlink;

　　p->rlink->llink=p->llink;

　　delete p;

C. p->rlink->llink=p->llink;

　　p->rlink->llink->rlink=p->rlink;

　　delete p;

D. p->llink->rlink=p->rlink;

　　p->llink->rlink->llink=p->llink;

　　delete p;

解析：本题双向链表的示意图如图 3-3 所示。

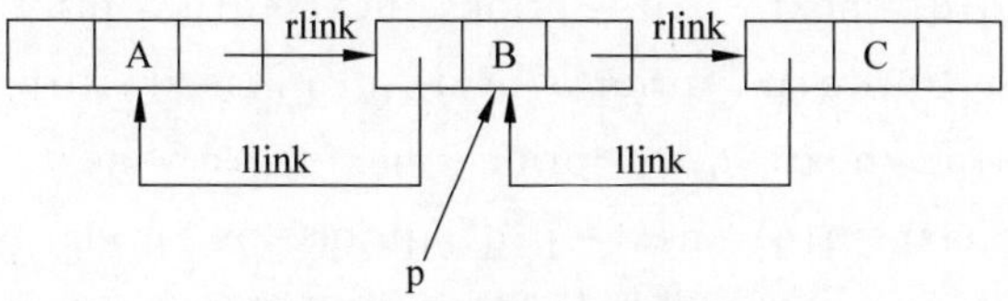

图 3-3　双向链表示意图

根据双向链表示意图,将各选项模拟一遍即可发现选项 A 不能实现,其他选项都能够实现。

参考答案:A

题目 6　有一个由 4000 个整数构成的顺序表,假设表中的元素已经按升序排列,若采用二分查找法定位一个元素,则最多需要(　　)比较就能确定是否存在所要查找的元素。

A. 11 次　　　　　　B. 12 次　　　　　　C. 13 次　　　　　　D. 14 次

解析:

二分查找也称折半查找(Binary Search),每次查找都会去除一半的数据,是一种高效的查找方法,但该算法有两个先决条件:必须采用顺序存储结构;必须按关键字大小有序排列。

二分查找法每次将表中间位置记录的关键字与查找关键字进行比较,如果两者相等,则查找成功;否则利用中间位置记录将表分成前、后两个子表,如果中间位置记录的关键字大于查找关键字,则进一步查找前一子表,否则进一步查找后一子表。重复以上过程,直至找到满足条件的记录,使查找成功或子表不存在为止。

二分查找法的最大比较次数是 $\log_2(n)$ 取整数,该题即 $\log_2(400)=12$。

参考答案:B

3.1.3　知识点巩固

1. 在一个长度为 n 的顺序表中删除第 i 个元素($1 \leqslant i \leqslant n$)时,需要向前移动(　　)个元素。

　　A. n　　　　　　B. i−1　　　　　　C. n−i　　　　　　D. n−i+1

2. 若某线性表最常用的操作是存取任一指定序号的元素和在最后进行插入与删除运算,则利用(　　)存储方式最节省时间。

　　A. 顺序表　　　　　　　　　　B. 双链表

　　C. 带头节点的双循环链表　　　　D. 单循环链表

3. 设线性表中共有 2n 个元素,则下列(　　)选项的操作最适合用链表存储。

　　A. 删除所有值为 x 的元素

　　B. 在最后一个元素的后面插入一个新元素

　　C. 顺序输出前 k 个元素

　　D. 交换第 i 个元素和第 2n−i−1 个元素的值(i=0,1,…,n−1)

4. 在双向链表中,向 p 所指的节点之前插入一个节点 q 的操作为(　　)。

    A. p->prior=q;q->next=p;p->prior->next=q;q->prior=p->prior;

    B. q->prior=p->prior;p->prior->next=q;q->next=p;p->prior=q->next;

    C. q->next=p;p->next=q;q->prior->next=p;q->next=p;

    D. p->prior->next=q;q->next=p;q->prior=p->prior;p->prior=q;

5. 以下数据结构中,( )平均获取任意一个指定数据的速度最快。

    A. 二叉排序树　　　　B. 队列　　　　　　C. 栈　　　　　　　　D. 哈希表

6. 对于线性表(7,34,55,25,64,46,19,10)进行散列存储时,使用 H(K)=( )作为散列函数最合适。

    A. K％9　　　　　　B. K％10　　　　　　C. K％11　　　　　　D. K％12

3.2　栈和队列

3.2.1　基本知识介绍

    栈(stack)是限定在表的一端进行插入和删除运算的线性表,通常将插入、删除的一端称为栈顶(top),将另一端称为栈底(bottom),将不含元素的空表称为空栈。

    假设栈 $S=(a_1,a_2,\cdots,a_n)$,若栈中元素按 $a_1,a_2,\cdots,a_n$ 的顺序进栈,其中 a_1 为栈底元素,a_n 为栈顶元素,而退栈的顺序却是 $a_n,a_{n-1},\cdots,a_1$。也就是说,栈的修改是按后进先出的原则进行的。因此,栈又称后进先出(Last In First Out)的线性表,简称 LIFO 表,如图 3-4 所示。栈在现实生活中也有很多例子,如作业的批改和发放就是入栈与出栈的操作。

    队列(queue)也是一种受限的线性表,它只允许在表的一端进行元素的插入,而在另一端进行元素的删除。允许插入的一端称为队尾(rear),允许删除的一端称为队头(front)。

    在队列中,通常把元素的插入称为入队,把元素的删除称为出队。队列的概念与现实生活中的排队相似,新来的成员总是排在队尾,排在队列最前面的成员总是最先离开队列,即先进先出,因此又称队列为先进先出(First In First Out,FIFO)表。

    假设有队列 $q=(a_1,a_2,\cdots,a_n)$,在空队列的情况下,依次加入元素 $a_1,a_2,\cdots,a_n$ 之后,a_1 就是队头元素,a_n 则是队尾元素。退出队列也是按此顺序进行的,也就是说,只有在 a_1,$a_2,\cdots,a_{n-1}$ 都出队之后,a_n 才能出队。队列的示意图如图 3-5 所示。

图 3-4　栈示意图

图 3-5　队列示意图

3.2.2 典型习题解析

题目 1 下图所使用的数据结构是( )。

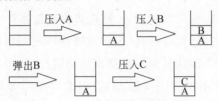

A. 哈希表   B. 栈   C. 队列   D. 二叉树

解析：该题比较简单，根据压入和弹出数据的特点是先进后出，所以可知该数据结构为栈。

参考答案：B

题目 2 表达式 a * (b+c) * d 的后缀形式是( )。

A. abcd * + *   B. abc + d *   C. a * bc + * d   D. b + c * a * d

解析：四则运算表达式共有前缀表达式、中缀表达式和后缀表达式三种形式，用来进行表达式求值。

中缀表达式就是常见的运算表达式，如(3+4) * 5−6。本题中的表达式也属于中缀表达式。

前缀表达式又称波兰表达式，前缀表达式的运算符位于操作数之前，如− * + 3 4 5 6。

后缀表达式又称逆波兰表达式，与前缀表达式相似，只是运算符位于操作数之后，如 3 4 + 5 * 6 −。

中缀表达式对于计算机自动计算表达式结果不太方便，转换成前缀表达式和后缀表达式后，非常方便计算，所以表达式转换是常见操作。转换方法主要有两种：一是手工转换，二是计算机转换。

1. 手工转换

以后缀表达式为例，本题的转换步骤如下。

步骤 1：按照运算符的优先级给所有的运算单位加括号。

((a * (b+c)) * d)

步骤 2：把运算符号移动到对应的括号后面。

((a(b c)+) * d) *

步骤 3：把括号去掉，即可得到后缀表达式。

a b c + * d *

前缀表达式的转换方法与后缀表达式的转换方法类似，不同的是步骤 2 需要将运算符号移动到对应括号的前面。

2. 计算机转换

仍以后缀表达式为例，本题的转换步骤如下。

步骤 1：初始化两个栈，即运算符栈 s1 和存储中间结果的栈 s2。

步骤 2：从左至右扫描中缀表达式。

（1）遇到操作数时，将其压入 s2。

（2）遇到运算符时，比较其与 s1 栈顶运算符的优先级。

- 如果 s1 为空或栈顶运算符为左括号，则直接将此运算符入栈。

- 否则，若优先级比栈顶运算符的高，也将运算符压入 s1（注意：转换为前缀表达式时是优先级较高或相同，而这里则不包括相同的情况）。

- 否则，将 s1 栈顶的运算符弹出并压入 s2，再次与 s1 中新的栈顶运算符相比较。

（3）遇到括号时：

- 如果是左括号，则直接压入 s1。

- 如果是右括号，则依次弹出 s1 栈顶的运算符并压入 s2，直至遇到左括号为止，此时将这一对括号丢弃。

步骤 3：重复步骤 2，直到表达式的最右端。

步骤 4：将 s1 中剩余的运算符依次弹出并压入 s2。

步骤 5：依次弹出 s2 中的元素并输出，结果的逆序即为中缀表达式对应的后缀表达式。

例如：$a*(b+c)*d$ 的具体过程如下表所示。

扫描到的元素	s2（栈底-> 栈顶）	s1（栈底-> 栈顶）	说　　明
a	a	空	数字，直接入栈
*	a	*	s1 为空，运算符直接入栈
(	a	* (	左括号，直接入栈
b	a b	* (	数字
+	a b	* (+	s1 栈顶为左括号，运算符直接入栈
c	a b c	* (+	数字
)	a b c +	*	右括号，弹出运算符直至遇到左括号，并舍弃一对括号
*	a b c + *	*	s1 栈顶为 * 括号，将 s1 栈顶运算符弹出并压入 s2，再次比较，栈顶元素为空，压入栈 s1
d	a b c + * d	*	数字
到达最右端	a b c + * d *	空	s1 中剩余的运算符

前缀表达式的计算方法与后缀表达式的类似，具体步骤如下。

步骤 1：初始化两个栈，即运算符栈 s1 和存储中间结果的栈 s2。

步骤 2：从右至左扫描中缀表达式。

（1）遇到操作数时，将其压入 s2。

（2）遇到运算符时，比较其与 s1 栈顶运算符的优先级。

- 如果 s1 为空或栈顶运算符为左括号,则直接将此运算符入栈。
- 否则,若优先级比栈顶运算符的高,也将运算符压入 s1(注意:转换为前缀表达式时是优先级较高或相同,而这里则不包括相同的情况)。
- 否则,将 s1 栈顶的运算符弹出并压入 s2,再次与 s1 中新的栈顶运算符相比较。

(3)遇到括号时:

- 如果是左括号,则直接压入 s1。
- 如果是右括号,则依次弹出 s1 栈顶的运算符,并压入 s2,直至遇到左括号为止,此时将这一对括号丢弃。

步骤 3:重复步骤 2,直到表达式的最左端。

步骤 4:将 s1 中剩余的运算符依次弹出并压入 s2。

步骤 5:依次弹出 s2 中的元素并输出,结果即为中缀表达式对应的前缀表达式。

例如:a＊(b＋c)＊d 的具体过程如下表所示。

扫描到的元素	s2(栈底-> 栈顶)	s1(栈底-> 栈顶)	说　明
d	d	空	数字,直接入栈
＊	d	＊	s1 为空,运算符直接入栈
)	d	＊)	右括号直接入栈
c	d c	＊)	数字直接入栈
＋	d c	＊) ＋	s1 栈顶是右括号,直接入栈
b	d c b	＊) ＋	数字直接入栈
(	d c b ＋	＊	左括号,弹出运算符直至遇到右括号
＊	d c b ＋	＊ ＊	与栈顶运算符优先级相等,压入 s1
a	d c b ＋ a	＊ ＊	优先级与一相同,入栈
到达最左端	d c b ＋ a ＊ ＊	空	s1 剩余运算符

参考答案:B

题目 3　当向一个栈顶指针为 hs 的链式栈中插入一个指针 s 指向的节点时,应执行( )。

A. hs->next＝s;　　　　　　　B. s->next＝hs;hs＝s;

C. s->next＝hs->next;hs->next＝s;　D. s->next＝hs;hs＝hs->next;

解析:向栈顶指针为 hs 的链式栈中插入指针 s 指向的节点的示意图如下图所示。

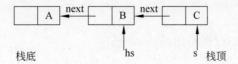

参考答案：B

题目 4 对于入栈顺序为 a,b,c,d,e,f,g 的序列，下列(   )不可能是合法的出栈序列。

A. a,b,c,d,e,f,g
B. a,d,c,b,e,g,f
C. a,d,b,c,g,f,e
D. g,f,e,d,c,b,a

解析：栈的特点是先进后出，根据栈的特点依次模拟各选项。

对于选项 A：

栈操作	a入	a出	b入	b出	c入	c出	d入	d出	e入	e出	f入	f出	g入	g出
栈数据	a	空	b	空	c	空	d	空	e	空	f	空	g	空

对于选项 B：

栈操作	a入	a出	b入	c入	d入	d出	c出	b出	e入	e出	f入	g入	g出	f出
栈数据	a	空	b	bc	bcd	bc	b	空	e	空	f	fg	f	空

对于选项 C：

栈操作	a入	a出	b入	c入	d入	d出	此时栈顶元素为c,必须c出栈后,才能b出栈,所以选项C无法实现b出栈
栈数据	a	空	b	bc	bcd	bc	

对于选项 D：

栈操作	a入	b入	c入	d入	e入	f入	g入	g出	f出	…	a出
栈数据	a	ab	abc	abcd	abcde	abcdef	abcdefg	abcdef	abcde	…	空

参考答案：C

题目 5 如下图所示，有一空栈 S，对下列待进栈的数据元素序列 a,b,c,d,e,f 依次进行进栈、进栈、出栈、进栈、进栈、出栈的操作，则此操作完成后，栈 S 的栈顶元素为(   )。

A. f
B. c
C. a
D. b

解析：对数据进行模拟，即可得出答案。

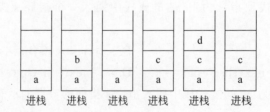

参考答案：B

题目 6 下图所使用的数据结构是(   )。

A. 哈希表　　　　　B. 栈　　　　　　C. 队列　　　　　　D. 二叉树

解析：根据数据结构"先进后出"的特点，可以确定该数据结构为栈。

参考答案：B

题目 7　（　　）是一种先进先出的线性表。

A. 栈　　　　　　B. 队列　　　　　C. 哈希表（散列表）　D. 二叉树

解析：先进先出是队列的典型特点。

参考答案：B

题目 8　如果一个栈初始时为空，且当前栈中的元素从栈底到栈顶依次为 a，b，c（如下图所示），另有元素 d 已经出栈，则可能的入栈顺序是（　　）。

A. a，d，c，b　　　　　　　　B. b，a，c，d

C. a，c，b，d　　　　　　　　D. d，a，b，c

解析：该题的解题思路与题目 3 和题目 4 相似，利用模拟的方法即可得出答案。

参考答案：D

题目 9　广度优先搜索时，需要用到的数据结构是（　　）。

A. 链表　　　　　　　　　　B. 队列

C. 栈　　　　　　　　　　　D. 散列表

解析：广度优先搜索（又称宽度优先搜索，BFS）是很多重要的图的算法的原型。Dijkstra 单源最短路径算法和 Prim 最小生成树算法都采用了与广度优先搜索类似的思想。该算法的观点是：所有因为展开节点而得到的子节点都会被加入一个先进先出的队列中。

参考答案：B

题目 10　前缀表达式"＋ 3 ＊ 2 ＋ 5 12"的值是（　　）。

A. 23　　　　　B. 25　　　　　C. 37　　　　　D. 65

解析：前缀表达式的计算机求值过程如下。

从右至左扫描表达式，当遇到数字时，将数字压入堆栈；当遇到运算符时，弹出栈顶的两个数，用运算符对它们做相应的计算（栈顶元素 op 次顶元素），并将结果入栈；重复上述过程直到表达式的最左端，最后运算得出的值即为表达式的结果。

例如：＋ 3 ＊ 2 ＋ 5 12。

步骤 1：从右至左扫描，将 12、5 压入堆栈。

步骤 2：遇到＋运算符，弹出 5 和 12，计算 12＋5 的值得 17，再将 17 入栈。

步骤 3：将 2 压入堆栈。

步骤 4：遇到 ＊ 运算符，弹出 2 和 17，计算 17×2 的值得 34，再将 34 入栈。

步骤 5：将 3 入栈。

步骤 6：最后遇到＋运算符，弹出 3 和 34，计算 34＋3 的值得 37，由此得出最终结果。

参考答案：C

题目 11　元素 R1、R2、R3、R4、R5 入栈的顺序为 R1、R2、R3、R4、R5。如果第 1 个出栈

的是 R3,那么第 5 个出栈的不可能是(　　　)。

A. R1　　　　　　B. R2　　　　　　C. R4　　　　　　D. R5

解析:根据已知条件可知,当 R3 出栈时,栈中从栈底到栈顶的元素为 R1、R2。第 5 个出栈,即最后一个出栈的元素肯定不是 R2,因为根据栈的特点,R2 必须出栈后 R1 才能出栈,所以 R2 不可能最后一个出栈。

参考答案:B

题目 12　有 6 个元素 FEDCBA 从左至右依次顺序进栈,在进栈过程中会有元素被弹出栈。下列不可能是合法的出栈序列的是(　　　)。

A. EDCFAB　　　　B. DECABF　　　　C. CDFEBA　　　　D. BCDAEF

解析:该题的求解方法与题目 3 一样,采用模拟法即可。

参考答案:C

题目 13　表达式 a＊(b＋c)－d 的后缀表达式是(　　　)。

A. abcd＊＋－　　　B. abc＋＊d－　　　C. abc＊＋d－　　　D. －＋＊abcd

解析:参考题目 1 的解析。

参考答案:B

3.2.3　知识点巩固

1. 栈和队列都是特殊的线性表,其共同点是(　　　)。

A. 只允许在端点处插入和删除元素　　　B. 都是先进后出

C. 都是先进先出　　　　　　　　　　　D. 都可以用链表存储

2. 栈的插入和删除操作在(　　　)进行。

A. 栈顶　　　　　　B. 栈底　　　　　　C. 任意位置　　　　D. 指定位置

3. 假如一个栈的压入序列为 123,则不可能是栈的输出序列的是(　　　)。

A. 2 3 1　　　　　B. 3 2 1　　　　　C. 3 1 2　　　　　D. 1 2 3

4. 对图进行深度优先搜索时,需要用到的数据结构是(　　　)。

A. 链表　　　　　　B. 队列　　　　　　C. 栈　　　　　　　D. 散列表

5. 链栈执行 pop 操作,并将出栈的元素存在 x 中应该执行(　　　)。

A. x＝top;top＝top->next;　　　　　　B. x＝top->data;

C. top＝top->next;x＝top->data;　　　D. x＝top->data;top＝top->next;

6. 设栈 S 和队列 Q 的初始状态为空,元素 e1,e2,e3,e4,e5,e6 依次通过栈 S,一个元素出栈后立即进入队列 Q,若 6 个元素出栈的序列是 e2,e4,e3,e6,e5,e1,则栈 S 的容量最多应该是(　　　)。

A. 6　　　　　　　B. 4　　　　　　　C. 3　　　　　　　D. 2

7. 若已知一个栈的入栈顺序是 1,2,3,4,其出栈序列为 P1,P2,P3,P4,则 P2,P4 不可能是(　　　)。

A. 2,4　　　　　　B. 2,1　　　　　　C. 4,3　　　　　　D. 3,4

8. 若循环队列存储在数组 A[0…n],则入队时的操作为(　　　)。

A. rear＝rear＋1;　　　　　　　　　　B. rear＝(rear＋1) mod (n－1);

C. rear＝(rear＋1) mod n;　　　　　D. rear＝(rear＋1) mod (n＋1);

9. 若用数组 A[0..5]实现循环队列,且当前 rear 和 front 的值分别为 1 和 5,当从队列中删除一个元素并再加入两个元素后,rear 和 front 的值分别为(　　)。

    A. 3 和 4　　　　　B. 3 和 0　　　　　C. 5 和 0　　　　　D. 5 和 1

10. 前缀表达式"＊＋2 3 4"的计算结果是(　　)。

    A. 24　　　　　B. 20　　　　　C. 18　　　　　D. 14

11. 算术表达式 a＋b＊(c＋d/e)转换为后缀表达式后为(　　)。

    A. ab＋cde/＊　　B. abcde/＋＊＋　　C. abcde/＊＋＋　　D. abcde＊/＋＋

3.3　树

3.3.1　基本知识介绍

树是一类重要的非线性数据结构,树中的节点之间具有明确的层次关系,并且节点之间有分支,非常类似于真正的树。树状结构在客观世界中大量存在,如行政组织机构和人类社会的家谱等都可用树状结构形象地表示。

树是 n(n≥0)个节点的有限集 T。T 要么是空集(空树),要么是非空集。对于一棵非空树,有且仅有一个特定的称为根(root)的节点,其余节点可分为 m(m>0)个互不相交的有限集 $T_1,T_2,\cdots,T_m$,其中每个集合本身又是一棵树,并称为根的子树。例如,图 3-6(a)表示的是一个有 9 个节点的树,其中 A 是根节点,其余节点分成 3 棵互不相交的子集:$T_1=\{B,E,F,G\}$,$T_2=\{C\}$,$T_3=\{D,H,I\}$,T_1、T_2 和 T_3 都是根 A 的子树,且本身也是一棵子树。

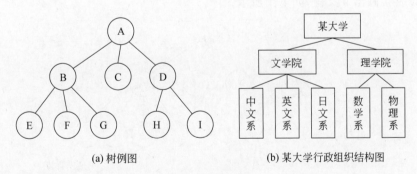

(a) 树例图　　　　　　　　　　(b) 某大学行政组织结构图

图 3-6　树的示意图

一个节点拥有的子树数称为该节点的度(degree)。一棵树中节点的最大度数称为该树的度。在图 3-6(b)所示的某大学的行政组织结构树中,文学院节点的度为 3,是最大的,应作为该树的度。

树中节点的最大层数称为树的深度(depth)或高度。节点层数(level)从根开始算起,根为第 1 层,其余节点的层次等于其双亲节点的层数加 1。

度数为 0 的节点称为叶子(leaf)节点,度数不为 0 的节点称为非终端节点。

森林(forest)是 m(m≥0)棵互不相交的树的集合。若将一棵树的根节点删除,则得到该树的子树所构成的森林,将森林中所有树作为子树用一个根节点连起来,森林就变成了一棵树。

二叉树(binary tree)是一种特殊的树,其每个节点的度都不大于 2,并且每个节点的孩子节点的次序不能任意颠倒。由此可知,一个二叉树中的每个节点只能含有 0、1 或 2 个孩子,而且每个孩子有左右之分。通常把位于左边的孩子称为左子树,把位于右边的孩子称为右子树。二叉树的基本形态有以下 5 种,如图 3-7 所示。

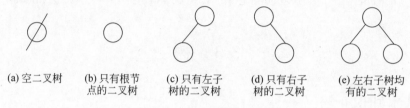

(a) 空二叉树 (b) 只有根节点的二叉树 (c) 只有左子树的二叉树 (d) 只有右子树的二叉树 (e) 左右子树均有的二叉树

图 3-7 二叉树的基本形态

3.3.2 典型习题解析

题目 1 根节点深度为 0,一棵深度为 h 的满 k 叉树除最后一层无任何子节点外,每一层上所有节点都有 k 个子节点的树,则该树共有(   )个节点。

A. $(k^{h+1}-1)/(k-1)$ B. k^h-1

C. k^h D. $(k^{h-1})/(k-1)$

解析:该题可以利用代入法,将 k 设为 2,即二叉树,代入各个答案进行筛选。

也可以直接画出 k 叉树,如下图所示。

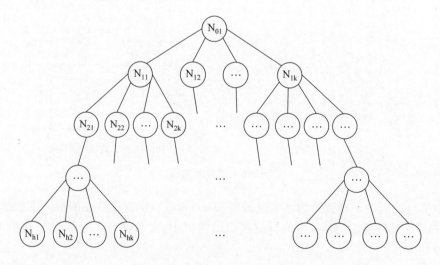

从图 3-11 中可以得出:k 叉树第 0 层的节点数为 1,第 1 层的节点数为 k,第 2 层的节点数为 k^2,第 h 层的节点数为 k^h。

所以,总节点数目为 $1+k^1+k^2+k^3+\cdots+k^h=(k^{h+1}-1)/(k-1)$。

注：可以利用等比数列公式计算。

参考答案：A

题目2 设G是有n个节点、m条边（n≤m）的连通图，必须删除G的（　　）条边，才能使得G变成一棵树。

A. m−n+1　　　　　B. m−n　　　　　C. m+n+1　　　　　D. n−m+1

解析：一个具有n个节点的树共有n−1条边，所以G必须删除m−(n−1)=m−n+1条边。

参考答案：A

题目3 一棵二叉树如右图所示，若采用顺序存储结构，即用一维数组元素存储该二叉树中的节点（根节点的下标为1，若某节点的下标为i，则其左孩子位于下标2i处，右孩子位于下标2i+1处），则图中所有节点的最大下标为（　　）。

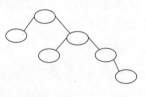

A. 6　　　　　B. 10　　　　　C. 12　　　　　D. 15

解析：

该题主要考查二叉树的顺序存储结构，二叉树的顺序存储结构的数组下标可以利用二进制的方式表示，如下图所示。

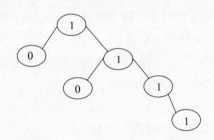

每个节点的下标均从根节点开始到所在节点的二进制序列结束，该树的最大下标为$(1111)_2$，可以转换成十进制数15。

参考答案：D

题目4 约定二叉树的根节点高度为1。一棵节点数为2021的二叉树最少有 _____ 个叶子节点；一棵节点数为2021的二叉树的最小高度值是 _____。

A. 0,10　　　　　B. 1,12　　　　　C. 12,20　　　　　D. 21,32

解析：二叉树有一个性质，即叶子节点=度为2的节点数+1。

当二叉树叶子节点最少时，度为2的节点数也最少，最少为0，即二叉树节点没有度为2的节点，所有非叶子节点都只有一个子树，此时会有1个叶子节点。

若要求一棵二叉树的高度值最小，则这棵二叉树肯定是完全二叉树。对于完全二叉树，深度为h的完全二叉树至少有2h−1个节点，至多有2h−1个节点。树高h为

$$h=\log_2(n+1), \quad n \text{ 为所有节点数}$$

参考答案：B

题目5 前序遍历序列与中序遍历序列相同的二叉树为（　　）。

A. 根节点无左子树的二叉树

B. 根节点无右子树的二叉树

C. 只有根节点的二叉树或非叶子节点只有左子树的二叉树

D. 只有根节点的二叉树或非叶子节点只有右子树的二叉树

解析：二叉树的遍历根据遍历根节点、左子树和右子树的顺序的不同而分为前序遍历、中序遍历和后序遍历三种，这三种遍历方法是根据遍历根节点的先后顺序区分的。先遍历根节点的称为前序遍历，中间遍历根节点的称为中序遍历，最后遍历根节点的称为后序遍历。左子树和右子树的遍历都是先遍历左子树，后遍历右子树。

要想实现二叉树的前序遍历序列与中序遍历序列相同，即（根、左、右）＝（左、根、右），则只有当左子树为空时该等式才成立。

参考答案：A

题目 6 如果根的高度为 1，则具有 61 个节点的完全二叉树的高度为（   ）。

A. 5   B. 6   C. 7   D. 8

解析：解析参考题目 4。

参考答案：B

题目 7 一棵节点数为 2021 的二叉树最多有（   ）个叶子节点。

A. 1010   B. 1011   C. 1238   D. 2021

解析：根据题目 4 中二叉树的性质：叶子节点＝度为 2 的节点数＋1。

叶子节点数最多，即度为 2 的节点数最多，由于：

二叉树总节点数＝叶子节点 N_0＋度为 1 的节点 N_1＋度为 2 的节点 N_2，使 $N_1＝0$，叶子节点最多，即 $2021＝N_0＋N_2＝N_0＋N_0－1＝2×N_0－1$。

参考答案：B

题目 8 一棵具有 5 层的满二叉树的节点数为（   ）。

A. 31   B. 32   C. 33   D. 16

解析：一棵二叉树，如果每层的节点数都达到最大值，则这个二叉树就是满二叉树。也就是说，如果一个二叉树的层数为 k，且节点总数是 $2^k－1$，则它就是满二叉树。

参考答案：A

题目 9 已知一棵二叉树有 10 个节点，则其中至多有（   ）个节点有 2 个子节点。

A. 4   B. 5   C. 6   D. 7

解析：根据公式：$N＝N_0＋N_1＋N_2$，其中 N 为总节点数，N_i 为度为 i 的节点数。再根据 $N_0＝N_2＋1$，可得出 $N＝N_1＋2N_2＋1$。

由于 N＝10，是偶数，所以 N_1 最小为 1，可得出 $N_2＝4$。

参考答案：A

题目 10 二叉树的（   ）第一个访问的节点是根节点。

A. 先序遍历   B. 中序遍历   C. 后序遍历   D. 以上都是

解析：解析参考题目 5。

参考答案：A

题目 11 如果一棵二叉树的中序遍历是 BAC，那么它的先序遍历不可能是（   ）。

A. ABC   B. CBA   C. ACB   D. BAC

解析：该题采用构造法，利用中序遍历和先序遍历可以把二叉树构造出来。根据中序遍历(左、根、右)和先序遍历(根、左、右)利用递归的方法可以构造出二叉树。

例如，选项 A 先利用先序遍历序列 ABC 可知 A 是根节点，再结合中序遍历序列 BAC 可知 B 为左子树，C 为右子树。

对于选项 B，先利用先序遍历序列 CBA 可知 C 是根节点，再结合中序遍历序列 BAC 可知 BA 为左子树，右子树为空，再利用先序遍历 CBA 可知左子树中 B 又为子树根节点，再利用中序遍历 BA 可知 A 为右子树(如下图所示)。

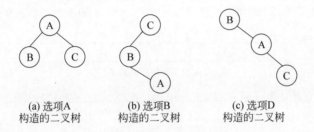

(a) 选项A   (b) 选项B   (c) 选项D
构造的二叉树   构造的二叉树   构造的二叉树

选项 C 前后矛盾，无法构造出二叉树。

参考答案：C

题目 12 如果根节点的深度为 1，则一棵恰好有 2011 个叶节点的二叉树的深度最少是( )。

A. 10   B. 11   C. 12   D. 13

解析：根据满二叉树中深度 h 和节点数的关系可得

$$h = \log_2(n+1) = \log_2 2012 = 11。$$

参考答案：B

题目 13 如果树根算作第 1 层，那么一棵 n 层的二叉树最多有( )个节点。

A. $2^n - 1$ B. 2^n C. $2n+1$ D. $2^n + 1$

解析：解析参考题目 4。

参考答案：A

题目 14 一棵二叉树的前序遍历序列是 ABCDEFG，后序遍历序列是 CBFEGDA，则根节点的左子树的节点个数可能是( )。

A. 2   B. 3   C. 4   D. 5

解析：根据二叉树前序遍历序列(根、左、右)可知 A 是根节点。又由后序遍历序列(左、右、根)得知 D 必然是右子树的根节点。

再看前序遍历序列，D 前面的 ABC 中的 A 是根节点，剩下的 BC 节点必然是左子树。

参考答案：A

题目 15 完全二叉树的顺序存储方案是指将完全二叉树的节点从上至下、从左至右依次存放到一个顺序结构的数组中。假定根节点存放在数组的 1 号位置，则第 k 号节点的父节点如果存在，则应当存放在数组的( )号位置。

A. 2k   B. 2k+1   C. k/2 向下取整   D. (k+1)/2 向下取整

解析：完全二叉树的顺序存储如下图所示。

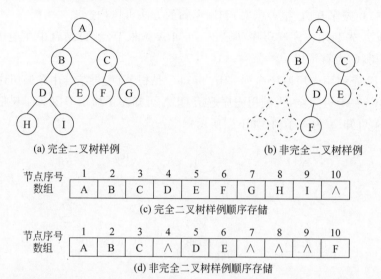

(a) 完全二叉树样例　　　　　　　　　(b) 非完全二叉树样例

节点序号	1	2	3	4	5	6	7	8	9	10
数组	A	B	C	D	E	F	G	H	I	∧

(c) 完全二叉树样例顺序存储

节点序号	1	2	3	4	5	6	7	8	9	10
数组	A	B	C	∧	D	E	∧	∧	∧	F

(d) 非完全二叉树样例顺序存储

如果按照从上到下、从左到右的顺序把非完全二叉树也同样编号，将节点依次存放在一维数组中，为了能够正确反映二叉树中节点之间的逻辑关系，需要在一维数组中将二叉树中不存在的节点位置空出来。

参考答案：C

题目 16　一个包含 n 个分支节点（非叶子节点）的非空二叉树，它的叶子节点数目最多为（　　）。

A. 2n+1   B. 2n−1   C. n−1   D. n+1

解析：根据 $n = n_1 + n_2$，这里 n_1 和 n_2 分别指度为 1 和 2 的节点。

又根据 $n_0 = n_2 + 1$，n_0 为度为 0 的叶子节点。带入上式可得

$$n = n_0 + n_1 - 1$$

叶子节点数目最多，即 $n_1 = 0$，可得 $n_0 = n + 1$。

参考答案：D

3.3.3　知识点巩固

1. 已知某二叉树的深度为 4，则该二叉树最多节点和最少节点数分别为（　　）个。

A. 15,4   B. 15,6   C. 16,4   D. 16,6

2. 在具有 200 个节点的完全二叉树中，利用顺序存储，设根节点的编号为 1，则编号为 60 的节点其左孩子节点的编号为（　　）。

A. 61   B. 62   C. 120   D. 121

3. 一棵具有 124 个叶子节点的完全二叉树最多有（　　）个节点。

A. 247   B. 248   C. 249   D. 250

4. 已知一棵含 50 个节点的二叉树中只有一个叶子节点，则该树中度为 1 的节点的个数

为(　　)。

　　A. 0　　　　　　　　B. 1　　　　　　　　C. 48　　　　　　　D. 49

5. 一棵完全二叉树有 64 个叶子节点,则该树可能达到的最大深度为(　　)。

　　A. 8　　　　　　　　B. 9　　　　　　　　C. 10　　　　　　　D. 11

6. 一棵二叉树有 11 个叶子节点,则该二叉树中度为 2 的节点个数是(　　)。

　　A. 10　　　　　　　B. 11　　　　　　　C. 12　　　　　　　D. 不确定

7. 具有 n(n>0)个节点的完全二叉树的深度为(　　)。

　　A. $\lceil \log_2(n) \rceil$　　B. $\lfloor \log_2(n) \rfloor$　　C. $\lfloor \log_2(n) \rfloor + 1$　　D. $\lceil \log_2(n) + 1 \rceil$

注:$\lceil x \rceil$表示向上取整,即不小于 x 的最小整数;$\lfloor x \rfloor$表示向下取整,即不大于 x 的最大整数。

8. 设树 T 的度为 4,其中,度为 1、2、3、4 的节点个数分别为 4、2、1、1,则 T 中的叶子数为(　　)。

　　A. 5　　　　　　　　B. 6　　　　　　　　C. 7　　　　　　　　D. 8

9. 将二叉树的概念推广到三叉树,一棵有 244 个节点的完全三叉树的高度为(　　)。

　　A. 4　　　　　　　　B. 5　　　　　　　　C. 6　　　　　　　　D. 7

10. 已知一棵二叉树的前序遍历结果为 ABCDEF,中序遍历结果为 CBAEDF,则后序遍历结果为(　　)。

　　A. CBEFDA　　　B. FEDCBA　　　C. CBEDFA　　　D. 不一定

11. 一棵非空的二叉树的先序遍历序列与后序遍历序列正好相反,则该二叉树一定满足(　　)。

　　A. 所有节点均无左孩子　　　　　　B. 所有节点均无右孩子
　　C. 只有一个叶子节点　　　　　　　D. 是任意一棵二叉树

3.4　图

3.4.1　基本知识介绍

图是一种复杂的非线性结构。图结构与表结构和树结构的不同之处表现在节点之间的关系上,线性表中节点之间的关系是一对一的,即每个节点仅有一个直接前驱和一个直接后继(若存在前驱或后继);树是按分层关系组织的结构,树结构中节点之间的关系是一对多的,即一个双亲可以有多个孩子,每个孩子节点仅有一个双亲;对于图结构,图中节点之间的关系可以是多对多的,即一个节点和其他节点的关系是任意的,可以有关,也可以无关。由此可以看出:图 G ⊃ 树 T ⊃ 表 L。

图(Graph)是一种网状数据结构,其形式化定义如下:

```
Graph=(V,R)
V={x | x∈DataObject}
R={VR}
VR={<x,y>| P(x,y) ∧ (x,y∈V)}
```

DataObject 为一个集合,该集合中的所有元素均具有相同的特性。V 中的数据元素通常称为顶点(vertex),VR 是两个顶点之间的关系的集合。P(x,y)表示 x 和 y 之间有特定的关联属性 P。

若<x,y>∈VR,则<x,y>表示从顶点 x 到顶点 y 的一条弧(arc),并称 x 为弧尾(tail)或起始点,称 y 为弧头(head)或终端点,此时图中的边是有方向的,这样的图称为有向图。

若<x,y>∈VR,则必有<y,x>∈VR,即 VR 是对称关系,这时以无序对(x,y)代替两个有序对,表示 x 和 y 之间的一条边(edge),此时的图称为无向图(如图 3-8 所示)。

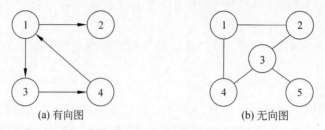

(a) 有向图　　　　　　　　　(b) 无向图

图 3-8　有向图和无向图

图的遍历搜索算法主要有两种:深度优先搜索(Depth First Search,DFS)遍历和广度优先搜索(Breadth First Search,BFS)遍历。

深度优先搜索遍历类似树的前序(先根)遍历。假设初始状态是图中所有顶点都未曾访问过的,则在图中任选一顶点 v 作为初始出发点,首先访问出发点 v,并将其标记为已访问过,然后依次从 v 出发搜索 v 的每个邻接点 w,若 w 未曾访问过,则以 w 作为新的出发点出发,继续进行深度优先遍历,直到图中的所有顶点都被访问为止。

广度优先搜索遍历类似树的按层次遍历,其基本思想是:首先访问出发点 v_i,接着依次访问 v_i 的所有未被访问过的邻接点 v_{i1},v_{i2},…,v_{it},并均标记为已访问过,然后按照 v_{i1},v_{i2},…,v_{it} 的次序访问每一个顶点的所有未曾访问过的顶点,并均标记为已访问过,以此类推,直到图中所有和初始出发点 v_i 路径相通的顶点都被访问为止。

3.4.2　典型习题解析

题目 1　由 4 个没有区别的点构成的简单无向连通图的个数是(　　)。
A. 6　　　　　　　　B. 7　　　　　　　　C. 8　　　　　　　　D. 9
解析:无向连通图是指对图中任意顶点 u 和 v 都存在路径使 u、v 连通。
该题可以直接画出所有简单的无向连通图,如下图所示。

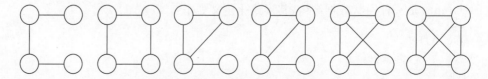

参考答案:A

题目2 设简单无向图 G 有 16 条边,且每个顶点的度数都是 2,则图 G 有( )个顶点。

A. 10   B. 12   C. 8   D. 16

解析:对于简单无向图来说,每条边连接两个顶点,已知每个顶点的度为 2,则每个顶点又有两条边相连,所以可得 G 的边数和顶点数相同。

参考答案:D

题目3 Lucia 和她的朋友以及朋友的朋友都在某社交网站上注册了账号。下图是他们之间的关系图,两个人之间有边相连代表这两个人是朋友,没有边相连代表这两个人不是朋友。这个社交网站的规则是:如果某人 A 向他的朋友 B 分享了某张照片,那么 B 就可以对该照片进行评论;如果 B 评论了该照片,那么他的所有朋友都可以看见这个评论以及被评论的照片,但是不能对该照片进行评论(除非 A 也向他分享了该照片)。现在 Lucia 已经上传了一张照片,但是她不想让 Jacob 看见这张照片,那么她可以向朋友( )分享该照片。

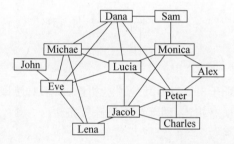

A. Dana、Michael、Eve   B. Dana、Eve、Monica

C. Michael、Eve、Jacob   D. Micheal、Peter、Monica

解析:根据题意可知,在人际关系图中,A 分享照片给 B,B 通过评论可以让 B 的所有好友看到,这个路径长度为 2。要想使 A 分享的照片不被 C 看到,则 A 和 C 之间的路径长度必须大于 2。

选项 A 中,Lucia 通过 Dana 到达 Jacob 的最短路径为 3,Lucia 通过 Michael 到达 Jacob 的最短路径为 3,Lucia 通过 Eve 到达 Jacob 的最短路径为 3,均符合条件。其他选项都有小于或等于 2 的路径。

参考答案:A

题目4 6 个顶点的连通图的最小生成树的边数为( )。

A. 6   B. 5   C. 7   D. 4

解析:n 个顶点的连通图的最小生成树的边数为 n−1。

参考答案:B

题目5 有向图中每个顶点的度等于该顶点的( )。

A. 入度   B. 出度

C. 入度与出度之和   D. 入度与出度之差

解析:在有向图中,每个顶点的度等于该顶点的出度和入度之和。

参考答案:C

题目6 下图中每条边上的数字表示该边的长度,则从 A 到 E 的最短距离是(　　)。

A. 8　　　　　　B. 10　　　　　　C. 11　　　　　　D. 12

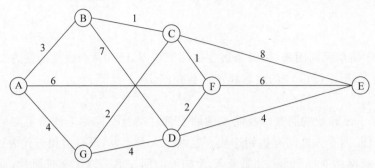

解析:A 到 E 的最短距离为 A→B→C→F→E,其距离为 11。

参考答案:C

题目7 在一个无向图中,如果任意两点之间都存在路径相连,则称其为连通图。下图是一个有 4 个顶点、6 条边的连通图。若要使它不再是连通图,则至少要删除其中的(　　)条边。

A. 1　　　　　　B. 2　　　　　　C. 3　　　　　　D. 4

解析:图中每个顶点都有 3 条边与其他顶点相连,如果要使该图成为非连通图,则至少要使一个顶点不再与其他顶点相连,即至少要删除 3 条边。

参考答案:C

题目8 当以 A_0 作为起点对下面的无向图进行深度优先遍历时,遍历顺序不可能是(　　)。

A. A_0,A_1,A_2,A_3　　B. A_0,A_1,A_3,A_2　　C. A_0,A_2,A_1,A_3　　D. A_0,A_3,A_1,A_2

参考答案:A

题目9 无向完全图是指图中每对顶点之间都恰好有一条边的简单图。已知无向完全图 G 有 7 个顶点,则它共有(　　)条边。

A. 7　　　　　　B. 21　　　　　　C. 42　　　　　　D. 49

解析:每个顶点都对应 6 条边,所以有 $6×7=42$ 条边,但是由于每条边都有 2 个顶点,即都被重复计算了一次,所以正确结果是 $42/2=21$。

可进一步推导出:n 个顶点的无向完全图有 $n(n-1)/2$ 条边。

参考答案:B

题目10 对一个有向图而言,如果每个节点都存在到达其他任何节点的路径,那么就称它是强连通的。例如,右图就是一个强连通图。事实上,在删除边(　　)后,它依然是强连通的。

A. a　　　　　　B. b　　　　　　C. c　　　　　　D. d

解析：该题通过尝试法依次删除各边，再测试删除后是否还是强连通图。经过测试，在删除边 a 后仍是强连通的。删除其他边都会有节点无法访问。

参考答案：A

题目 11 关于拓扑排序，下列说法中正确的是( )。

A. 所有连通的有向图都可以实现拓扑排序

B. 对同一个图而言，拓扑排序的结果是唯一的

C. 拓扑排序中入度为 0 的节点总会排在入度大于 0 的节点的前面

D. 拓扑排序结果序列中的第 1 个节点一定是入度为 0 的节点

解析：拓扑排序应该是一个有向无环图，即不应带有回路，因为若带有回路，则回路上的所有活动都将无法进行。

构造拓扑序列的拓扑排序算法主要是循环执行以下两步，直到不存在入度为 0 的顶点为止：①选择一个入度为 0 的顶点并输出；②从网中删除此顶点及所有出边。循环结束后，若输出的顶点数小于网中的顶点数，则输出"有回路"信息，否则输出的顶点序列就是一种拓扑序列。

参考答案：D

题目 12 已知 n 个顶点的有向图，若该图是强连通的（从所有顶点出发都存在路径到达其他顶点），则该图中最少有( )条有向边。

A. n   B. n+1   C. n−1   D. n*(n−1)

解析：强连通图必须从任何一点出发都可以回到原处，每个节点至少要求一条出路（单节点除外）至少有 n 条边，正好可以组成一个环。

参考答案：A

3.4.3 知识点巩固

1. 有无向图 G=(V,E)，其中 V={a,b,c,d,e,f}，E={(a,b),(a,e),(a,c),(b,e),(c,f),(f,d),(e,d)}，对该图进行深度优先遍历，得到的顶点序列正确的是( )。

     A. a,b,e,c,d,f   B. a,c,f,e,b,d   C. a,e,b,c,f,d   D. a,e,d,f,c,b

2. n 个节点的完全有向图含有的边的数目为( )。

     A. n*n   B. n*(n+1)   C. n/2   D. n*(n−1)

3. 在一个无向图中，所有顶点的度数之和等于所有边数的( )倍。

     A. 1/2   B. 2   C. 1   D. 4

4. 下列( )的邻接矩阵是对称矩阵。

     A. 有向图   B. 无向图   C. AOV 网   D. AOE 网

5. ( )方法可以判断一个有向图是否有环（回路）。

     A. 深度优先遍历   B. 广度优先遍历   C. 求最短路径   D. 求关键路径

6. 已知有向图 G=(V,E)，其中 V={V1,V2,V3,V4,V5,V6,V7}，E={<V1,V2>,<V1,V3>,<V1,V4>,<V2,V5>,<V3,V5>,<V3,V6>,<V4,V6>,<V5,V7>,<V6,V7>}，G 的拓扑序列是( )。

     A. V1,V3,V4,V6,V2,V5,V7   B. V1,V3,V2,V6,V4,V5,V7

C. V1,V3,V4,V5,V2,V6,V7   D. V1,V2,V5,V3,V4,V6,V7

7. 用一个有向图表示航空公司所有航班的航线。下列( )算法最适合解决找出给定的两个城市之间最经济的飞行路线问题。

A. Dijkstra   B. Kruskal   C. 深度优先搜索   D. 拓扑排序

3.5 排　　序

3.5.1　基本知识介绍

排序算法大体可分为以下两种。

第一种是比较排序,时间复杂度为 $O(nlogn)\sim O(n^2)$,主要有冒泡排序、选择排序、插入排序、堆排序、归并排序、快速排序等。

第二种是非比较排序,时间复杂度可以达到 $O(n)$,主要有计数排序、基数排序等。

表 3-1 给出了常见排序算法的性能指标。

表 3-1　比较排序常用算法的性能指标

排 序 方 法		平均时间	最好情况	最差情形	额 外 空 间	稳定性
比较排序	冒泡排序	$O(n^2)$	$O(n)$	$O(n^2)$	$O(1)$	稳定
	选择排序	$O(n^2)$	$O(n^2)$	$O(n^2)$	$O(1)$	不稳定
	插入排序	$O(n^2)$	$O(n)$	$O(n^2)$	$O(1)$	稳定
	堆排序	$O(nlogn)$	$O(nlogn)$	$O(nlogn)$	$O(1)$	不稳定
	归并排序	$O(nlogn)$	$O(nlogn)$	$O(nlogn)$	$O(1)$	稳定
	快排排序	$O(nlogn)$	$O(nlogn)$	$O(n^2)$	$O(nlogn)\sim O(n)$	不稳定
非比较排序	计数排序	$O(n+k)$	$O(n+k)$	$O(n+k)$	$O(n+k)$	稳定
	基数排序	$O(d(r+n))$	$O(d(r+n))$	$O(d(r+n))$	$O(rd+n)$	稳定

稳定排序算法对于稳定性的简单形式化定义为:如果 $A_i=A_j$,排序前 A_i 在 A_j 之前,排序后 A_i 还在 A_j 之前,则称这种排序算法是稳定的,即保证排序前后两个相等的数的相对顺序不变。对于不稳定的排序算法,只要举出一个实例,即可说明它的不稳定性;而对于稳定的排序算法,必须对算法进行分析以得到稳定的特性。

排序算法是否为稳定的是由具体算法决定的,不稳定的算法在某些条件下可以变为稳定的算法,而稳定的算法在某些条件下也可以变为不稳定的算法。例如,冒泡排序原本是稳定的排序算法,如果将记录交换的条件改成 $A[i]\geqslant A[i+1]$,则两个相等的记录就会交换位置,从而变成不稳定的排序算法。

排序算法具有稳定性的好处是:排序算法如果是稳定的,那么从一个键上排序,然后再从另一个键上排序,则前一个键排序的结果可以为后一个键排序所用。基数排序就是这样,先按低位排序,逐次按高位排序,低位排序后元素的顺序在高位相同时是不会改变的。

1. 比较排序

下面以一个序列 5,4,3,2,1 为例,将其排成 1,2,3,4,5,介绍各个排序算法的排序过程。

(1) 冒泡排序

冒泡排序(Bubble Sort)的名字由来是因为越小(或越大)的元素会经由交换慢慢"浮"到数列的顶端,就像气泡一样。

冒泡排序算法的执行过程大致是:依次比较相邻的两个数,将小数放在前面,大数放在后面。具体步骤如下。

- 第 1 轮:首先比较第 1 个数和第 2 个数,将小数放在前面,大数放在后面。然后比较第 2 个数和第 3 个数,将小数放在前面,大数放在后面,如此继续,直至比较最后两个数,将小数放在前面,大数放在后面。至此第 1 轮结束,将最大的数放到了最后。
- 第 2 轮:仍从第一对数开始比较(因为可能由于第 2 个数和第 3 个数的交换使得第 1 个数不再小于第 2 个数),将小数放在前面,大数放在后面,一直比较到倒数第 2 个数(倒数第一的位置上已经是最大的数了),第 2 轮结束,在倒数第二的位置上得到一个新的最大数(其实在整个数列中它是第二大的数)。
- 重复以上过程,直至最终完成排序。

冒泡排序过程可以用表 3-2 表示。

表 3-2 冒泡排序的过程

原本序列	5	4	3	2	1
第 1 轮冒泡	4	5	3	2	1
	4	3	5	2	1
	4	3	2	5	1
	4	3	2	1	5
第 2 轮冒泡	3	4	2	1	5
	3	2	4	1	5
	3	2	1	4	5
第 3 轮冒泡	2	3	1	4	5
	2	1	3	4	5
第 4 轮冒泡	1	2	3	4	5

(2) 选择排序

选择排序也是一种简单直观的排序算法,它的工作原理是:开始时在序列中找到最小(大)的元素,放到序列的起始位置作为已排序序列,然后从剩余未排序的元素中继续寻找最小(大)的元素,放到已排序序列的末尾。以此类推,直到所有元素均排序完毕。

选择排序的具体步骤如下。

- 首先定义一个最小值 min,用来存放序列的最小值。
- 第 1 轮:首先将第 1 个数作为最小值赋值给 min,然后依次比较第 2~5 个数,如果比较的数比 min 小,则将其值赋给 min,最后将 min 和第 1 个数交换。
- 第 2 轮:此时第 1 个数已经是全序列中的最小值了,现在寻找第二小的数。将第 2 个数赋值给 min,然后依次比较第 3~5 个数,找出最小值将其和第 2 个数交换。
- 重复以上过程,直至最终完成排序。

选择排序过程可以用表 3-3 表示。

表 3-3　选择排序的过程

排　　序	数　　据					空　　间
原本序列	5	4	3	2	1	min＝5
第 1 轮选择	5	4	3	2	1	min＝4
	5	4	3	2	1	min＝3
	5	4	3	2	1	min＝2
	5	4	3	2	1	min＝1
	1	4	3	2	5	交换
第 2 轮选择	1	4	3	2	5	min＝4
	1	4	3	2	5	min＝3
	1	4	3	2	5	min＝2
	1	4	3	2	5	min＝2
	1	2	3	4	5	交换
第 3 轮选择	1	2	3	4	5	min＝3
	1	2	3	4	5	min＝3
	1	2	3	4	5	min＝3
	1	2	3	4	5	无交换结束

(3) 插入排序

插入排序是一种简单直观的排序算法,它的工作原理与抓扑克牌非常类似。

插入排序的工作原理是:对于未排序数据(右手抓到的牌),在已排序序列(左手已经排好序的牌)中从后向前扫描,找到相应位置并插入。插入排序在实现上通常采用 in-place 排序(即只用到 $O(1)$ 的额外空间的排序),因此在从后向前扫描的过程中需要反复把已排序的元素逐步向后移位,为最新元素提供插入空间。

具体算法描述如下。
- 从第 1 个元素开始,该元素可以认为已经被排序。
- 第 1 轮:取出下一个元素,在已排序的元素序列中从后向前扫描,如果该元素(已排序)大于新元素,则将该元素移到下一位置,直到找到已排序的元素小于或等于新元素的位置,将新元素插入该位置之后。
- 第 2 轮:将元素下移一个位置,利用相似的方法找到位置。
- 重复以上过程,直至最终完成排序。

插入排序过程可以用表 3-4 表示。

表 3-4 插入排序的过程

排 序	数 据					空 间
原本序列	5	4	3	2	1	
第 1 轮插入	5		3	2	1	4
		5	3	2	1	4
	4	5	3	2	1	4
第 2 轮插入	4	5		2	1	3
	4		5	2	1	3
		4	5	2	1	3
	3	4	5	2	1	3
第 3 轮插入	3	4	5		1	2
	3	4		5	1	2
	3		4	5	1	2
		3	4	5	1	2
	2	3	4	5	1	2
第 4 轮插入	2	3	4	5		1
	2	3	4		5	1
	2	3		4	5	1
	2		3	4	5	1
		2	3	4	5	1
	1	2	3	4	5	1

（4）堆排序

堆排序是指利用堆这种数据结构所设计的一种选择排序算法。堆是一种近似完全二叉树的结构（通常堆是通过一维数组实现的），并满足性质：以最大堆（也称大根堆、大顶堆）为例，其中父节点的值总是大于其孩子节点的值。

可以很容易地定义堆排序的过程如下。

步骤 1：用输入的无序数组构造一个最大堆，作为初始的无序区。

步骤 2：把堆顶元素（最大值）和堆尾元素互换。

步骤 3：把堆（无序区）的尺寸缩小 1，并调用 heapify(A,0) 从新的堆顶元素开始进行堆调整。

步骤 4：重复步骤 2，直到堆的尺寸为 1。

（5）归并排序

归并排序是创建在归并操作上的一种有效的排序算法，效率为 O(nlogn)，于 1945 年由冯·诺依曼首次提出。

归并排序的实现分为递归实现与非递归(迭代)实现。递归实现的归并排序是算法设计中分治策略的典型应用,可以将一个大问题分割成小问题分别解决,然后用所有小问题的答案解决整个大问题。非递归(迭代)实现的归并排序首先进行的是两两归并,然后是四四归并,接着是八八归并,一直下去直到归并整个数组。

归并排序算法主要依赖归并(merge)操作。归并操作是指将两个已排序的序列合并成一个序列,归并操作的步骤如下。

步骤1:申请空间,使其大小为两个已排序的序列之和,该空间用来存放合并后的序列。

步骤2:设定两个指针,最初位置分别为两个已排序的序列的起始位置。

步骤3:比较两个指针所指向的元素,选择相对较小的元素放入合并空间,并移动指针到下一位置。重复该步骤直到某一指针到达序列尾。

步骤4:将另一序列剩下的所有元素直接复制合并到序列尾。

归并排序的具体排序过程可用图3-9表示。

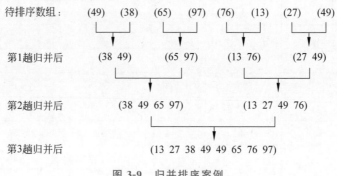

图3-9　归并排序案例

(6) 快速排序

快速排序是由东尼·霍尔所发明的一种排序算法。在平均状况下,排序 n 个元素需要 $O(n\log n)$ 次比较,在最坏的状况下则需要 $O(n^2)$ 次比较,但这种状况并不常见。事实上,快速排序通常明显比其他 $O(n\log n)$ 算法更快,因为它的内部循环可以在大部分架构上很有效率地被实现出来。

快速排序使用分治策略(Divide and Conquer)把一个序列分为两个子序列,步骤如下。

步骤1:从序列中挑选出一个元素,作为基准(pivot)。

步骤2:把所有比基准小的元素放在基准的前面,把所有比基准大的元素放在基准的后面(相同的数可以放到任一边),这个过程称为分区(partition)。

步骤3:对每个分区递归地进行步骤1和步骤2,递归的结束条件是序列的大小是 0 或 1,这时整体已经被排好序了。

2. 非比较排序

下面介绍常用的非比较排序算法,包括计数排序、基数排序、桶排序。在一定条件下,它们的时间复杂度可以达到 $O(n)$。

这里用到的唯一数据结构就是数组,当然也可以利用链表实现下述算法。

（1）计数排序

计数排序（Counting Sort）用到了一个额外的计数数组 C，根据数组 C 将原数组 A 中的元素放到正确的位置。

通俗地理解，例如有 10 个年龄不同的人，假如统计出有 8 个人的年龄不比小明大（即小于或等于小明的年龄，这里也包括小明），那么小明的年龄就排在第 8 位，通过这种思想可以确定每个人的位置，也就排好序了。当然，年龄一样时需要特殊处理（保证稳定性）：反向填充目标数组，填充完毕后将对应的数字递减，可以确保计数排序的稳定性。

计数排序的步骤如下。

步骤 1：统计数组 A 中每个值 A[i] 出现的次数，存入 C[A[i]]。

步骤 2：从前向后使数组 C 中的每个值等于其与前一项相加的值，这样数组 C[A[i]] 就变成了代表数组 A 中小于或等于 A[i] 的元素的个数。

步骤 3：反向填充目标数组 B，将数组元素 A[i] 放在数组 B 的第 C[A[i]] 个位置（下标为 C[A[i]]−1），每放一个元素就将 C[A[i]] 递减。

（2）基数排序

基数排序（Radix Sort）的发明可以追溯到 1887 年赫尔曼·何乐礼在打孔卡片制表机上的贡献，它是这样实现的：将所有待比较的正整数统一为同样的数位长度，在数位较短的数前面补 0，然后从最低位开始进行基数为 10 的计数排序，一直到最高位计数排序完成后，数列就变成了一个有序序列（利用了计数排序的稳定性）。

3.5.2　典型习题解析

题目 1　以下排序算法中，不需要进行关键字比较操作的算法是（　　）。

A. 基数排序　　　　B. 冒泡排序　　　　C. 堆排序　　　　D. 直接插入排序

解析：基数排序是采用分配和收集实现的，不需要进行关键字的比较，而其他几种排序方法都是通过关键字的比较实现的。

参考答案：A

题目 2　设 A 和 B 是两个长为 n 的有序数组，现在需要将 A 和 B 合并成一个排好序的数组，任何以元素比较作为基本运算的归并算法在最坏的情况下至少要做（　　）次比较。

A. n^2　　　　　　B. nlogn　　　　　　C. 2n　　　　　　D. 2n−1

解析：归并排序采用了分治策略，即将原问题分解为一些规模较小的相似子问题，然后递归地解决这些子问题，最后合并其结果作为原问题的解。

归并排序将待排序数组 A[1,…,n] 分成两个各含 n/2 个元素的子序列，然后对这两个子序列递归排序，最可后将这两个已排序的子序列合并，即可得到最终排好序的序列。

归并排序有以下 3 个特点。

① 时间复杂度为 O(nlogn)。

② 归并排序并不是一种原地排序，因为需要申请额外空间充当临时容器。

③ 归并排序是一种稳定排序。

参考答案：B

题目 3 （　　　）的平均时间复杂度为 O(nlogn)，其中 n 是待排序的元素个数。

A. 快速排序　　　　　B. 插入排序　　　　　C. 冒泡排序　　　　　D. 基数排序

解析：

快速排序的步骤如下。

步骤 1：找到序列中用于划分序列的元素。

步骤 2：用元素划分序列。

步骤 3：对划分后的两个序列重复执行步骤 1 和步骤 2，直到序列无法再划分。

所以对于 n 个元素，其排序时间为

T(n) = 2 * T(n/2) + n（表示将长度为 n 的序列划分为两个子序列，每个子序列需要 T(n/2) 的时间，而划分序列需要 n 的时间）；

而 T(1) = 1（表示长度为 1 的序列无法划分子序列，只需要 1 的时间即可）；

T(n) = 2^logn + logn * n（n 被不断二分，最终只能二分 logn 次（最优的情况下，每次选取的元素都均分序列））= n + nlogn；

T(n) = O(nlogn)，得出快速排序在最优情况下的排序时间为 O(nlogn)。

参考答案：A

题目 4 使用冒泡排序对序列进行升序排列，每执行一次交换操作，系统将会减少 1 个逆序对，因此序列 5,4,3,2,1 需要执行（　　　）次操作才能完成冒泡排序。

A. 0　　　　　　　　B. 5　　　　　　　　C. 10　　　　　　　　D. 15

解析：冒泡排序的基本概念是依次比较相邻的两个数，将小数放在前面，大数放在后面。即在第 1 轮首先比较第 1 个和第 2 个数，将小数放在前面，大数放在后面。然后比较第 2 个数和第 3 个数，将小数放在前面，大数放在后面，如此继续，直至比较最后两个数，将小数放在前面，大数放在后面。至此第 1 轮结束，将最大的数放到了最后。第 2 轮仍从第一对数开始比较（因为可能由于第 2 个数和第 3 个数的交换使得第 1 个数不再小于第 2 个数），将小数放在前面，大数放在后面，一直比较到倒数第二个数（倒数第一的位置上已经是最大的数了），第 2 轮结束，在倒数第二的位置上得到一个新的最大数（其实在整个数列中是第二大的数）。重复以上过程，直至最终完成排序，具体过程可参考表 3-4 所示。

冒泡排序最多要排序 n * (n−1)/2 次（本题这样的原本序列是逆序列），最少需要 n−1 次冒泡排序操作（由小到大的正序列）。

参考答案：C

题目 5 体育课的铃声响了，同学们陆续地奔向操场，按老师的要求从高到矮站成一排。每个同学按顺序来到操场时，都从排尾走到排头，找到第一个比自己高的同学，并站在他的后面。这种站队的方法类似于（　　　）算法。

A. 快速排序　　　　　B. 插入排序　　　　　C. 冒泡排序　　　　　D. 归并排序

解析：插入排序的基本思想是每一步将一个待排序的记录按其关键码值的大小插入前面已排序的文件中的适当位置，直到全部插入为止。

参考答案：B

题目 6 基于比较的排序时间复杂度的下限是(   )，其中 n 表示待排序的元素个数。

A. O(n)　　　　　B. O(n log n)　　　　　C. O(log n)　　　　　D. O(n²)

解析：对于 n 个待排序元素，在未比较时，可能的正确结果有 n! 种。在经过一次比较后，其中两个元素的顺序被确定，所以可能的正确结果有 n!/2 种。

以此类推，直到经过 m 次比较，剩余可能性为 n!/(2m)种。直到 n!/(2m)≤1 时，结果只剩一种。此时的比较次数 m 为 O(nlogn)次。所以基于比较的排序算法在最优情况下的时间复杂度是 O(nlogn)。

参考答案：B

题目 7 快速排序在最坏的情况下的算法时间复杂度为(   )。

A. O($\log_2 n$)　　　　B. O(n)　　　　C. O(n$\log_2 n$)　　　　D. O(n²)

解析：参考书中知识讲解。

参考答案：D

题目 8 "排序算法是稳定的"的意思是关键码相同的记录在排序前后的相对位置不会发生改变，下列排序算法不稳定的是(   )。

A. 冒泡排序　　　　B. 插入排序　　　　C. 归并排序　　　　D. 快速排序

解析：参考书中知识讲解。

参考答案：D

3.5.3　知识点巩固

1. 若一个元素序列基本有序，则选用(   )方法排序起来较快。

　　A. 直接插入排序　　B. 简单选择排序　　C. 堆排序　　　　　D. 快速排序

2. 对下列 4 个序列用快速排序方法进行排序，以序列的第 1 个元素为基准进行划分，在第 1 趟划分过程中，元素移动次数最多的是序列(   )。

　　A. 70,75,82,90,23,16,10,68　　　　　B. 70,75,68,23,10,16,90,82
　　C. 82,75,70,16,10,90,68,23　　　　　D. 23,10,16,70,82,75,68,90

3. 若对 n 个元素进行简单选择排序，则在进行任一轮排序的过程中，寻找最小值元素所需要的时间复杂度为(   )。

　　A. O(1)　　　　　B. O(logn)　　　　C. O(n²)　　　　　D. O(n)

4. 在排序方法中，关键字比较的次数与记录的初始排列顺序无关的是(   )。

　　A. 希尔排序　　　　B. 冒泡排序　　　　C. 插入排序　　　　D. 选择排序

5. 冒泡排序在最好的情况下的时间复杂度为(   )。

　　A. O(1)　　　　　B. O(log2n)　　　　C. O(n)　　　　　D. O(n²)

6. 若对 n 个元素进行直接插入排序，则在进行任意一轮排序的过程中，寻找插入位置所需要的时间复杂度为(   )。

　　A. O(1)　　　　　B. O(n)　　　　　C. O(n²)　　　　　D. O(logn)

7. 对 n 个元素进行直接插入排序的时间复杂度为(   )。

    A. O(1)   B. O(n)   C. $O(n^2)$ D. O(logn)

8. 在平均情况下,速度最快的排序方法为(   )。

    A. 简单选择排序   B. 冒泡排序   C. 堆排序   D. 快速排序

9. 若需要在 O(nlogn)的时间内完成对数组的排序,且要求排序是稳定的,则可以选择的排序方法是(   )。

    A. 快速排序   B. 堆排序   C. 归并排序   D. 希尔排序

第 4 章　算法与数学

算法(algorithm)是指对解题方案准确而完整的描述,是一系列解决问题的清晰指令,算法代表着用系统的方法描述解决问题的策略机制。

算法的分类很多,大致可分为基本算法、数据结构算法、数论算法、计算几何算法、图论算法、动态规划、加密算法、排序算法等。算法的设计以数学为基础,需要数学知识作为支撑。根据 CSP-J/S 考试的重点,主要包括以下知识点。

- 集合论:研究集合和集合以及集合和元素之间的关系。
- 图论:研究图中顶点、边、权重等之间的关系,是一种重要的数据结构。
- 数理逻辑:用数学方法研究逻辑或形式逻辑。
- 组合学:研究各类排列组合问题。

本章重点讲解很多计算机问题的数学解决方法以及数学的应用问题,旨在锻炼学生的逻辑思维能力。

4.1　应　用　数　学

4.1.1　基本知识介绍

计算机编程需要深厚的数学基础,由于计算机科学技术的飞速发展,其应用已深入社会的各个领域,从这个意义上来说,计算机科学的数学基础是非常广泛的,包括数学的一切分支。本章主要介绍集合论、图论、数理逻辑、组合学这四个数学分支。

下面简单介绍集合论、图论和数理逻辑的基本知识,组合学的基本知识将放到后续章节介绍。

1. 集合论

集合论是研究集合(由众多抽象物件构成的整体)的数学理论,包含集合、元素和成员关系等基本的数学概念。在大多数现代数学的公式化中,集合论都提供了描述数学物件的语言。集合论和逻辑与一阶逻辑共同构成了数学的公理化基础。

一个典型的集合可以表示为 $A=\{1,2,3,4,5\}$,其中,A 为集合名,$1,2,3,4,5$ 是集合中的 5 个元素。于是,元素和集合之间有以下关系:

$$1\in A \text{ 表示元素 1 属于集合 } A;$$
$$6\notin A \text{ 表示元素 6 不属于集合 } A。$$

两个集合之间的关系称为包含关系。若集合 B 中的所有元素都是集合 A 中的元素,则称集合 B 为 A 的子集,否则不是子集。于是集合与集合之间也有以下关系:

$$\text{若 } B=\{1,2\},\text{则 } B\subseteq A \text{ 表示集合 } B \text{ 是集合 } A \text{ 的子集};$$
$$\text{若 } C=\{1,6\},\text{则 } C\nsubseteq A \text{ 表示集合 } C \text{ 不是集合 } A \text{ 的子集。}$$

集合的常用运算有以下几种：

（1）并集

集合 A 和 B 的并集记作 A∪B，由所有属于集合 A 和集合 B 的元素组成，集合 A={1,2,3}和集合 B={2,3,4}的并集为集合 C={1,2,3,4}。

（2）交集

集合 A 和 B 的交集记作 A∩B，由属于 A 且属于 B 的相同元素组成，集合 A={1,2,3}和集合 B={2,3,4}的交集为集合 D={2,3}。

（3）相对补集

集合 B 关于集合 A 的相对补集记作 A\B 或 A−B，由属于集合 A 而不属于集合 B 的元素组成，集合 A={1,2,3}对集合 B={2,3,4}的相对补集为 A\B={1}。

2. 图论

图论起源于一个非常经典的问题——哥尼斯堡七桥问题。

当时的东普鲁士哥尼斯堡（今俄罗斯加里宁格勒）市区横跨普列戈利亚河两岸，河中心有两个小岛。小岛与河的两岸通过七座桥连接，如图 4-1 所示。有人提出一个问题：在所有桥都只能走一遍的前提下，如何才能把这个地方所有的桥都走一遍？

问题提出后，很多人对此很感兴趣，纷纷进行试验，但在相当长的时间后都未能解决。利用普通数学知识，每座桥均走一次，则这七座桥所有的走法一共有 5040 种，这么多情况要一一试验，会有很大的工作量。但怎样才能找到成功走过每座桥而不重复的路线呢？因此产生了著名的"哥尼斯堡七桥问题"。

1735 年，有几名大学生写信给当时正在俄国彼得斯堡科学院任职的天才数学家欧拉，请他帮忙解决这一问题。1736 年，29 岁的欧拉提交了名为《哥尼斯堡七桥》的论文，圆满解决了这一问题，同时开创了数学新分支——图论。

欧拉把问题抽象成图 4-2，其中 A、B、C、D 代表四块陆地，a、b、c、d、e、f、g 代表七座桥。走路问题也抽象成"一笔画问题"，其规则抽象为

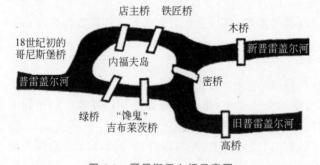

图 4-1　哥尼斯堡七桥示意图

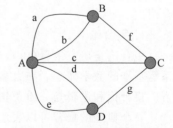

图 4-2　哥尼斯堡七桥抽象示意图

① 由于不能重复过桥，所以每经过一条线，就必须把刚刚经过的线擦掉；

② 每经过一次顶点，此顶点就会擦去两条边；

③ 起点也是终点。

最后欧拉给出了结论，要想"一笔画"，就必须满足以下条件之一：

① 如果起点和终点相同，则每个顶点连接的边数都为偶数；

② 如果起点和终点不同,则两个顶点边数是奇数,其他顶点边数必须都是偶数。

最后对于"七桥问题"的结论是:4 个顶点的边数都为奇数,不符合完成"一笔画"的任一条件,所以不可能一次走遍七座桥。

对于图,本书着重介绍以下几个概念。

(1) 顶点和边

顶点是图中的一个点,如图 4-2 中的 A 点就是一个顶点,由于顶点的英文为 vertex,所以一般用 V 代表顶点。

边是图中连接顶点与顶点的线段,如图 4-2 中的 a 就是一条边,由于边的英文为 edge,所以一般用 E 代表边。

图是由顶点和边组成的,一般用 G 表示图(graph),所以一个图写作 G=(V,E)。

(2) 度

在无向图中,某个顶点的度是邻接到该顶点的边或弧的数目。如图 4-2 中顶点 A 的度为 5。

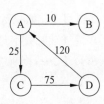

图 4-3 有向图示例

在有向图中,度还有"入度"和"出度"之分。某个顶点的入度是指以该顶点为终点的边的数目。而顶点的出度则是指以该顶点为起点的边的数目。顶点的度＝入度＋出度。如图 4-3 中,顶点 A 的入度为 1,出度为 2。

(3) 权重

边的权重(weight)也称权值、开销、长度等,表示每条边所对应的值的大小。如图 4-3 中从 A 点到 B 点的边的权重为 10。

3. 数理逻辑

数理逻辑是用数学方法研究逻辑或形式逻辑的学科,其研究对象是为证明和计算这两个直观概念而进行符号化后的形式系统。

数理逻辑最基本的组成部分是命题演算和谓词演算。

(1) 命题演算

命题演算是研究命题如何通过一些逻辑连接词构成更复杂的命题以及逻辑推理的方法。命题是指具有具体意义且能判断它是真还是假的句子。

例如:"如果周末下雨,并且乙不去,则甲一定不去"这句话,利用 R 代表周末下雨,A 代表甲去,B 代表乙去,那么这句话可以表示成

$$R \wedge \neg B \Rightarrow \neg A$$

命题演算的具体模型是逻辑代数。逻辑代数也称开关代数,它的基本运算是逻辑加、逻辑乘和逻辑非,也就是命题演算中的"或""与""非",运算对象只有 0 和 1,相当于命题演算中的"真"和"假"。

命题演算的基本规则如下所示。

A	B	非 A $\neg A$	或 $A \vee B$	与 $A \wedge B$	异或 $A \oplus B$
0	0	1	0	0	0
0	1	1	1	0	1
1	0	0	1	0	1
1	1	0	1	1	0

（2）谓词演算

谓词演算又称一阶逻辑。一个命题一般包括个体、量词和谓词。个体表示某一个物体或元素，量词表示数量，谓词表示个体的一种属性。

例如：用 P(x) 表示 x 是一棵树，则 P(y) 表示 y 是一棵树，用 Q(x) 表示 x 有叶，则 Q(y) 表示 y 也有叶。这里 P、Q 是一元谓词，x、y 是个体，公式 ∀x(P(x)→Q(x)) 表示每一棵树都有叶子，这里的 ∀ 是全称量词，表示"每一个"。公式 ∃x(P(x)∧Q(x)) 表示有一棵没有叶的树，∃ 是存在量词，表示"至少存在一个"。

4.1.2 典型习题解析

题目 1 如果计算机处于小写输入状态，现在有一只小老鼠反复按照 CapsLock、字母键 A、字母键 S、字母键 D、字母键 F 的顺序循环按键，即 CapsLock、A、S、D、F、CapsLock、A、S、D、F、…，则屏幕上输出的第 81 个字母是（ ）。

A. A   B. S   C. D   D. a

解析：CapsLock 是大小写转换键，所以屏幕上输出的字母序列为：ASDFasdfASDFasdf…，81 ％ 8 = 1，对应字母 A。

参考答案：A

题目 2 甲、乙、丙、丁四人在考虑周末要不要外出郊游。

已知：①如果周末下雨，并且乙不去，则甲一定不去；②如果乙去，则丁一定去；③如果丙去，则丁一定不去；④如果丁不去，并且甲不去，则丙一定不去；如果周末丙去了，则甲、乙、丁分别为（ ）。

A. 去了；没去；没去   B. 去了；去了；没去

C. 没去；去了；没去   D. 没去；没去；去了

解析：该题是推理题，需要找出一个突破口，将已知和结论分别进行环环推导，具体推导过程如下。

步骤 1：丙去了，结合③，丁不会去。

步骤 2：丁没去，结合②，乙不会去。

步骤 3：丁没去，丙去了，结合④，甲会去。

参考答案：A。

题目 3 2017 年 10 月 1 日是星期日，1999 年 10 月 1 日是（ ）。

A. 星期三   B. 星期日   C. 星期五   D. 星期二

解析：首先计算两个日期之间的间隔，然后用 7 取模，得出相差，利用差值计算出星期。

步骤 1：计算日期间隔，2017－1999＝18，其中要考虑闰年，共 5 个（2000，2004，2008，2012，2016），所以相隔天数为 18×365＋5＝6575。

步骤 2：用 7 取模，6575％7＝2。

步骤 3：计算星期，星期日倒退两天就是星期五。

参考答案：C

题目 4 对于给定的序列 $\{a_k\}$，把 (i,j) 称为逆序对（当且仅当 i<j 且 a_i>a_j），那么序列 1,7,2,3,5,4 的逆序对数为（ ）个。

A. 4　　　　　　　B. 5　　　　　　　C. 6　　　　　　　D. 7

解析：根据逆序对的定义,可知逆序对就是序列中大数在前、小数在后的数对,本题数列不多,可以列举出来,分别是(7,2),(7,3),(7,5),(7,4),(5,4)。

参考答案：B

题目5　一个人站在坐标(0,0)处,面朝 x 轴正方向。第一轮,他向前走 1 单位距离,然后右转;第二轮,他向前走 2 单位距离,然后右转;第三轮,他向前走 3 单位距离,然后右转……他一直这么走下去。请问第 2017 轮后,他的坐标是(　　　　)。

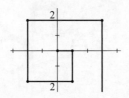

A. 1008,−1009　　　B. 1009,1008

C. 2017,−2018　　　D. 2018,2017

解析：该题需要将坐标列举出来,然后从列举出来的坐标中找出规律。各点的坐标可以利用下表表示。

序号	(x,y)变化值	(x,y)
1	+1,0	1,0
2	0,−2	1,−2
3	−3,0	−2,−2
4	0,+4	−2,2
5	+5,0	3,2
6	0,−6	3,−4
7	−7,0	−4,−4
8	0,+8	−4,+4
⋮		

通过上表可以得出规律：x 每两次绝对值加 1,符号改变;y 的初值为 0,每四次加 2,每两次变号。

步骤 1：确定 x 的值,2017/2＝1008…1,x 的绝对值约为 1009;确定 x 的符号,2017%4…1,x 的符号为＋,得 x＝1009。

步骤 2：确定使用的值,(2017−1)/4＝504,504×2＝1008,y 的绝对值为 1008;确定 y 的符号,(2017−1)%4…0,y 的符号为＋,得 y＝1008。

参考答案：B

题目6　如右图所示,共有 13 个格子。对任何一个格子进行一次操作,会使得它自己以及与它上下左右相邻的格子中的数字改变(由 1 变 0 或由 0 变 1)。现在要使得所有格子中的数字都变为 0,至少需要(　　　　)次操作。

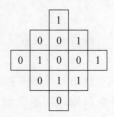

A. 3　　　　　　　　　　B. 4

C. 5　　　　　　　　　　D. 6

解析：需要 3 次，第 1 次操作第 3 排第 4 个，第 2 次操作第 3 排第 3 个，第 3 次操作第 1 排第 1 个(最上面)。

参考答案：A

题目 7 下图表示一个果园灌溉系统，有 A、B、C、D 四个阀门，每个阀门可以打开或关上，所有管道粗细相同，以下设置阀门的方法中，可以让果树浇上水的是(　　)。

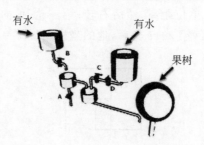

A. B 打开，其他都关上　　　　　　　　B. A、B 都打开，C、D 都关上

C. A 打开，其他都关上　　　　　　　　D. D 打开，其他都关上

解析：通过观察，有以下两种方法可以给树浇水。

(1) B 打开，A 关上。若 A 不关上，则水会从 A 流失掉，果树浇不到水。

(2) C 和 D 打开。此时 A 不关上也没关系，因为 A 的位置较高，水不会从 A 流失。

参考答案：A

题目 8 周末小明和爸爸、妈妈三个人一起做了三道菜。小明负责洗菜、爸爸负责切菜、妈妈负责炒菜。假设做每道菜的顺序都是：先洗菜 10 分钟，然后切菜 10 分钟，最后炒菜 10 分钟。那么做一道菜需要 30 分钟。注意：两道不同的菜的相同步骤不可以同时进行。例如第一道菜和第二道菜不能同时洗菜，也不能同时切菜。那么做完三道菜的最短时间为(　　)分钟。

A. 90　　　　　　B. 60　　　　　　C. 50　　　　　　D. 40

解析：该题是一个并行处理问题，即多人来分工完成一件事情可以提高工作效率。本题的并行处理可以用下图表示。

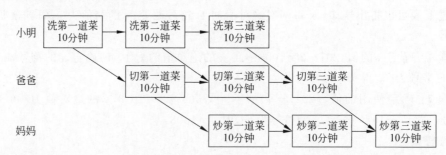

参考答案：C

题目 9 设有 100 个数据元素，采用折半搜索时，最大的比较次数为(　　)。

A. 6　　　　　　B. 7　　　　　　C. 8　　　　　　D. 10

解析：折半搜索每次去除一半数据，即 1/2 数据。最大的比较次数即折半查找到最后一个数据所用的次数。最大比较次数 n 可以用公式 $n = \log_2 N$ 计算，其中 N 为数据元素的个数。

n＝log₂100＝7,数据为向上取整得出。

参考答案:B

题目 10 逻辑表达式( )的值与变量 A 的真假无关。

A. (A∨B)∧¬A   B. (A∨B)∧¬B

C. (A∧B)∨(¬A∧B)   D. (A∨B)∧¬A∧B

解析:题目中各符号的含义如下。∨表示或(逻辑加法),∧表示与(逻辑乘法),¬表示非(逻辑否定)。此类题目常采用真值表法,例如选项 A 的真值表如下表所示。

A	B	A∨B	¬A	(A∨B)∧¬A
0	0	0	1	0
0	1	1	1	1
1	0	1	0	0
1	1	1	0	0

从真值表中可以看出,结果与变量 A 有关系。

对选项 B、C、D 分别采用真值表进行计算,可得出选项 C 与变量 A 无关。

参考答案:C

题目 11 某系统自称使用了一种防窃听的方式验证用户密码。密码是 n 个数 s_1, s_2, $\cdots$, s_n,均为 0 或 1。该系统每次随机生成 n 个数 a_1, a_2, $\cdots$, a_n,均为 0 或 1,请用户回答 $s_1a_1 + s_2a_2 + \cdots + s_na_n$ 除以 2 的余数。如果多次的回答总是正确,则认为掌握密码。该系统认为,即使问答的过程被泄露,也无助于破解密码,因为用户并没有直接发送密码。

然而事与愿违,例如,当 n＝4 时,有人窃听了以下 5 次问答就破解出了密码 s_1,s_2,s_3,s_4 分别为( )。

问 答 编 号	系统生成的 n 个数				掌握密码的用户的回答
	a_1	a_2	a_3	a_4	
1	1	1	0	0	1
2	0	0	1	1	0
3	0	1	1	0	0
4	1	1	1	0	0
5	1	0	0	0	0

A. 1 0 0 0   B. 1 0 0 1   C. 0 1 1 0   D. 0 1 1 1

解析:根据用户的回答,代入 a_1,a_2,a_3,a_4,可以倒推出有关 s_1,s_2,s_3,s_4 的关系式:

$$
\begin{cases}
(s_1 + s_2)\%2 = 1 & \text{①} \\
(s_3 + s_4)\%2 = 0 & \text{②} \\
(s_2 + s_3)\%2 = 0 & \text{③} \\
(s_1 + s_2 + s_3)\%2 = 0 & \text{④} \\
(s_1)\%2 = 0 & \text{⑤}
\end{cases}
$$

根据上面 5 个式子中的⑤式,可以推出 $s_1 = 0$,将 s_1 代入①式,得出 $s_2 = 1$,将 s_2 代入③式,得出 $s_3 = 1$,将 s_3 代入②式,得出 $s_4 = 1$。

参考答案:D

题目 12 定义字符串的基本操作为删除一个字符、插入一个字符和将一个字符修改成另外一个字符。将字符串 A 变成字符串 B 的最少操作步数称为字符串 A 到字符串 B 的编辑距离。字符串 ABCDEFG 到字符串 BADECG 的编辑距离为(   )。

A. 2   B. 3   C. 4   D. 5

解析:根据字符串定义的操作如下。

步骤 1:ABCDEFG,删除 A 得出 BCDEFG（A→）。

步骤 2:BCDEFG,将 C 替换成 A 得出 BADEFG（C→A）。

步骤 3:BADEFG,将 F 替换成 C 得出 BADECG（F→C）。

参考答案:B

题目 13 以下逻辑表达式的值恒为真的是(   )。

A. $P \lor (\neg P \land Q) \lor (\neg P \land \neg Q)$ B. $Q \lor (\neg P \land Q) \lor (P \land \neg Q)$

C. $P \lor Q \lor (P \land \neg Q) \lor (\neg P \land Q)$ D. $P \lor \neg Q \lor (P \land \neg Q) \lor (\neg P \land \neg Q)$

解析:该题采用真值表达式就可以解决,这里仍以选项 A 为例,如下表所示。

P	Q	$\neg P$	$\neg Q$	$\neg P \land Q$	$\neg P \land \neg Q$	$P \lor (\neg P \land Q) \lor (\neg P \land \neg Q)$
0	0	1	1	0	1	1
0	1	1	0	1	0	1
1	0	0	1	0	0	1
1	1	0	0	0	0	1

参考答案:A

题目 14 有如下的一段程序:

```
1.  a=1;
2.  b=a;
3.  d=-a;
4.  e=a+d;
5.  c=2*d;
6.  f=b+e-d;
7.  g=a*f+c;
```

现在要把这段程序分配到若干台(数量充足)用电缆连接的 PC 上做并行执行。每台 PC 执行其中的某几个语句,并可随时通过电缆与其他 PC 通信,交换一些中间结果。假设

每台 PC 单位时间可以执行一个语句,且通信花费的时间不计,则这段程序最快可以在
(　　)单位时间内执行完毕。注意:任意中间结果只有在某台 PC 上已经得到后才可以被
其他 PC 引用。例如,若语句 4 和 6 被分别分配到两台 PC 上执行,则因为语句 6 需要引用
语句 4 的计算结果,所以语句 6 必须在语句 4 之后执行。

A. 3　　　　　　　　B. 4　　　　　　　　C. 5　　　　　　　　D. 6

解析:根据各个语句的依赖关系,可以绘制如下网络拓扑关系图。

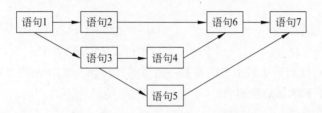

从拓扑关系图可以看出,第 1 时间 1,第 2 时间 2 和 3,第 3 时间 4 和 5,第 4 时间 6,第 5
时间 7。

参考答案:C

4.1.3　知识点巩固

1. 班级中 A、B、C、D 四同学参加百米竞赛,甲、乙、丙三位同学对比赛结果进行了预测,
预测结果如下:

甲:C 第一,B 第二。

乙:C 第二,D 第三。

丙:A 第二,D 第四。

比赛结果发现,甲、乙、丙三位同学各预测对了一半,试问比赛结果排名是(　　)。

A. ABCD　　　　　B. BCAD　　　　　C. CADB　　　　　D. CDAB

2. 75 个学生去书店买语文、数学、英语课外书,每种书每个学生至多买 1 本。已知有 20
个学生每人买了 3 本书,55 个学生每人至少买了 2 本书。设每本书的价格都是 1 元,所有
的学生总共花费 140 元,那么恰好买 2 本书的学生有(　　)个。

A. 10　　　　　　B. 20　　　　　　C. 30　　　　　　D. 35

3. 将正整数按照以下顺序排成 4 列,则根据下表中的排列方法,数字 2021 应该排的行
列号是(　　)。

	第 1 列	第 2 列	第 3 列	第 4 列
第 1 行	1	2	3	
第 2 行		6	5	4
第 3 行	7	8	9	
第 4 行		12	11	10
...	...	...	...	...

A. 673,2　　　　　　B. 673,3　　　　　　C. 674,2　　　　　　D. 674,3

4. 一条指令的执行过程可以分解为取指、分析和执行三步,在取指时间 $t_{取指}=3\Delta t$、分析时间 $t_{分析}=2\Delta t$、执行时间 $t_{执行}=4\Delta t$ 的情况下,若有 3 个 CPU 分别并行执行取指、分析和执行这三个步骤,则 10 条指令全部执行完需要的 Δt 为(　　)。

A. 45　　　　　　B. 50　　　　　　C. 70　　　　　　D. 90

5. 设 A = true,B = false,C = false,D = true,以下逻辑运算符表达式的值为真的是(　　)。

A. (A∧B)∨C∧D　　　　　　　　　　B. ((A∧B)∨C)∧D

C. (A∧B∨C)∨D　　　　　　　　　　D. ((A∨B)∧C∧D

6. 有 6 个城市,任何两个城市之间都有一条道路连接,6 个城市两两之间的距离如下表所示,则城市 1 到城市 6 的最短距离为(　　)。

	城市 1	城市 2	城市 3	城市 4	城市 5	城市 6
城市 1	0	2	3	1	12	15
城市 2	2	0	2	5	3	12
城市 3	3	2	0	3	6	5
城市 4	1	5	3	0	7	9
城市 5	12	3	6	7	0	2
城市 6	15	12	5	9	2	0

A. 7　　　　　　B. 9　　　　　　C. 10　　　　　　D. 11

7. 恺撒密码是一种替换加密的技术,明文中的所有字母都在字母表上向后(或向前)按照一个固定数目进行偏移后被替换成密文。例如,当偏移量是 3 时,所有的字母 A 将被替换成 D,B 被替换成 E,…,Z 被替换成 C。这个加密方法是以罗马共和时期恺撒的名字命名的,当年恺撒曾用此方法与其将军们进行联系。

假如明文为 Rome,偏移量为向后移动 2 位,则加密后的密文为(　　)。

A. Oijb　　　　　　B. Tqog　　　　　　C. oijb　　　　　　D. tqog

8. 图中阴影部分的表达式可以表示为(　　)。

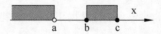

A. (x<a)&&(x>=b)&&(x<=c)　　　B. (x<a)&&(x>=b)||(x<=c)

C. (x<a)||(x>=b)&&(x<=c)　　　D. (x<a)&&(x>=b)||(x<=c)

4.2　组　合　学

排列组合是组合学最基本的概念。所谓排列,就是指从给定个数的元素中取出指定个数的元素进行排序。组合则是指从给定个数的元素中取出指定个数的元素,不考虑排序。

排列组合的中心问题是研究给定要求的排列和组合可能出现的情况的总数。

4.2.1 基本知识介绍

在排列组合问题中,最基本的原理有以下四个。

1. 加法原理与乘法原理

加法原理:做一件事情,完成它可以有 n 类办法,在第一类办法中有 m_1 种不同的方法,在第二类办法中有 m_2 种不同的方法,以此类推,在第 n 类办法中有 m_n 种不同的方法。那么完成这件事共有 $N = m_1 + m_2 + \cdots + m_n$ 种不同的方法。

乘法原理:做一件事情,完成它需要分成 n 个步骤,做第一步有 m_1 种不同的方法,做第二步有 m_2 种不同的方法,以此类推,做第 n 步有 m_n 种不同的方法,那么完成这件事有 $N = m_1 m_2 \cdots m_n$ 种不同的方法。

两个原理的区别是:一个与分类有关,一个与分步有关;加法原理是"分类完成",乘法原理是"分步完成"。

2. 排列与组合

(1) 排列

排列:从 n 个不同元素中任取 $m(m \leqslant n)$ 个元素,按照一定的顺序排成一列,称为从 n 个不同元素中取出 m 个元素的一个排列。

排列数:从 n 个不同元素中取出 $m(m \leqslant n)$ 个元素的所有排列的个数,称为从 n 个不同元素中取出 m 个元素的排列数,用符号 A_n^m 表示。排列数的计算公式为

$$A_n^m = n(n-1)(n-2)\cdots(n-m+1) = \frac{n!}{(n-m)!}$$

(2) 组合

组合:从 n 个不同元素中任取 $m(m \leqslant n)$ 个元素合并成一组,称为从 n 个不同元素中取出 m 个元素的一个组合。

组合数:从 n 个不同元素中取出 $m(m \leqslant n)$ 个元素的所有组合的个数,称为从 n 个不同元素中取出 m 个元素的组合数,用符号 C_n^m 表示。组合数的计算公式为

$$C_n^m = \frac{A_n^m}{m!} = \frac{n(n-1)(n-2)\cdots(n-m+1)}{m!} = \frac{n!}{m!\,(n-m)!}$$

3. 鸽巢原理(抽屉原理)

鸽巢原理的简单形式:如果 n+1 个物体被放进 n 个盒子,那么至少有一个盒子包含两个或更多的物体。

另外其加强形式为:令 $q_1, q_2, \cdots, q_n$ 为正整数。如果将 $q_1 + q_2 + \cdots + q_n - n + 1$ 个物体放入 n 个盒子内,那么或者第一个盒子中至少含有 q_1 个物体,或者第二个盒子中至少含有 q_2 个物体,以此类推,或者第 n 个盒子中含有 q_n 个物体。

鸽巢问题还有以下 3 个推理。

推论 1:m 只鸽子进入 n 个巢,至少有一个巢里有 $\left[\dfrac{m}{n}\right]$ 只鸽子。

推论 2:$n(m-1)+1$ 只鸽子进入 n 个巢,至少有一个巢内至少有 m 只鸽子。

推论 3：若 $m_1, m_2, \cdots, m_n$ 是正整数，且 $\dfrac{m_1 + \cdots + m_n}{n} > r - 1$，则至少有一个不小于 r。

4. 容斥原理

在计数时，必须注意没有重复，没有遗漏。为了使重叠部分不被重复计算，人们研究出了一种新的计数方法，这种方法的基本思想是：先不考虑重叠的情况，把包含于某内容中的所有对象的数目先计算出来，然后把计数时重复计算的数目排斥出去，使得计算结果既无遗漏，又无重复，这种计数方法称为容斥原理。

容斥原理利用数学公式表示为：集合 S 的不具有性质 $P_1, P_2, \cdots, P_m$ 的物体的个数 $|A_1 \cap A_2 \cap \cdots \cap A_m| = |S| - \sum |A_i| + \sum |A_i \cap A_j| - \sum |A_i \cap A_j \cap A_k| + \cdots + (-1)^m |A_1 \cap A_2 \cap \cdots \cap A_m|$。

推论：至少具有性质 $P_1, P_2, \cdots, P_m$ 之一的集合 S 的物体的个数有 $|A_1 \cup A_2 \cup \cdots \cup A_m| = |S| - |A_1 \cap A_2 \cap \cdots \cap A_m| = \sum |A_i| - \sum |A_i \cap A_j| + \sum |A_i \cap A_j \cap A_k| + \cdots + (-1)^{m+1} |A_1 \cap A_2 \cap \cdots \cap A_m|$。

4.2.2 典型习题解析

题目 1 设含有 10 个元素的集合的全部子集数为 S，其中由 7 个元素组成的子集数为 T，则 T/S 的值为（   ）。

A. 5/32 　　　　　 B. 15/128 　　　　　 C. 1/8 　　　　　 D. 21/128

解析：由于集合不分先后顺序，因此该题是纯粹的组合题。

10 个元素中，由 7 个元素组成的子集数 T 为 C(10,7)=120。

10 个元素组成的全子集数 S 为

$$C(10,0) + C(10,1) + C(10,1) + \cdots + C(10,10) = 1024$$

于是，T/S=120/1024=15/128。

参考答案：B

题目 2 10000 以内与 10000 互质的正整数有（   ）个。

A. 2000 　　　　　 B. 4000 　　　　　 C. 6000 　　　　　 D. 8000

解析：该题目考查容斥原理。

10000 的因数只有 2 和 5 这两个，所以本题只要减去 2 和 5 的倍数即可。

设 10000 以内 2 的倍数集合为 A，5 的倍数集合为 B，则有

$$\{A \cup B\} = \{A\} + \{B\} - \{A \cap B\}$$
$$10000 - \{A \cup B\} = 10000 - \{[10000/2] + [10000/5] - [10000/10]\}$$
$$= 10000 - 6000 = 4000。$$

参考答案：B

题目 3 从 1 到 2021 这 2021 个数中，共有（   ）个包含数字 8 的数。

A. 542 　　　　　 B. 544 　　　　　 C. 548 　　　　　 D. 584

解析：该题直接计算包含 8 的数比较困难，利用容斥原理会简单不少。首先计算 0～1999 中所有不包含 8 的数字的数目，千位只有 0、1 两种，百、十、个位都是 0、1、2、3、4、5、6、7、9 这 9 种，所以一共有 2×9×9×9=1458 种，再减去一个全 0，为 1457。

所以最后包含 8 的数有 1999－1457＋2＝544(2 为 2008 和 2018 这 2 个数)。

参考答案：B

题目 4 甲、乙、丙 3 位同学选修课程,共有 4 门课程中,甲选修 2 门,乙、丙各选修 3 门,则不同的选修方案共有( )种。

A. 36   B. 48   C. 96   D. 192

解析：该题比较简单,就是基本的组合问题,即

$$C(4,2) \times C(4,3) \times C(4,3) = 6 \times 4 \times 4 = 96。$$

参考答案：C

题目 5 若串 S＝"copyright",则其子串的个数是( )。

A. 72   B. 45   C. 46   D. 36

解析：该题可以利用列举法,通过列举法找到规律。

(1) 长度为 9 的子串有 1 个,即 S 本身;

(2) 长度为 8 的子串有 2 个,即"copyrigh"和"opyright";

(3) 长度为 7 的子串有 3 个,即"copyrig"、"opyrigh"和"pyright";

……

(9) 长度为 1 的子串有 9－1＋1＝9 个,即"c"、"o"、"p"、"y"、"r"、"i"、"g"、"h"、"t";

(10) 长度为 0 的子串有 1 个,即空串""。

将上述情况进行合计：(1＋9)×9/2＋1＝46。

参考答案：C

题目 6 一家四口人,至少两个人生日属于同一月份的概率是( )(假定每个人的生日属于每个月份的概率相同且不同人之间相互独立)。

A. 1/12   B. 1/144   C. 41/96   D. 3/4

解析：该题直接求解比较困难,但是解决它的逆命题比较简单,即没有任何两个人的生日属于同一月份的概率。

设 P(A)表示至少两个人的生日在同一月份的概率,则 $P(\tilde{A})$ 表示四个人的生日都不在同一月份的概率,则 $P(A) = 1 - P(\tilde{A})$。

$$P(\tilde{A}) = A(12,4) / 12^4 = 12 \times 11 \times 10 \times 9 / (12 \times 12 \times 12 \times 12) = 55/96。$$

$$P(A) = 1 - P(\tilde{A}) = 41/96。$$

参考答案：C

题目 7 有 7 个一模一样的苹果,将它们放到 3 个一样的盘子中,一共有( )种放法。

A. 7   B. 8   C. 21   D. 37

解析：该题数据比较小,可以采用枚举法,因为苹果也一样,盘子也一样,所以数据没有前后之分。

情况 1：7 个苹果放到一个盘子的情况为(0,0,7)。

情况 2：7 个苹果放到两个盘子的情况为(0,1,6)(0,2,5)(0,3,4)。

情况 3：7 个苹果放到三个盘子的情况为(1,1,5)(1,2,4)(1,3,3)(2,2,3)。

参考答案：B

题目 8 如右图所示,从一个 4×4 的棋盘(不可旋转)中选取不在同一行也不在同一列上的两个方格,共有( )种方法。

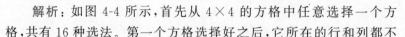

A. 36 B. 48

C. 64 D. 72

解析:如图 4-4 所示,首先从 4×4 的方格中任意选择一个方格,共有 16 种选法。第一个方格选择好之后,它所在的行和列都不能再选择了,除去这些方格,其他方格都能再次选择,共有 9 种选择方法。由于两个方格的选择不分顺序,所以最后的结果要除以 2。

根据乘法原理,共有 16×9/2=72 种方法。

参考答案:D

题目 9 重新排列 1、2、3、4,使得每一个数字都不在原来的位置上,一共有( )种排法。

A. 7 B. 8 C. 9 D. 10

解析:本题属于错排问题。

有 n 个数,i 不在第 i 个位置的排列方法称为 n 个不同元素的错排问题。

错排问题的递归思想如下。

设 f(n)为 n 个不同元素的错排方案,那么总的排列次数可以分为以下两种情况。

(1) n 先不动,把另外的 n−1 个数错排,方案是 f(n−1),然后 n 和另外的 n−1 个逐个交换,共有 (n−1)×f(n−1) 种方案。

(2) n 和其他的 n−1 个之一交换,其余的 n−2 个错排,共有 (n−1)×f(n−2) 种方案。

由加法原理可得出错排的递推公式为

$$f(n)=(n-1)\times(f(n-1)+f(n-2))$$
$$f(1)=0, \quad f(2)=1。$$

另外,根据递归公式,也可以推出 n 个数错排的计算公式为

$$f(n)=n!\,(1/2!\,-1/3!\,+1/4!\,+\cdots+(-1)^n/n!)$$

此公式的推导过程要用到筛法公式,而且推导过程很复杂,对于 n≤4 时可采用枚举法。枚举结果为

2143 2413 2431 3142 3412 3421 4123 4312 4321

参考答案:C

题目 10 把 M 个同样的球放到 N 个同样的袋子里,允许有的袋子空着不放,共有 K 种不同的放置方法。

例如:当 M = 7,N = 3 时,K = 8;这里认为(5,1,1)和(1,5,1)是同一种放置方法。

问:当 M = 8,N = 5 时,K =( )。

A. 16 B. 18 C. 21 D. 27

解析:该题可以采用枚举法实现。枚举时需要注意分类。

(1) 球放到 1 个袋子中的放法:(0,0,0,0,8)。

(2) 球放到 2 个袋子中的放法:(0,0,0,1,7)(0,0,0,2,6)(0,0,0,3,5)(0,0,0,4,4)。

(3) 球放到 3 个袋子中的放法:(0,0,1,1,6)(0,0,1,2,5)(0,0,1,3,4)(0,0,2,2,4)(0,0,2,3,3)。

(4) 球放到 4 个袋子中的放法：$(0,1,1,1,5)(0,1,2,1,4)(0,1,2,2,3)(0,1,3,1,3)$
$(0,2,2,2,2)$。

(5) 球放到 5 个袋子中的放法：$(1,1,1,1,4)(1,1,1,2,3)(1,1,2,2,2)$。

共有 $1+4+5+5+3=18$ 种放法。

参考答案：B

题目 11 7 个同学围坐一圈，要选 2 个不相邻的人作为代表，有（　　）种不同的选法。

A. 12　　　　　　B. 14　　　　　　C. 16　　　　　　D. 18

解析：第一个同学的选择，从 7 个同学中任选 1 个，共有 7 种选法。

第二个同学的选择，由于不相邻，所以选中的那个同学及其周围的 2 个同学都不能再选，剩下还有 4 个同学可以选择。

由于每对同学都会被重复计算两次，因此一共有 $7 \times 4 / 2 = 14$ 种不同的选法。

参考答案：B

题目 12 原字符串中任意一段连续的字符所组成的新字符串称为子串。字符"AAABBBCCC"共有（　　）个不同的非空子串。

A. 3　　　　　　B. 12　　　　　　C. 36　　　　　　D. 45

解析：该题利用枚举法进行列举。

(1) 以第 1 个 A 开头的有 9 种：A，AA，AAA，AAAB，…，AAABBBCCC。

(2) 以第 2 个 A 开头的有 6 种：AAB，AABB，AABBB，…，AABBBCCC。

(3) 以第 3 个 A 开头的有 6 种：AB，ABB，ABBB，…，ABBBCCC。

(4) 以第 1 个 B 开头的有 6 种：B，BB，BBB，…，BBBCCC。

(5) 以第 2 个 B 开头的有 3 种：BBC，BBCC，BBCCC。

(6) 以第 3 个 B 开头的有 3 种：BC，BCC，BCCC。

(7) 以 C 开头的有 3 种：C，CC，CCC。

共 $9 + 6 \times 3 + 3 \times 3 = 36$ 种。

参考答案：36

题目 13 如果在平面上任取 n 个整点（横纵坐标都是整数），则其中一定存在两个点，它们连线的中点也是整点，那么 n 至少是（　　）。

A. 5　　　　　　B. 6　　　　　　C. 7　　　　　　D. 8

解析：假设任意两点为 $A(x1,y1)$ 和 $B(x2,y2)$，那么中点 C 为 $((x1+x2)/2,(y1+y2)/2)$。现在要求 C 为整点，即 $x1+x2$ 和 $y1+y2$ 为偶数。两个数相加为偶数的条件为这两个数要么同为偶数，要么同为奇数。

对于 A、B 两点，其数据的奇偶性可以排列为（奇，奇），（奇，偶），（偶，奇），（偶，偶）四种。如果有第 5 个点存在，那么肯定可以找到一组奇偶相同的组合。

参考答案：A

题目 14 在某竞赛期间，主办单位为了欢迎来自各国的选手，举行了盛大的晚宴。在第十八桌，有 5 名中国选手和 5 名外国选手共同用餐。为了增进交流，他们决定相隔就座，即每个中国选手左右两旁都是外国选手，每个外国选手左右两旁都是中国选手。那么，这一桌一共有（　　）种不同的就座方案。

注：如果在两个方案中，每个选手左右相邻的选手相同，则视为是同一种方案。

A. 120   B. 1240   C. 2480   D. 2880

解析：先让中国选手坐成一圈的排列方法有 A(5,5)/5＝24 种,外国选手可以插入中国选手中间的 5 个空格中,则有 A(5,5)＝120 种方法。

所以,利用乘法原理,共有 24×120＝2880 种就座方案。

参考答案：D

题目 15　每份考卷都有一个 8 位二进制序列号,当且仅当一个序列号含有偶数个1时,它才是有效的。例如,0000000、01010011 都是有效的序列号,而 11111110 则不是。那么,有效的序列号共有(　　)个。

A. 127   B. 128   C. 255   D. 256

解析：可以看出该题目是偶校验问题,即对于一个二进制序列,要保证其序列中 1 的个数为偶数。把最后 1 位看作是校验位,前面 7 位随机组合,当前面 7 位确定后,最后 1 位的校验位也就确定了。

所以,序列号共有 $2^7＝128$ 个。

参考答案：B

题目 16　队列快照是指在某一时刻队列中的元素组成的有序序列。例如,当元素 1、2、3 入队,元素 1 出队后,此刻的队列快照是"2 3"。当元素 2、3 也出队后,队列快照是"",即为空。现有 3 个正整数元素依次入队、出队。已知它们的和为 8,则共有(　　)种不同的队列快照(不同队列的相同快照只计一次)。例如,"5 1"、"4 2 2"、""都是可能的队列快照;而"7"不是可能的队列快照,因为剩下的 2 个正整数的和不可能是1。

A. 40   B. 42   C. 49   D. 55

解析：3 个元素可能是(1,1,6)(1,2,5)(1,3,4)(2,2,4)(2,3,3),快照中元素的个数可能是 0,1,2,3,如下表所示。

序号	元素个数	种类数	具体情况
1	0	1	" "
2	1	6	1,2,3,4,5,6
3	2	6 * 2＋3 * 3＝21	对于(1,2,5)(1,3,4),每个有 6 种类型变换; 对于(1,1,6)(2,2,4)(2,3,3),每个有 3 种类型变换
4	3	6 * 2＋3 * 3＝21	对于(1,2,5)(1,3,4),每个有 6 种类型变换; 对于(1,1,6)(2,2,4)(2,3,3),每个有 3 种类型变换

参考答案：C

题目 17　小陈现有 2 个任务 A、B 要完成,每个任务分别有若干如下步骤：$A＝a_1→a_2→a_3$,$B＝b_1→b_2→b_3→b_4→b_5$。在任何时候,小陈只能专心做某个任务的一个步骤。但是如果愿意,他可以在做完手中任务的当前步骤后切换至另一个任务,从上次此任务第一个未做的步骤继续。每个任务的步骤顺序不能打乱,例如…$a_2→b_2→a_3→b_3$…是合法的,而…$a_2→b_3→a_3→b_2$…是不合法的。小陈从 B 任务的 b_1 步骤开始做,当恰好做完某个任务的某个步骤后就停工回家吃饭了。当他回来时,只记得自己已经完成了整个任务 A,其他的都忘了。试计算小陈饭前已做的可能的任务步骤序列共有(　　)种。

A. 60　　　　　　B. 70　　　　　　C. 72　　　　　　D. 80

解析：本题根据条件可知一共有 5 种情况：{A,b1}、{A,b1,b2}、{A,b1,b2,b3}、{A,b1,b2,b3,b4}和{A,b1,b2,b3,b4,b5}。针对这 5 种情况，分别采用组合公式，B 任务中的 b1 一定做，而且肯定是第一个做的。除了 b1 外，其他情况如下：

序号	完成的任务	组合情况	计算结果
1	只完成 A 任务	C	1
2	完成 A 任务和 b2	C(4,1)	4
3	完成 A 任务和 b2、b3	C(5,2)	10
4	完成 A 任务和 b2、b3、b4	C(6,3)	20
5	完成 A 任务和 b2、b3、b4、b5	C(7,4)	35

合计共有 1＋4＋10＋20＋35＝70 种。

参考答案：B

4.2.3　知识点巩固

1. 75 名儿童到游乐场去玩。他们可以骑旋转木马，坐滑行铁道，乘宇宙飞船。已知其中 20 人这三种项目都玩过，55 人至少玩过其中的两种。若每样乘坐一次的费用是 5 元，游乐场总共收入 700，可知有（　　）名儿童没有玩过其中任何一种项目。

A. 8　　　　　　B. 10　　　　　　C. 12　　　　　　D. 18

2. 分母是 1000 的最简分数一共有（　　）个。

A. 356　　　　　　B. 385　　　　　　C. 400　　　　　　D. 522

3. 学校师生合影，共 6 个学生，2 个老师，要求老师在学生中间，且老师互不相邻，共有（　　）种不同的合影方式。

A. 18　　　　　　B. 144　　　　　　C. 2880　　　　　　D. 14400

4. 书架上有 21 本书，编号从 1 到 21，从其中选 4 本，其中每两本的编号都不相邻的选法一共有（　　）种。

A. 320　　　　　　B. 380　　　　　　C. 3060　　　　　　D. 4280

5. 3 个男生和 3 个女生排成一排，3 个女生要排在一起，一共有（　　）种不同的排法。

A. 36　　　　　　B. 72　　　　　　C. 144　　　　　　D. 288

6. 袋中有不同年份生产的 1 元钱 13 个，不同年份生产的 2 元钱 5 个，如果从袋中取出 20 元钱，则有（　　）种取法。

A. 128　　　　　　B. 195　　　　　　C. 288　　　　　　D. 351

7. 学校安排考试科目 6 门，语文要在数学之前考，有（　　）种不同的安排顺序。

A. 180　　　　　　B. 210　　　　　　C. 280　　　　　　D. 360

8. 用数字 0,1,2,3,4,5 组成没有重复的 5 位数，其中比 40000 大的偶数一共有（　　）种。

A. 120　　　　　　B. 140　　　　　　C. 280　　　　　　D. 360

9. 在书架上放有编号为 1,2,…,n 的 n 本书。现将 n 本书全部取下然后再放回去，放

回去时要求每本书都不能放在原来的位置上。例如,当 n = 3 时:

原来位置为 1　2　3。

放回去时只能为 3　1　2　或　2　3　1　这两种。

问题:当 n = 4 时满足以上条件的放法共有(　　)种(不用列出每种放法)。

A. 8 　　　　　　　 B. 9 　　　　　　　 C. 10 　　　　　　　 D. 14

10. 如下图所示,小明从 E 处出发,经过 F 处接小红,一起去 G 处的老年公寓进行慰问活动,请问最短路径一共有(　　)种。

A. 18 　　　　　　　 B. 64 　　　　　　　 C. 90 　　　　　　　 D. 144

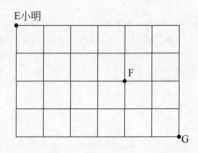

第5章 阅读程序和完善程序

5.1 阅读程序和完善程序概述

从本章开始,本书分析考试的后两道大题:阅读程序和完善程序。阅读程序一共有3大题,共40分,是CSP-J/S考试中的一大拉分点。该题首先让考生阅读程序,然后利用判断题和选择题考查考生对程序的理解深度。本题所考查的知识点非常多,主要包括计算机语言、多重循环的嵌套、数组的操作等。对于阅读程序题,考生一定要细心,程序从主函数main开始顺序执行,要注意循环的判断条件以及程序的输入和输出细节。

完善程序一共2有大题,共30分。完善程序题将程序的核心部分空出一些空格,让考生从四个选项中选出正确的答案补充完全整个程序。该题型一般都会告诉考生程序要完成的功能,考查考生对于各类算法的设计思路、实现过程等具体步骤。要想补充完善程序,首要点就是弄清楚程序实现的思路和方法,然后具体了解程序实现的细节。

5.2 常用解题方法

阅读程序题和完善程序题主要考查考生以下几个方面的能力:
- 程序设计语言的掌握情况;
- 程序中基本算法的掌握情况;
- 数学的知识面及运算能力;
- 细心、耐心的计算思维。

该部分的解题也是有规律可循的,本书主要总结了以下两种解题方法。

5.2.1 模拟法

在CSP-J/S的阅读程序题中,当考生无法得知程序所要完成的功能时,最简单且最有效的方法就是"模拟法"。所谓"模拟法"就是利用人脑模拟程序的执行过程,只要题目不是很复杂,这种方法就比较奏效。但在模拟过程中,要特别注意各个变量变化时书写的认真和整洁,因为一个变量的计算错误就会引起整个程序结果的错误。

当程序涉及数组、循环、双重循环、递归调用等稍微复杂的语句时,这些过程模拟往往涉及较多的变量变化,稍不留神就可能会导致整个程序的错误。为了让整个过程整洁有序,从而快速发现程序的运行规律,设计表格以进一步模拟是非常有必要的。

案例 5-1　模拟法演示（1）

```
1    #include <iostream>
2    using namespace std;
3    int main()
4    {
5        int a, b, u, i, num;
6        cin>>a>>b>>u;
7        num = 0;
8        for (i = a; i <= b; i++)
9        if ((i * i % u) == 1)
10            num++;
11       cout<<num<<endl;
12       return 0;
13   }
```

【分析】　该题通过观察很难找出功能说明，但程序并不复杂，可以直接使用模拟法。模拟法的一般思路为：首先将程序涉及的变量和表达式列举出来，然后从 main 函数的第一句开始，利用人脑"模拟"程序的执行，一边执行一边记录变量和表达式值的变化，直至找到规律或程序执行结束。该题的模拟过程如表 5-1 所示。

表 5-1　案例 5-1 模拟过程

序号	a	b	u	num	i	i * i % u	备　注
1	3	10	8	0			初始化
2				1	3	1	开始循环
3				1	4	0	
4				2	5	1	
5				2	6	4	
6				3	7	1	
7				3	8	0	
8				4	9	1	
9				4	10	4	结束循环

案例 5-2　模拟法演示（2）

```
1    #include<cstdio>
2    using namespace std;
3    int n;
4    int a[100];
5    int main(){
6        scanf("%d", &n);
7        for(int i=1;i<=n;++i){
8            scanf("%d",&a[i]);
```

```
9        }
10       int ans=1;
11       for(int i=1;i<=n;++i){
12           if(i>1&&a[i]<a[i-1])
13               ans=i;
14           while(ans<n && a[i]>=a[ans+1])
15               ++ans;
16           printf("%d ",ans);
17       }
18       printf("\n");
19       return 0;
20   }
```

• 判断题

(1) 第 16 行输出 ans 时,ans 的值一定大于 i。　　　　　　　　　　(　)

(2) 程序输出的 ans 小于或等于 n。　　　　　　　　　　　　　　　(　)

(3) 若将 12 行的"<"改为"! =",则程序的输出结果不会改变。　　(　)

(4) 当程序执行到第 16 行时,若 ans-i>2,则 a[i+1]<=a[i]。　　(　)

• 选择题

(5) 若输入的 a 数组是一个严格单调递增的数列,则此程序的时间复杂度是(　)。

　　A. $O(\log n)$　　　　B. $O(n^2)$　　　　C. $O(n\log n)$　　　　D. $O(n)$

(6) 最坏情况下,此程序的时间复杂度是(　)。

　　A. $O(n^2)$　　　　B. $O(\log n)$　　　　C. $O(n)$　　　　D. $O(n\log n)$

【分析】　阅读该题,可以发现程序里面就是数组的操作,直观上看不出程序的功能,这时需要利用一组数据验证程序的功能,选择数据时,如果题目中有数据,则可以直接选择题目中的数据;如果题目中没有数据,则根据题目构造一组数据。

本题没有直接给出测试数据,但可以构造一组数据:3 2 1 3。下面根据这组数据对题目进行具体分析,如表 5-2 和表 5-3 所示。

(1) 数据初始化(6～10 行)

表 5-2　案例 5-2 数据初始化

变量	n	a[1]	a[2]	a[3]	ans
变量值	3	2	1	3	1

(2) 数据处理(11～17 行)

表 5-3　案例 5-2 数据处理

变　量	i	ans	a[i]	a[i−1]	a[ans+1]	输出
变量值	1	1	2		1	
		2	2		3	2
	2	2	1	2		

续表

变　量	i	ans	a[i]	a[i−1]	a[ans＋1]	输出
		2	1		3	2
	3	2	3	1	3	
		3				3

通过数据分析可以得出：整个程序的含义是找到每个 a[i] 后第一个大于 a[i]的位置（注：如果存在，则输出位置序号，序号范围为 0～n−1），如果不存在大于 a[i]的数，则输出位置 n。

判断题（1）解析：

如果 12 行的 if 成立，而 14 行的 while 不成立，则 ans 的值与 i 相等。

参考答案：错误。

判断题（2）解析：

从 15 行看，ans＜n 才会执行 ans＋＋，如果 ans＝＝n，则会退出 while 循环，所以不会超过 n。

参考答案：正确

判断题（3）解析：

将"＜"改成"！＝"，多出了一些比较操作，最后结果不受影响。

参考答案：正确

判断题（4）解析：

解析：由 ans-i＞2 可见，ans 是第一个大于 a[i]的，所以从 a[i+1]到 a[ans-1]都不会超过 a[i]。

参考答案：正确

选择题（5）解析：

解析：如果输入数据为单调递增，则 12 行的 if 就不会成立，也就是 ans 只增不减，所以时间复杂度为 O(n)。

参考答案：D

选择题（6）解析：

解析：最坏情况下，12 行的 if 总是成立（a 单调降），此时 14 行也会一直运行到 ans＝n，时间复杂度为 n+(n−1)+…+1=O(n^2)。

参考答案：A

5.2.2　先猜测、后验证

模拟法虽然奏效，但如果考生对整个程序要完成的功能不理解，则会造成求解的速度很慢。如果考生知道了程序的功能，那么对阅读程序的效率的提高很大。所以，在阅读程序中，考生可以借助以前阅读程序的功底以及程序中变量和函数一些常用的写法提示，大胆地猜测程序的功能，然后再进行验证，这就要求学员在平时学习时一方面要及时总结经典或者常用的功能代码段,另一方面要按照程序设计的经典写法进行书写,以提升自己程序的可读性。

1. 变量的常用含义

搞懂或者猜出变量的含义对于程序的理解至关重要。在变量的定义上,程序员喜欢使用英语单词或者英语单词的缩写、简写等方式表达变量含义,从而逐渐形成了一些固定的使用习惯,例如:sum 表示累加求和的结果,count 表示累加计数等。表 5-4 列举了一些常用的变量使用习惯和含义。

表 5-4　程序中常用的变量及其含义

序号	变量名	英文单词全拼/含义	序号	变量名	英文单词全拼/含义
1	ans	answer/计算答案	17	index	索引,多用于数组下标
2	ret	return/返回值	18	first	第一,多用于比较
3	res	result/计算结果	19	second	第二,多用于比较
4	flag	标识,多用于记录状态	20	last	最后,多用于比较
5	done	完成	21	begin	开始,多用于指针位置
6	error	错误,多用于记录错误信息	22	end	结束,多用于指针位置
7	found	找到,多用于 bool 变量	23	start	开始,多用于指针位置
8	success	成功	24	node	节点,多用于链表
9	ok	完成	25	op	操作符,多用于链表
10	num	number/数字	26	min	最小值,多用于比较
11	value	值	27	max	最大值,多用于比较
12	cnt	count/统计	28	avg	平均值,多用于计算
13	target	目标	29	total	总和,多用于统计
14	record	记录	30	preNode	上一个节点,用于链表
15	foo	确实存在东西的普遍替代语	31	curNode	当前节点,用于链表
16	tmp/temp	临时变量	32	nextNode	下一个节点,用于链表

2. 算法的结构

很多常用算法都有一些基本的结构,了解并掌握这些结构不仅能在阅读程序上快速地判断出程序的功能,而且在今后编写程序上也能根据算法结构快速地写出程序。这里列举几例,其他结构需要考生在学习过程中整理。

(1)二分算法

```
while(l<=r)
{
    mid=(l+r)/2
    ...
    if(...)
```

```
            l=mid+1;
        else
            r=mid-1;
}
```

这里的 l 代表 left，r 代表 right，mid 代表 middle。

（2）数据链表

```
data[next[i]]
```

这里的 data 数组存储数据域，next 数组存储指针域。

（3）变量交换位置

```
if(…){
    t =a[i];
    a[i] =a[j];
    a[j] =t;
}
```

当满足某一条件时，交换数组中 a[i] 和 a[j] 的位置。

（4）将连续数字字符转换成整数

```
num=0;
c =cin.get();
while(c>='0'&&c<='9') {
    num=num * 10+c-'0';
    c=cin.get();
}
```

（5）辗转相除求最大公约数

```
while(b!=0){
    temp=b;
    b=a%b;
    a=temp;
}
return a;
```

返回值 a 就是数值 a 和 b 的最大公约数。

下面我们利用该方法实现一个题目。

案例 5-3　猜测验证法演示（1）

```
1   #include <iostream>
2   using namespace std;
3   const int maxn=10000;
4   int n;
5   int a[maxn];
6   int b[maxn];
7   int f(int l,int r,int depth){
```

```
8    if(l>r)
9        return 0;
10   int min=maxn,mink;
11   for(int i=l;i<=r;++i){
12       if(min>a[i]){
13           min=a[i];
14           mink=i;
15       }
16   }
17   int lres=f(l,mink-1,depth+1);
18   int rres=f(mink+1,r,depth+1);
19   return lres+rres+depth*b[mink];
20   }
21   int main(){
22     cin>>n;
23     for(int i=0;i<n;++i)
24       cin>>a[i];
25     for(int i=0;i<n;++i)
26       cin>>b[i];
27     cout<<f(0,n-1,1)<<endl;
28     return 0;
29   }
```

• 判断题

(1) 如果 a 数组有重复的数字,则程序运行时会发生错误。 (   )

(2) 如果 b 数组全为 0,则输出为 0。 (   )

• 选择题

(3) 当 n=100 时,最坏情况下,与第 12 行的比较运算执行的次数最接近的是(   )。

　　A. 5000　　　　　B. 600　　　　　C. 6　　　　　D. 100

(4) 当 n=100 时,最好情况下,与第 12 行的比较运算执行的次数最接近的是(   )。

　　A. 100　　　　　B. 6　　　　　C. 5000　　　　　D. 600

(5) 当 n=10 时,若 b 数组满足:对任意 0≤i<n 都有 b[i]=i+1,那么输出最大为(   )。

　　A. 386　　　　　B. 383　　　　　D. 385　　　　　C. 384

(6) 当 n=100 时,若 b 数组满足:对任意 0≤i<n 都有 b[i]=1,那么输出最小为(   )。

　　A. 582　　　　　B. 580　　　　　C. 579　　　　　D. 581

【分析】 阅读该题,可以发现里面有函数的递归调用,根据函数 f(int l,int r,int depth)参数中 l、r、depth 这三个单词,很容易联想到二叉树中的左子树 left、右子树 right 和树的深度 depth。由此可大胆推测这是一个有关二叉树的题目。

再根据 min 变量代表的为最小值,可以推算出 mink 为数组 a 中从 l 到 r 位置中最小数值的序号。

最后根据 17、18、19 三行,可以推算出从 l 到 mink-1 构成 lres 为左子树,从 mink+1 到 r 构成 rres 为右子树,返回值 lres+rres+depth*b[mink]代表一棵根节点最小的二叉树各节点深度 depth 与对应数组 b 值的加权和。

有了这个分析之后,再根据结果判断题目就会简单很多。下面是对题目的具体解析。

判断题(1)解析:

对于该题,最直接的方法就是采用验证法。构造一个数组 a[]={1,1,1},代入程序运行一下,会发现程序不会出现错误,而是会优先选择最左侧的那个 1 进行计算。

参考答案:错误

判断题(2)解析:

解析:根据返回值的计算公式 lres+rres+depth * b[mink],这里的 lres 和 rres 分别代表左子树和右子树的值,其计算需要递归计算,真正影响计算结果的是 depth * b[mink],若数组 b 全为 0,则该项结果必为 0,从而加权和的最后结果显然为 0。

参考答案:正确

选择题(3)解析:

最坏情况一般都是极端情况,该题很容易发现最坏情况为如下数组:
$$a[]=\{1,2,3,4,5,6,7,\cdots,100\}$$

这种情况下,程序所构造的二叉树的每个节点仅有一个子节点,而程序将递归 100 层。第 12 行的比较运算,第 i 层需要进行 $100-i+1$ 次,所以总执行次数为 $100+99+98+\cdots+1\approx5000$。

参考答案:A

选择题(4)解析:

跟最坏情况相反,所谓的最佳情况就是在构造二叉树时,每一构造都尽可能均分其左右子树,这样就可以保证二叉树的深度最小。假设根节点深度为 1,则含 n=100 个节点的树的深度最小为 $\log n\approx7$,对于每一层节点,第 12 行的比较运算,程序总共执行约 n 次,因此总执行次数约为 $n\log n\approx600$。

参考答案:D

选择题(5)解析:

首先计算出数组 b 的值为
$$b[]=\{1,2,3,4,5,6,7,8,9,10\}$$

要使输出的值最大,就要使得 depth * b[mink] 最大,也就是程序所构造的二叉树的深度 depth 应尽可能地大,这也就是第 3 题中的最坏情况。定义根节点深度为 1,则含 10 个节点的二叉树的最大深度为 10,因此输出最大值为 $1\times1+2\times2+3\times3\cdots+10\times10=385$。

参考答案:D

选择题(6)解析:

首先计算出数组 b 的值为
$$b[]=\{1,1,1,1,1,1,1,1,1,1\}$$

该题要使输出值最小,就要使得 depth * b[mink] 最小,由于数组 b 的值都一样,所以只要使得 depth 最小就行了。而相同节点,完全二叉树的 depth 最小,所以本题要构造一棵完全二叉树,该树中深度为 1 的节点共 1 个,深度为 2 的节点共 2 个,深度为 3 的节点共 4 个……深度为 6 的节点共 32 个,剩余 37 个节点的深度为 7,因此输出最小值为 $1\times1+2\times2+3\times4\cdots+6\times32+7\times37=580$。

参考答案:B

第6章 C++基础语法

6.1 基本知识介绍

C++程序必须有一个 main 函数;而且一个源程序只能有一个 main 函数;程序的运行总是从 main 函数开始;程序由一个 main 函数和 0 个或多个其他函数构成;main 函数可以调用其他函数,但是不能被其他函数调用;语句均以分号作为语句结束符;程序中的大小写字母代表不同的含义;程序中使用的任何变量均须先定义、后使用。

main 函数的基本结构为

```cpp
int main(){
    语句;
    return 0;
}
```

6.1.1 常量与变量

1. 常量

在程序中,值始终不变的数据称为常量,如字符常量'a',整型常量 10,实型常量 3.14。

另外,还有一种用标识符表示数值不变的常量,称为符号常量。一般符号常量均为大写,如

```cpp
const float PI=3.14;
```

2. 变量

变量是一个有名字、有特定属性的存储单元。在程序运行期间,变量的值是可以改变的。变量必须先定义、后使用。

变量可以在定义时初始化,如

```cpp
int a=1,b=1;
```

也可以连续赋值,如

```cpp
int a,b;
a=b=1;
```

但不允许一边定义一边连续赋值,如

```cpp
int a=b=1;          //不能同时定义 a 和 b 并初始化为 1
```

3. 变量的分类

变量根据作用域的不同,可分为局部变量和全局变量。

变量根据存储类别可分为四类:自动变量、静态局部变量、外部变量、寄存器变量。这四种变量的基本区别如表 6-1 所示。

表 6-1　变量存储类型对照

序号	存储类别	标识符	变量主要特点	说　明
1	自动变量	auto	动态分配存储空间	auto 经常省略
2	静态局部变量	static	局部变量在函数调用结束后不会消失,仍保留原值	
3	外部变量	extern	把外部变量的作用域扩展到定义位置	
4	寄存器变量	register	执行效率远高于内存变量,用于频繁调用的变量	

6.1.2　C++ 的 3 种基本控制结构

C++ 的 3 种基本控制结构如图 6-1 所示。

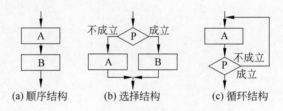

图 6-1　C++ 的 3 种基本控制结构

1. 顺序结构

顺序结构按照程序的先后顺序自上而下地执行。图 6-1(a)中,A 和 B 是顺序执行的,即执行完 A 框所指定的操作后,接着执行 B 框所指定的操作。

所有的程序从整体而言都是一种顺序结构。

2. 选择结构

选择结构又称分支结构,此结构包含一个判断框,根据给定的条件 p 是否成立而选择执行 A 框或 B 框。

选择结构又分为单分支、双分支和多分支三种。

(1) 单分支结构

单分支结构的表达式为

if(表达式)
语句;

单分支结构的含义是:若表达式为真(值不为 0),则执行语句,否则不执行。若包含多条语句,则加一对"{}"。

(2) 双分支结构

双分支结构的表达式为

```
if (表达式)
    语句 1;
else
    语句 2;
```

双分支结构的含义是：若表达式为真，则执行语句 1，否则执行语句 2。

（3）多分支结构

多分支结构往往都是嵌套使用的，在 if 语句中又包含一个或多个 if 语句，称为 if 语句的嵌套。

if 语句的嵌套表达式为

```
if(表达式 1)
    语句 1;
else
    if(表达式 2)
        语句 2;
    else
        语句 3;
```

else 总是与它前面最近且未配对过的 if 匹配。

复合语句内的 if 关键字对于外界而言是不可见的。

例如：

```
if(表达式 1)                //第 1 个 if
    if(表达式 2)            //第 2 个 if
    {
        if(表达式 3)        //第 3 个 if
            语句 3;
    }
    else
        语句 2;             //与第 2 个 else 相匹配
```

（4）用 switch 语句实现多分支选择结构

switch 语句表达式如下：

```
    switch (表达式){
    case 常量表达式 1: 语句 1;break;
    case 常量表达式 2: 语句 2; break;
    …
    case 常量表达式 n: 语句 n; break;
    default: 语句;
    }
```

注意：

• 表达式的值必须是整型、字符型或枚举型；

• 多个 case 标号可以共用一组语句序列，以实现对多个常量执行同一个操作；

• default 可以省略；

- break 表示终止 switch,转而执行 switch 下面的语句;若不加 break,则执行完 case 后面的分支后会顺序执行下一个 case 分支。

3. 循环结构

(1) 用 for 语句实现循环

for 循环的语句表达式为

```
for(初值表达式 1;循环条件表达式 2;循环变化表达式 3)
{
    循环语句;
}
```

注意:

- 3 个表达式都可以省略,但是分号不能省略;
- 执行时,表达式 1 只在开始时执行一次,然后判断表达式 2 是否为真;若为真,则执行循环语句,否则不执行。

(2) 用 while 语句实现循环

while 语句——当型循环的表达式为

```
while(条件表达式)
{
    循环语句;
}
```

- 当表达式为真(表达式为非 0)时,执行循环语句;
- 先判断,后循环;
- 当有多条语句要执行时,要用花括号把多个语句括起来;
- 在循环语句中必须有控制循环改变的语句,否则会出现死循环。

do…while 语句——直到型循环的表达式为

```
do{
循环语句;
}while(条件表达式);
```

- do…while 循环后面的分号一定不能丢;
- do…while 循环先执行、后判断,至少执行一次。

(3) 跳转语句

使用跳转语句可以实现程序执行流程的无条件跳转。

C++ 提供了 4 种跳转语句,分别如下。

- break 语句

在循环体内的 break 语句可以使循环立即结束,退出循环继续向下执行。但是 break 语句只能退出本层循环,如

```
for(…){
    while(…){
    …
```

```
        if(…)
            break;
    }
}
```

若满足上面的 if 条件,则退出内层的 while 循环,而不会退出 for 循环,开始下一次的 for 循环。

- continue 语句

continue 语句的作用是终止本次循环,开始执行下一次循环。

- return 语句

return 表示把程序流程从被调函数转向主调函数,并把表达式的值带回主调函数,实现函数值的返回,返回时可附带一个返回值,由 return 后面的参数指定;也可用于循环体中满足条件时的结束语句。

6.1.3 数组

1. 数组的定义与赋值

数组是一组有序数据的集合,数组的定义主要由三部分构成:数据类型、数组名和数组的大小。以下是一个 int 类型数组的定义。

```
int age[6];
```

该数组定义了一个名字为 age、大小为 6 的整型数组,相当于定义了 6 个整型变量,每个变量采用数组名和下标的组合进行标记,并且这 6 个整型变量值都存储在连续的内存位置,其内存示意如图 6-2 所示。

内存大小	4字节	4字节	4字节	4字节	4字节	4字节
变量	age[0]	age[1]	age[2]	age[3]	age[4]	age[5]

图 6-2 定义 6 个元素的数组示例

数组的赋值一般都采用循环赋值的方法:

```
for(i=0;i<n;i++)
    cin>>a[i];
```

2. 数组的访问

在数组中,每个数组元素作为单独的变量进行访问和使用,并且第一个元素的下标是 0,最后一个元素的下标是 n−1。

例如:定义 age 数组中的 6 个元素,则下标为 0~5,如果企图访问 age[6],则会出现下标溢出。

数组的变量名表示数组的内存首地址,即 age 相当于 &age[0]。

3. 二维数组的定义

定义一个二维数组的方法为

```
int a[2][3]={{1,2,3},{4,5,6}};
```

该二维数组的形式如图 6-3 和图 6-4 所示。

a[0][0]	a[0][1]	a[0][2]
a[1][0]	a[1][1]	a[1][2]

4字节	4字节	4字节	4字节	4字节	4字节
a[0][0]	a[0][1]	a[0][2]	a[1][0]	a[1][1]	a[1][2]

图 6-3　二维数组示意　　　　　　　　　图 6-4　二维数组内存示意

二维数组的访问一般采用双重循环的形式,如:

```
for(i=0;i<2;i++)
    for(j=0;j<3;j++)
        cin>>a[i][j];
```

6.1.4　函数

1. 函数的定义

一个函数不可或缺的部分为

```
返回值类型 函数名(形式参数){
    函数体;
    return 返回值;
}
```

- 函数体是一个复合语句,必须加大括号{};
- 函数名的命名规则同变量的命名规则;
- 如果函数具有返回值,则必须说明返回值类型,否则无返回值的函数须用 void 说明函数无返回值;具有返回值的函数,函数体内一定要由 return 语句返回一个值;
- 函数的参数称为形式参数,可以有多个,用逗号分隔;也可以没有参数,称为无参函数。形式参数是函数的局部变量。

2. 函数参数的传递

程序中,实参向形参是单向值传递的方式,并且普通变量作为函数参数,实参将值传递给形参。数组元素作为函数参数,也同样属于单向值的传递。

指针(包括数组名)作为函数参数,由于指针变量和数组名的值均为地址,因此实参和形参之间传递的是地址,其结果是形参指向了实参所指的地址。如:

```
void swap(int * x,int * y){
    int temp;
    temp= * x;
    * x= * y;
    * y=temp
}
```

```
int a=5,b=10;
swap(a,b);
```

其结果是交换了变量 a 和变量 b 的值。

下面的函数用普通变量作为参数,则无法实现上面的交换功能。

```
void swap(int x,int y){
    int temp;
    temp=x;
    x=y;
    y=temp
}
int a=5,b=10;
swap(a,b);
```

a 和 b 的值没有发生变化,函数仅交换了其局部变量 x 和 y 的值。

指针和数组名作为参数的形式:

- 形参是指针,实参是数组名或某个元素的地址;
- 形参是数组名,实参是指向数组的指针;
- 形参是指针,实参也是指针。

3. 递归函数

函数体内调用函数自身称为递归。递归的过程分为递推和回溯两个过程,可以解决的问题有求阶乘、汉诺塔、Fibonacci 数列等。

所有程序从 main 函数开始顺序执行,函数调用可以看作是一个无条件跳转,跳转到对应函数的指令处开始执行,当碰到 return 语句或者函数结尾时,再执行一次无条件跳转,跳转回调用方,执行调用函数后的下一条指令。函数调用的一般过程如图 6-5 所示。

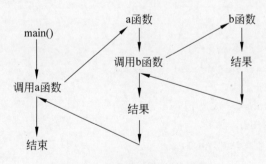

图 6-5　函数调用的一般过程

递归函数就是一个函数在它的函数体内直接或者间接调用它自身,每调用一次就进入新的一层。递归函数必须有结束递归的条件。函数在一直递推,直到遇到结束条件才返回。递归函数调用的一般过程如图 6-6 所示。

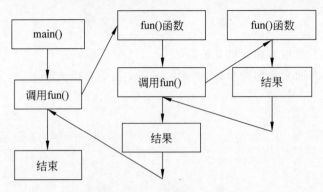

图 6-6   递归函数调用的一般过程

6.2   典型习题解析

题目 1   阅读程序

```
01  #include<cstdio>
02  using namespace std;
03  int n;
04  int a[100];
05  int main(){
06      scanf("%d",&n);
07      for(int i=1;i<=n;++i){
08          scanf("%d",&a[i]);
09      }
10      int ans=1;
11      for(int i=1;i<=n;++i){
12          if(i>1&&a[i]<a[i-1])
13              ans=i;
14          while(ans<n && a[i]>=a[ans+1])
15              ++ans;
16          printf("%d\n",ans);
17      }
18      return 0;
19  }
```

• 判断题

(1) 第 16 行输出 ans 时,ans 的值一定大于 i。 （   ）

(2) 程序输出的 ans 小于或等于 n。 （   ）

(3) 若将 12 行的"<"改为"！＝",则程序的输出结果不会改变。 （   ）

(4) 当程序执行到第 16 行时,若 ans-i＞2,则 a[i+1]＜＝a[i]。 （   ）

• 选择题

（5）若输入的数组 a 是一个严格单调递增的数列,则此程序的时间复杂度是( )。

A. O(log n)　　　　　B. O(n²)　　　　　C. O(nlog n)　　　　　D. O(n)

（6）最坏情况下,此程序的时间复杂度是( )。

A. O(n²)　　　　　B. O(log n)　　　　　C. O(n)　　　　　D. O(nlog n)

【分析】 本程序的核心是对第 14 行的理解,如果 a[i]>=a[ans+1],则 ans++,直到 a[i]<a[ans+1]或者 ans>=n,即程序的本质是找出每个 a[i]后第一个大于 a[i]的位置。

有了这个分析之后,再根据程序功能判断题目就会简单很多。下面是对各个题目的具体解析。

判断题（1）解析:

如果 12 行 if 成立,即 ans=i,但 14 行不成立,则此时 ans==i。

参考答案:错误

判断题（2）解析:

第 7 行的 i<=n,说明 ans 赋初值一定小于或等于 n,第 14 行循环条件为 ans<n,ans 才会自增,所以 ans 不会超过 n。

参考答案:正确

判断题（3）解析:

此行的意思是,如果后项小于或等于前项,则只会重新开始,所以此行并不会影响最终结果,只会影响程序的运行速度。

参考答案:正确

判断题（4）解析:

由 ans-i>2 可见,ans 是第一个大于 a[i]的,所以从 a[i+1]到 a[ans-1]都不会超过 a[i]。

参考答案:正确

选择题（5）解析:

因为 a 数组是一个单调递增数列,所以后一项永远比前一项大,所以 12 行的 if 永远不成立,ans 只增不减,所以复杂度 O(n)。

参考答案:D

选择题（6）解析:

最坏的情况即第 12 行的 if 总是成立,也就是数组 a 的前一项永远比后一项大(即数组 a 为单调递减数列),此时第 14 行会一直运行到 ans=n,复杂度为 1+2+…+n=O(n²)。

参考答案:A

题目 2　完善程序

(质因数分解)给出正整数 n,请输出将 n 质因数分解的结果,并将结果从小到大输出。

例如:输入 n=120,程序应该输出 2 2 2 3 5,表示 120=2×2×2×3×5。输出保证 2≤ n≤10⁹。提示:先从小到大枚举变量 i,然后用 i 不停试除 n 以寻找所有的质因子。

试补全程序。

```
01  #include<cstdio>
02  using namespace std;
```

```
03   int n,i;
04   int main(){
05       scanf("%d",&n);
06       for(i= ① ; ② <=n;i++){
07           ③ {
08               printf("%d ",i);
09               n=n/i;
10           }
11       }
12       if( ④ )
13           printf("%d ", ⑤ );
14       return 0;
15   }
```

(1) ①处应填(   )。

    A. n−1   B. 0   C. 1   D. 2

(2) ②处应填(   )。

    A. sqrt(i)   B. n/i   C. 2*i   D. i*i

(3) ③处应填(   )。

    A. if(i*i<=n)   B. if(n%i==0)

    C. while(i*i<=n)   D. while(n%i==0)

(4) ④处应填(   )。

    A. n>1   B. n<=1   C. i+i<=n   D. i<n/i

(5) ⑤处应填(   )。

    A. 2   B. 1   C. n/i   D. n

【分析】 首先要清楚分解质因数是指把一个合数分解成若干个质因数的乘积的形式,要从最小的质数开始,一直除到结果本身为质数,类似于短除法计算。

下面是对各个题目的具体解析。

选择题(1)解析:

要从最小的质数除起,即i=2。

参考答案:D

选择题(2)解析:

因为要从小到大枚举变量i,然后用i不停试除n,所以for的循环条件应该是i*i<=n,若不成立,则n本身已经为质数。任何非质数至少有一个因数不会大于其的平方根,即因数的平方不会大于其本身。

参考答案:D

选择题(3)解析:

第8行是要将它的质因数输出,第9行是n除以质因数。所以一定要用while循环且条件是i一定能被n整除。如果不满足循环条件,则跳出while循环,寻找下一个质数。因为一个数的质因子可以是相同的,所以用while,若用if,则得出的各个质因子数都不相同。

参考答案:D

选择题(4)解析：

如果 n>1,则说明 n 本身已经被除成一个质数了。当跳出此循环时,n 已经是输入数字的最大质因子了,而最大质因子只满足条件 A,故选 A。

参考答案：A

选择题(5)解析：

除到最后,n 也是质数,所以应该将它输出。此时 n 是输入的数字最大的质因子,所以将它输出。

参考答案：D

题目3　阅读程序

```
1    #include <iostream>
2    using namespace std;
3    int main() {
4        int t[256];
5        string s;
6        int i;
7        cin >>s;
8        for (i =0; i <256; i++)
9            t[i] =0;
10       for(int i=0;s[i];++i)
11       {
12           if('A'<=s[i]&&s[i]<='Z')
13               s[i]+=1;
14       }
15       for (i =0; i <s.length(); i++)
16           t[s[i]]++;
17       for (i =0; i <s.length(); i++)
18           if (t[s[i]] ==1) {
19               cout <<s[i] <<endl;
20               return 0;
21           }
22       cout << "no" <<endl;
23       return 0;
24   }
```

• 判断题

(1) 第 7 行输入的字符串 s 可以是任意字符,包括字母、数字、各类符号甚至中文汉字及其符号。(　　)

(2) 第 10 行中,作为条件判断结束的 s[i]使用有错误,应该改为 s[i]! ='\0'。(　　)

(3) 根据 C++ 的最新语法,第 12 行的条件判断可以简化成'A'<=s[i]<='Z'。(　　)

(4) 若输入的字符串中各字符互不相同,则输出结果为 no。(　　)

• 选择题

(5) 若输入的字符为 yzywYZYW,则输出为(　　)。

      A. y   B. z   C. w   D. W

(6) 若输入的字符为 YZYWyzyw,则输出为(   )。

      A. Y   B. Z   C. W   D. [

【分析】 该题需要先从上到下预览一遍,若没有能够识别该题功能的关键字或者单词,则可以采用模拟法进行功能模拟,模拟的输入数据可以采用第(5)题的字符串。模拟过程如下。

(1) 数据初始化(7~9 行)

```
s="yzywYZYW";
t[0]~ t[255]=0;
```

(2) 数据处理 1(10~14 行)

对字符串 s 中的所有字符进行处理,如果是大写字母,则进行加 1 操作,即将 ASCII 码向后移动一位。运算后,s 的值为

```
s="yzywZ[ZX";
```

(3) 数据处理'(15~16 行)

理解 t[s[i]]是题目的关键,该语句表示 s[i]对应的 ASCII 码值才是数组 t 的下标。程序运行结束后,t 数组的值为

```
t['X']=t[88]=1
t['Z']=t[90]=2
t['[']=t[91]=1
t['w']=t[119]=1
t['y']=t[121]=2,
t['z']=t[122]=1
```

(4) 数据输出

判断 t 数组中的值,如果是 1,则输出这个字符。如果全都不是 1,则输出 "no"。根据题意,第一个字符'y'出现 2 次,第 2 个字符是'z',只出现 1 次,输出。

有了这个分析之后,再根据程序功能判断题目就会简单很多。下面是对各个题目的具体解析。

判断题(1)解析:

对字符串 s 的输入没有限制,可以是任意输入,甚至可以是中文,程序只对大写英文字母进行加 1 操作,所以该表述是正确的。

参考答案:正确

判断题(2)解析:

字符串以结束符\0结束,而\0的值为 0,所以 s[i]! =\0'语句即为 s[i]! =0,而在 C++中,非 0 即为真,所以语句又可以进一步简化为 s[i]。

所以 s[i]的写法等价于 s[i]! =\0'。

参考答案:错误

判断题(3)解析:

'A'<=s[i]<='Z'并不能判断 s[i]的值在'A'~'Z'之间,该表达式是一个连续的比较,表达式先计算 s[i]<='Z',结果为 true 或者 false,然后判断'A'<=false or 'A'<=true,由于

false 的值为 0,true 的值为 1,所以不论是什么值,该表达式返回的值都为 false。

参考答案:错误

判断题(4)解析:

若输入的字符串中各字符互不相同,则其 t 数组的值应该为 1,输出第一个字母。只有当输入的字符串中的每个字符都出现 2 次以上时,才会输出 no。

参考答案:错误

选择题(5)解析:

根据题目分析可知输出为'z'。

参考答案:B

选择题(6)解析:

根据题目分析可知,所有大写字母都会向后移动一位,'Z'向后移动一位是'[',所以输出为'['。即使不知道'Z'向后移动一位后是'[',也可以利用排除法得出答案。

参考答案:D

题目 4　阅读程序

```
1    #include <cstdio>
2    int n,d[100];
3    bool v[100];
4    int main(){
5        scanf("%d",&n);
6        for(int i=0;i<n;++i)
7        {
8            scanf("%d",d+i);
9            v[i]=false;
10       }
11       int cnt=0;
12       for(int i=0;i<n;++i)
13       {
14           if(!v[i])
15           {
16               for(int j=i;!v[j];j=d[j])
17               {
18                   v[j]=true;
19               }
20               ++cnt;
21           }
22       }
23       printf("%d\n",cnt);
24       return 0;
25   }
```

- 判断题

(1) 将第 8 行的 d+i 换成 &d[i],程序运行不受影响。　　　　　　(　　)

(2) 第 14 行的! v[i]与 v[i]==false 语句意思一致。　　　　　　(　　)

(3) 程序的输出结果 cnt 至少等于 1。　　　　　　　　　　　　(　　)

(4) 若输入的数组 d 中有重复的数字,则程序会进入死循环。　　　　　　　(　　)

· 选择题

(5) 若输入数字为 5 1 2 3 4 5,则输出为(　　)。

　　A. 0　　　　　　B. 1　　　　　　C. 2　　　　　　D. 5

(6) 若输入数字为 10 7 1 4 3 2 5 9 8 0 6,则输出为(　　)。

　　A. 3　　　　　　B. 6　　　　　　C. 7　　　　　　D. 8

【分析】　该程序看上去虽然代码简单,但理解起来并不容易。从程序中可以得出 cnt 是 count 的简写,也就是最后输出的结果应该是对某类数据的统计。这里我们还是用模拟法,使用第(6)题的数据作为输入。

1. 数据初始化(5~11 行)

n＝10,cnt＝0

i	0	1	2	3	4	5	6	7	8	9
d[i]	7	1	4	3	2	5	9	8	0	6
v[i]	false	false	false	false	false	false	false	false	false	false

2. 数据处理(12—22 行)

该程序段的处理理解起来有点难度,主要考查图的边表存储和图的连通域的概念。这里使用 v[d[i]] 将一个数组元素作为另一个数组的下标,构成了一个数据的链。具体功能如下图所示。

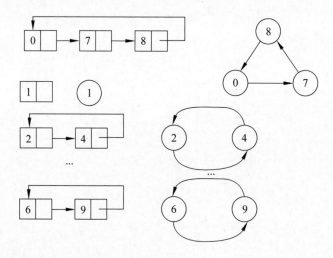

可以知道 cnt 用来记录有多少个连通域。

数据分析如下。

步骤 1:当 i＝0 时,程序运行如下。

下标	0	1	2	3	4	5	6	7	8	9
d[i]	7	1	4	3	2	5	9	8	0	6
v[i]	true	false	false	false	false	false	false	true	true	false

结果 cnt＝1。

步骤 2：当 i＝1 时，程序运行如下。

下标	0	1	2	3	4	5	6	7	8	9
d[i]	7	1	4	3	2	5	9	8	0	6
v[i]	true	true	false	false	false	false	false	true	true	false

结果 cnt＝2。

步骤 3：当 i＝2 时，程序运行如下。

下标	0	1	2	3	4	5	6	7	8	9
d[i]	7	1	4	3	2	5	9	8	0	6
v[i]	true	true	true	false	true	false	false	true	true	false

结果 cnt＝3。

……

步骤 7：当 i＝6 时，程序运行如下。

下标	0	1	2	3	4	5	6	7	8	9
d[i]	7	1	4	3	2	5	9	8	0	6
v[i]	true	true	true	true	true	true	true	true	true	true

结果 cnt＝6。

判断题（1）解析：

这里 d＋i 的写法是利用数组的首地址再加上偏移，和 &d[i] 的写法等价。

参考答案：正确

判断题（2）解析：

! v[i] 就是指当 v[i] 为 false 时，其值为真，这与 v[i]＝＝false 语句的意思一致。

参考答案：正确

判断题（3）解析：

程序的输出与输入关系密切，如果输入的 n 小于或等于 0，则结果 cnt 等于 0。

参考答案：错误

判断题（4）解析：

可以做一个简单测试，当输入的数组 d 中有重复数字时，程序会正常运行。

参考答案：错误

选择题（5）解析：

根据题目分析可以得出输入数据的每个数据为一个环。

参考答案：D

选择题（6）解析：

根据题目分析可得出结果。

参考答案：B

题目 5　阅读程序

```
1    #include <iostream>
2    using namespace std;
3    int main() {
4        int x,t,y,c=0;
5        cin>>x;
6        while (x>0)
7        {
8            t=x;
9            while(t!=0)
10           {
11               y=t%10;
12               if (y==8)
13                   c++;
14               t=t/10;
15           }
16           x--;
17       }
18       cout<<c<<endl;
19       return 0;
20   }
```

• 判断题

(1) 当输入的 x 值小于 0 时,程序会发生错误。 (　　)

(2) 当第 9 行中的 t! =0 改为 t>0 时,程序运行结果与原来一样。 (　　)

(3) 第 9 行中的 t! =0 可以简化成 t,程序运行结果不会发生改变。 (　　)

(4) 输入一个任意大于 0 的数,输出结果最小为 1。 (　　)

• 选择题

(5) 若输入数字为 100,则输出为(　　)。

　　A. 1　　　　　　　B. 10　　　　　　　C. 20　　　　　　　D. 30

(6) 若输入的数字为 1000,则输出为(　　)。

　　A. 100　　　　　　B. 200　　　　　　C. 300　　　　　　D. 400

【分析】　该程序并不复杂,由于题目中的变量都比较简单,所以直接利用模拟法。以第(5)题的数据作为输入。

1. 数据初始化(4～5 行)

c=0,x=0

2. 数据处理(6～17 行)

该程序段的数据处理步骤并不复杂,利用列表法可以很快得出程序的本意。

x	t	y	c
100	100	0	0
	10	0	0
	1	1	0
99	99	9	0
	9	9	0
98	98	8	1
	9	9	1
...	...	...	...
0	0	0	?

通过解析,可以得出程序的主要功能是统计 0～n 包含 8 的数字的个数。对于该题,程序功能清晰后,还要计算出 0～100,包含 8 的数字的个数。

可以这样分析:8 在十位上,有 80～89,共 10 个;8 在个位上,有 08,18,…,98 共 10 个,共计 20 个 8。

判断题(1)解析:

当输入的 x 值小于 0 时,程序不会执行数据处理程序,但不会发生错误。

参考答案:错误

判断题(2)解析:

由于在第 6 行已经限制了 x>0,所以 t!＝0 等价于 t>0。

参考答案:正确

判断题(3)解析:

t!＝0 其实就是 t!＝false,即 t==true,可以进一步简化为 t。

参考答案:正确

判断题(4)解析:

当输入小于 8 的数时,由于数字中都不包含 8,所以输出结果 c＝0。

参考答案:错误

选择题(5)解析:

根据题目分析可知。

参考答案:C

选择题(6)解析:

首先分析百位数上的 8,从 800～899 一共有 100 个 8;再看十位数上,有 080、081、…、989,一共也是 100 个 8;个位数上一样,从 008～998,也是 100 个 8。

参考答案:C

题目 6 完善程序

(打印月历)输入月份 m(1≤m≤12),按一定格式打印 2020 年第 m 月的月历。

例如,2020 年 1 月的日历的打印效果如下(第 1 列为周日)。

```
S    M    T    W    T    F    S
               1    2    3    4
5    6    7    8    9    10   11
12   13   14   15   16   17   18
19   20   21   22   23   24   25
26   27   28   29   30   31
```

```
1   #include<iostream>
2   using namespace std;
3   const int dayNum[]={-1,31,①,31,30,31,30,31,31,30,31,30,31};
4   int m,offset,i;
5   int main(){
6   .cin>>m;
7   cout<<"S\tM\tT\tW\tT\t\F\tS"<<endl;
8   offset=3;
9   for(i=1;i<m;i++)
10      offset=(offset+②)%7;
11  for(i=0;i<offset;i++)
12      cout<<'\t';
13  for(i=1;i<=③;i++){
14      cout<<i;
15      if(i==dayNum[m] ④ ⑤%7==0)
16          cout<<endl;
17      else
18          cout<<'\t';
19      }
20  return 0;
21  }
```

(1) ①处应填(　　)。

　　A. 28　　　　　　　　B. 29　　　　　　　　C. 30　　　　　　　　D. 31

(2) ②处应填(　　)。

　　A. dayNum[0]　　B. dayNum[i−1]　　C. dayNum[i]　　D. dayNum[3]

(3) ③处应填(　　)。

　　A. dayNum[m]　　B. dayNum[m*m]　C. m　　　　　　D. m*m

(4) ④处应填(　　)。

　　A. &&　　　　　　　B. ||　　　　　　　C. !　　　　　　　D. ==

(5) ⑤处应填(　　)。

　　A. dayNum[offset]　　　　　　　　B. i

　　C. (offset+dayNum[0])　　　　　　D. (offset+i)

【分析】　该程序实现了月历的输出,关键是要弄清楚 offset 的作用。offset 的意思是偏移量,主要表示月份的开头,即该月份是从星期几开始的,这里的 1 月份从周三开始,前面空 3 天,即 offset=3。

选择题（1）解析：

dayNum[2]代表 2 月份的天数，由于 2020 年可以被 4 整除但不可被 100 整除，所以是闰年，可知 2 月份有 29 天。判断闰年的方法：每 4 年一闰，逢百年不闰，例如 2100 年、2200 年不闰，不过逢 400 年再闰，例如 2000 年、2400 年。

参考答案：B

选择题（2）解析：

通过 offset 的初始值是 3，且月历的起始值为周三可以推算出 offest 的含义代表每个月 1 号的星期，根据含义就可以推断出答案为 C。

参考答案：C

选择题（3）解析：

dayNum[m]代表此月的天数。因为每月都是从 1 号开始到月底结束，所以 i 输出从 1 到 dayNum[m]。

参考答案：A

选择题（4）解析：

输出换行的条件是本月份天数输出完毕或者输出到了周六需要换行，所以需要使用逻辑或，两个条件成立一个即可。

参考答案：B

选择题（5）解析：

输出换行的一个条件是输出完毕，另一个条件是输出到了周六，所以（offset＋i）％7 是为了求出是否输出到了周六。

参考答案：D

题目 7 阅读程序

```
01  #include<cstdio>
02  using namespace std;
03  int n,m;
04  int a[100],b[100];
05  int main(){
06    scanf("%d%d",&n,&m);
07    for(int i=1;i<=n;++i)
08      a[i]=b[i]=0;
09    for(int i=1;i<=m;++i){
10      int x,y;
11      scanf("%d%d",&x,&y);
12      if(a[x]<y || b[y]<x){
13        if(a[x]>0)
14          b[a[x]]=0;
15        if(b[y]>0)
16          a[b[y]]=0;
17        a[x]=y;
18        b[y]=x;
19      }
20    }
```

```
21      int ans=0;
22      for(int i=1;i<=n;++i){
23          if(a[i]==0)
24              ++ans;
25          if(b[i]==0)
26              ++ans;
27      }
28      printf("%d\n",ans);
29      return 0;
30  }
```

假设输入的 n 和 m 都是正整数,x 和 y 都是在[1,n]的范围内的整数,完成下面的判断题和单选题。

- 判断题

(1) 当 m>0 时,输出的 ans 值一定小于 2n。　　　　　　　　　(　)

(2) 当第一次运行完 26 行的"++ans"时,ans 一定为偶数。　　　(　)

(3) a[i]和 b[i]不可能同时大于 0。　　　　　　　　　　　　　　(　)

(4) 若程序执行到第 12 行时 x 总是小于 y,那么第 14 行不会被执行。(　)

- 选择题

(5) 若 m 个 x 两两不同,且 m 个 y 两两不同,则输出的值为(　)。

　　A. 2n−2m　　　　B. 2n+2　　　　C. 2n−2　　　　D. 2n

(6) 若 m 个 x 两两不同,且 m 个 y 都相等,则输出的值为(　)。

　　A. 2n−2　　　　B. 2n　　　　C. 2m　　　　D. 2n−2m

【分析】 该题从程序上,无明显特征说明功能,所以可以直接利用模拟法。数据采用构造法,根据题意,构造 n=3、m=3,数据对采用随机数对。

1. 数据初始化(5~11 行)

n=3,m=3

数组 a	数组 b		x	y
0	0		1	3
			3	2
			3	3

2. 数据处理(9~27 行)

x	y	a[1]	a[2]	a[3]	b[1]	b[2]	b[3]
1	3	0	0	0	0	0	0
		3	0	0	0	0	1
3	2	3	0	0	0	0	1
		3	0	2	0	3	1
3	3	3	0	2	0	3	1
		0	0	3	0	0	3

通过模拟算法可以得出算法的主要功能为：选出一系列互不冲突的数对——若数对（x，y）和（x，y）之间有 x＝＝x 或 y＝＝y，则认为这两个数对存在冲突。

程序首先按顺序考虑每一个数对（x，y），若该数对与此前已经选用的数对冲突，则用当前数对替换所冲突的原数对；若无冲突，则直接选用当前数对。

程序中的 a[x]用于记录在已选用的数对中与左值 x 相匹配的右值；b[y]用于记录在已选用的数对中与右值 y 相匹配的左值；n 表示数对左值和右值的取值范围为[1,n]；ans 用于统计剩余多少左值或右值没有相应数对被选中。

判断题（1）解析：

由限定条件可知 0＜x，y≤n，当 m＞0 时，一定存在某个数被选中，使得 ans＜2n。

参考答案：正确

判断题（2）解析：

由于数对是一个左值与一个右值相匹配，因此 ans 最终一定是偶数。但第一次运行后，ans 不一定为偶数，例如（x，y）＝（1，2），即 a[1]＝2，b[2]＝1，当 i＝1 时，运行完 26 行，ans＝1。

参考答案：错误

判断题（3）解析：

当 m＝1 且输入 x＝1、y＝1 时，可以使 a[1]和 b[1]同时为 1。

参考答案：错误

判断题（4）解析：

反例：m＝2，x＝1，y＝2.x＝1，y＝3。

参考答案：错误

判断题（5）解析：

如果各不相同，则 m 次循环会导致 2m 个位置从 0 变成整数，答案为 2n－2m。

参考答案：A

选择题（6）解析：

如果都不相同，则 14 行和 16 行不会执行，因此每次输入会有一组 a,b，赋值一共有 m 组；如果 y 都相同 b[y]中会保留最小的一个 x，所以只存储了一组值，空着 2n－2。

参考答案：A

题目 8　阅读程序

```
1    #include <iostream>
2    using namespace std;
3    int main()
4    {
5        const int SIZE =100;
6        int height[SIZE],num[SIZE], n, ans;
7        cin >>n;
8        for (int i =0; i <n; i++)
9        {
```

```
10          cin >>height[i]; num[i] =1;
11          for (int j =0; j <i; j++)
12          {
13              if ((height[j] <height[i]) && (num[j] >=num[i]))
14                  num[i] =num[j] +1;
15          }
16      }
17      ans =0;
18      for (int i =0; i <n; i++)
19      {
20          if (num[i] >ans)
21              ans =num[i];
22      }
23      cout <<ans <<endl;
24      return 0;
25  }
```

- 判断题

(1) 将第 5 行的程序移动到第 2、3 行中间，程序能够正常运行。　　　　　　(　)

(2) 第 7 行输入 n＝5，则输出 ans 的值一定小于 5。　　　　　　　　　　(　)

(3) 将第 6 行中的 height 数组改成字符串数组，输出的结果不会发生变化。 (　)

(4) 如果输出是 1，则 height 数组中的数一定是递减的。　　　　　　　　(　)

- 选择题

(5) 当 n＝6 时，输入 height 数组数据为 2 5 3 11 12 14，输出为(　 　)。

　　A. 4　　　　　　　　B. 2　　　　　　　　C. 14　　　　　　　　D. 6

(6) 如果将第 13 行的 height[j] ＜ height[i]改成 height[j]＞height[i]，则第(5)题的输出结果为(　 　)。

　　A. 4　　　　　　　　B. 2　　　　　　　　C. 14　　　　　　　　D. 6

【分析】　本程序 num 数组中的数字是对应的 height 数组中的数依次比较前面 height 数组中的数，如果比它大且此时 num 的数不比它大，才可以加 1；ans 为当前 num 数组中的最大数。

判断题(1)解析：

第 5 行的"const int SIZE = 100;"是 auto 常变量作用于第 5 行至此函数(main)结束，若放在第 2、3 行中间，则变成 extern 常变量作用于整个程序，也包含这里的 main 函数。

参考答案：正确

判断题(2)解析：

当输入递增数列时，ans 依次加 1，a[4]时 ans＝5。

参考答案：错误

判断题(3)解析：

虽然在逻辑上不会发生变化，但由于是字符串数组，所以需要在末尾要添上'/0'，否则程序会出错。

参考答案：错误

判断题（4）解析：

递减数列指从第二个数起每一个数都要比前面的一个数小。当给 height 数组赋值一串相同的数字时，输出也为1，但不属于递减数列。

参考答案：错误

选择题（5）解析：

当 n＝6 时，输入 2 5 3 11 12 14，输出为 4

根据本题的解析可得

i	0	1	2	3	4	5
height	2	5	3	11	12	4
num	1	2	2	3	4	3
ans	1	2	2	3	4	4

参考答案：A

选择题（6）解析：

当 n＝6 时，输入 2 5 3 11 12 14，输出为 2

如果将第 13 行的 height[j] ＜ height[i]改成 height[j]＞height[i]，则此时函数 num 数组中的数字是对应的 height 数组中的数依次比较前面 height 数组中的数，如果比它小且此时 num 的数不比它大时才可以加1。

根据解析可得

i	0	1	2	3	4	5
height	2	5	3	11	12	4
num	1	1	2	1	1	2
ans	1	1	2	2	2	2

参考答案：B

题目9 阅读程序

```cpp
1   #include <iostream>
2   #include<cstring>
3   using namespace std;
4   const int SIZE=100;
5   int main()
6   {
7       int n, i, sum, x, a[SIZE];
8       cin >>n;
9       memset(a, 0, sizeof(a));
10      for (i =1; i <=n; i++)
11      {
12          cin >>x;
```

```
13              a[x]++;
14          }
15      i = 0;
16      sum = 0;
17      while (sum < (n / 2 + 1))
18      {
19          i++;
20          sum += a[i];
21      }
22      cout << i << endl;
23      return 0;
24  }
```

· 判断题

(1) 当第 9 行的 sizeof(a) 改成 SIZE 时,运行结果不会发生改变。　　　(　　)

(2) 当第 13 行的 a[x]++ 改成 ++a[x] 时,运行结果不会发生改变。　　　(　　)

(3) 当第 17 行的 sum < (n / 2 + 1) 改成 sum < ((n + 1) / 2) 时,运行结果不会发生改变。　　　　　　　　　　　　　　　　　　　　　　　　(　　)

(4) 数组 a 的所有数中的最大值为 1。　　　　　　　　　　　　　　　(　　)

· 选择题

(5) 输入 11 4 5 6 6 4 3 3 2 3 2 1 6 11 10,输出的结果为(　　　)。

　　A. 3　　　　　　　　B. 4　　　　　　　　C. 5　　　　　　　　D. error

(6) 输入 5　222 2 4 111 6,输出的结果为(　　　)。

　　A. 6　　　　　　　　B. 4　　　　　　　　C. 程序出错　　　　D. 垃圾值

【分析】 该程序实现的功能是查找长度为 n 的序列的中位数(n 为奇数)。n 为偶数是为了寻找比中位数稍大的那个数。

判断题(1)解析:

sizeof(a) 是指数组 a 的内存大小为 100×4,而 SIZE 是指数组 a 的元素个数为 100 个。

参考答案:错误

判断题(2)解析:

a++ 指先执行 a 的语句后再执行 a = a + 1,而 ++a 指先执行 a = a + 1 后再执行 a 的语句。在第 3 行中,a 没有额外执行的语句,所以不影响。

参考答案:正确

判断题(3)解析:

当 n 为偶数时,如 n = 6 时,(n / 2 + 1) = 4 而 ((n + 1) / 2) = 3,所以运行结果会发生改变。

参考答案:错误

判断题(4)解析:

数组 a 的初始值为 0,只有当 i = 此时输入的 x 值时才能加 1,也就是说,a[i] 只有 2 种情况,一种为 1,一种为 0。

参考答案:正确

判断题(5)解析:

当输入 11 4 5 6 6 4 3 3 2 3 2 1 6 11 10 时,只有 11 4 5 6 6 4 3 3 2 3 2 1 会被计算机读取。

参考答案:A

选择题(6)解析:

a[222]等这些数据赋值会出现警告但不会报错,但因为输入的 n 是 5,所以只需要找到排序后第 3 位值为 1 的下标(a[6])即可,而 a[6]是有定义的,所以程序依然能够正常得到答案。

参考答案:B

题目 10 阅读程序

```
1   #include <iostream>
2   #include <string>
3   using namespace std;
4   int main()
5   {
6       string s;
7       int m1, m2;
8       int i;
9       getline(cin, s);
10      m1 = 0;
11      m2 = 0;
12      for (i = 0; i < s.length(); i++)
13      {
14          int n = 0;
15          if (isdigit(s[i]))
16          {
17              n = s[i++] - 48;
18              while (isdigit(s[i]))
19                  n = n * 10 + s[i++] - 48;
20              if (n > m1) {
21                  m2 = m1;
22                  m1 = n;
23              }
24              else if (n > m2)
25                  m2 = n;
26          }
27      }
28      cout << m1 << m2 << endl;
29      return 0;
30  }
```

• 判断题

(1) 将 17 行的 i++ 与 18 行的 i 调换位置,运行结果不变。　　　　　　　　(　　)

(2) 将 12 行中的 s.length( ) 换成 s.size,运行结果不变。 （ ）

(3) 当输入一个单调递增数列时(中间用空格隔开),m1－m2 的值就是它们的等差。

（ ）

(4) 将第 9 行改成 cin＞＞s,输入 ilove66and89but98ismyfavourite,结果不会发生改变。

（ ）

• 选择题

(5) 输入 ilove66and89but98ismyfavourite,输出为( )。

    A. 5041   B. 9889   C. 5041   D. 9866

(6) 输入 5love66and89but98ismyfavourite123,在第 12 段中执行了( )次 for 语句。

    A. 23   B. 33   C. 24   D. 25

【分析】 通过模拟,可以得出程序的功能是提取一个字符串中各数字子串的最大值和次大值。例如,输入一个字符串 s:13A343G48C39F,提取出其数字组成整数,忽略其字母,得出数字子串:13 343 48 39,输出最大数和次大数,也就是 343 和 48。

判断题(1)解析:

原代码运行步骤如下:

```
n = s[i] - '0';
-----
i=i+1;
-----
```

while (isdigit(s[i]))。改变后运行步骤变成:

```
n = s[i] - '0';
 -----
while (isdigit(s[i]));
----
 i++;。
```

参考答案:错误

判断题(2)解析:

s.length()和 s.size 的作用都是测量 string 类型的长度(不包括'/0')。

参考答案:正确

判断题(3)解析:

根据解析,m1 为最大值,m2 为次大值,所以 m1－m2 为它们的等差。

参考答案:正确

判断题(4)解析:

输出字符不用 cin＞＞s 而用 getline(cin, s)的主要原因是:cin 时输入空格相当于输入完成。此题并没有输入空格,所以不影响输入答案。

参考答案:正确

选择题(5)解析:

第 17 行和第 19 行中的 48 指 ASCII 码中的'0',减去它可以将'0'～'9'字符变成其字面值;

根据解析,先输出最大值,后输出次大值。

参考答案:B

选择题(6)解析:

第一次运行 for 函数必然可以正常运行,所以无论 s[0]为何值均可,此时 i 值没有变化,之后,当 while (isdigit(s[i]))不运行时才执行一次 for 函数,即当 a[i]不为数字时才执行一次 for 函数,当输入到最后时要再次执行一次 for 函数以结束 for 函数。所以输入 5love66and89but98ismyfavourite123 的第一个 5 后执行一次,后面 23 个字母执行一次,最后再执行一次,所以共执行了 25 次。

参考答案:D

题目 11 阅读程序

```
1    #include <iostream>
2    using namespace std;
3       int n;
4       int d[1000];
5       int max(int a,int b)
6       {
7          if (a >b)
8              return a;
9          else
10             return b;
11      }
12      int main()
13      {
14       cin >>n;
15       for (int i =0; i <n; ++i)
16          cin >>d[i];
17       int ans =-1;
18       for (int i =0; i <n; ++i)
19        for (int j =0; j <n; ++j)
20          if (d[i] <d[j])
21              ans =max(ans, d[i] +d[j] -(d[i] & d[j]));
22          cout <<ans;
23          return 0;
24   }
```

假设输入的 n 和 d[i]都是不超过 10000 的正整数,完成下面的判断题和单选题。

• 判断题

(1) 删除 20 行的 if (d[i] < d[j])对整个程序而言只可能会导致运行时间发生改变,其余没有变化。   (　　)

(2) 将 19、20 行改成 for (int j = 0; j < i; ++j),输入 10 98 66 32 54 99 1 100 48 37 88,21 行的语句 ans = max(ans, d[i] + d[j] − (d[i] & d[j]));的运算次数不变。
                                                                    (　　)

(3) 若输出一个数字为 123,那么输入的数字一定不会大于 123。　　　　(　　)

(4) 如果 n 的值超过 1000,那么运行不会出错,但和我们预想的值会不同。　(　　)

· 选择题

(5) 如果按照要求 ans 一定不会得到(　　)。

A. −1 或 0　　　　　　　　　　　　　B. 4 或 0

C. 1000 或 20 000　　　　　　　　　　D. 10031 或者 300 000

(6) 若输出的数大于 0,则下列说法中正确的是(　　)。

A. 若输出为偶数,则输入的 d[i]中最多有两个偶数

B. 若输出为奇数,则输入的 d[i]中至少有两个奇数

C. 若输出为偶数,则输入的 d[i]中至少有两个偶数

D. 若输出为奇数,则输入的 d[i]中最多有两个奇数

【分析】　通过模拟可以知道该程序的主要功能是:输出一个数列中各个不同数字的或运算的最大值。

判断题(1)解析:

当输入 d[i]==d[j]时,原代码不会运行第 21 行,而删除后会运行。例如,输入 2 2 2,原代码输出 0,现代码输出 2。

参考答案:错误

判断题(2)解析:

如果写入的数字没有重复,那么改前的 if (d[i] < d[j])的作用就是避免重复运算第 21 行,而改之后就人为地限制了重复运算。

参考答案:正确

判断题(3)解析:

根据解析,输出的是或运算,只有可能将 0 变成 1,所以输入的数字一定不会大于 123。

参考答案:正确

判断题(4)解析:

给超过数组超出范围的下标赋值会出现警告但不会报错。在运算从 d[1000]一直到 d[n]时,会从垃圾值变成我们赋值的值,所以依然可以得到我们预想的值。

参考答案:错误

选择题(5)解析:

4 的二进制为 100,与运算后得到 100,只有它和它本身,而程序中是不可以自身与自身进行与运算的。若为 0,则一旦运算必然会得到一个正值,或者不进行运算而得到−1。

参考答案:B

选择题(6)解析:

奇数和偶数只看最后一位,也就是说,只关系到二进制最后四位。而除了最后一位的值转到十进制中可能为 1,其余都为偶数,所以只需要考虑最后一位。因为进行的或运算中的唯一性只有 0|0=0,也就是说,偶数|偶数为 0,所以至少有 2 个偶数。

参考答案:C

题目 12　阅读程序

```
1   #include <iostream>
```

```
2    using namespace std;
3    int number =0;
4    int rSum(int n,int i)
5    {
6        if (n ==0)
7            number=i;
8        else
9        {
10           i * =10;
11           i +=n %10;
12           rSum(n / 10,i);
13       }
14       return 1;
15   }
16   int main()
17   {
18       int a=0,t,k,j;
19       cin >>t >>k;
20       for (j =t; j <k; j++)
21       {
11           rSum(j, a);
23           if (j ==number)
24               cout <<j <<' ';
25       }
26   }
```

- 判断题

(1) 将第 3 行放到 main 函数中,程序运行不会有影响。   (   )

(2) 当输入的 t 值大于 k 值时,程序运行会发生错误。   (   )

(3) 第 6 行中的 n==0 可简化为!t,程序的运行结果不会发生改变。   (   )

(4) 当输入的值都大于 0 且小于 10 时,则输出区间[t,k)中包含的所有整数。 (   )

- 选择题

(5) 若输入 200 203,则输出为(   )。

    A. 200   B. 201   C. 202   D. 2030

(6) 若输入 232   235,则函数 rSum 执行了(   )次。

    A. 6   B. 9   C. 12   D. 24

【分析】 该程序是用递归函数求给定区间[t,k)内的回文数并输出,该程序可以采用模拟法进行功能的推算。以第(5)题的输入作为测试数据。

1. 数据初始化(18～19 行)

a=0,t=200,k=203

2. 数据处理(rSum 函数)

该程序段的数据处理步骤并不复杂,利用列表法可以很快得知程序的本意。

步　骤	j	rSum	n	i	number
1	200	rSum(200,0)	200	0	0
		rSum(20,0)	20	0	0
		rSum(2,0)	2	0	0
		rSum(0,0)	0	2	2
2	201	rSum(201,0)	201	0	2
		rSum(20,0)	20	1	2
		rSum(2,0)	2	10	2
		rSum(0,0)	0	102	102
3	202	rSum(202,0)	202	0	102
		rSum(20,0)	20	2	102
		rSum(2,0)	2	20	102
		rSum(0,0)	0	202	202

此时,number 和 j 相等,输出 j。

判断题(1)解析:

第 3 行的变量 number 为全局变量,若在 main 函数中定义 number,那么 number 就成为了局部变量,无法在 rSum 函数中使用 number。

参考答案:错误

判断题(2)解析:

由第 20 行的 for 语句可知 t 值应小于 k 值。

参考答案:正确

判断题(3)解析:

根据 C++ 语法,n!=0 可简化成 n,n==0 可简化成 !n。

参考答案:正确

判断题(4)解析:

一位整数的回文都是其本身,最小的回文整数为 0。

参考答案:正确

选择题(5)解析:

根据题目分析可知。

参考答案:C

选择题(6)解析:

对于三位数来说,每一位三位数要调用 3 次 rSum 函数才能返回,而[232,235)一共有 232、233、234 三个数,所以应该调用 3×3＝9 次。

参考答案:B

题目 13　完善程序

(子矩阵)输入一个 n1×m1 的矩阵 a 和 n2×m2 的矩阵 b,问 a 中是否存在子矩阵和 b

相等。若存在,则输出所有子矩阵左上角的坐标,否则输出"There is no answer"。

```cpp
1   #include<iostream>
2   using namespace std;
3   const int SIZE=50;
4   int n1,m1,n2,m2,a[SIZE][SIZE],b[SIZE][SIZE];
5   int main()
6   {
7       int i,j,k1,k2;
8       bool good,haveAns;
9       cin>>n1>>m1;
10      for(i=1;i<=n1;i++)
11      for(j=1;j<=m1;j++)
12      cin>>a[i][j];
13      cin>>n2>>m2;
14      for(i=1;i<=n2;i++)
15          for(j=1;j<=m2;j++)
16              cin>>b[i][j];
17      haveAns=false;
18      for(i=1;i<=n1-n2+1;i++)
19          for(j=1;j<=①;j++)
20          {
21              ②;
22              for(k1=1;k1<=n2;k1++)
23                  for(k2=1;k2<=③;k2++)
24                      if(a[i+k1-1][④]!=b[k1][k2])
25                  good=false;
26                  if(good!=false)
27                  {
28                      cout<<i<<' '<<j<<endl;
29                      ⑤;
30                  }
31          }
32      if(!haveAns)
33          cout<<"There is no answer"<<endl;
34      return 0;
35  }
```

(1) ①处应填(   )。
   A. m1   B. m1−m2+1   C. m1−1   D. m1+1
(2) ②处应填(   )。
   A. good=0   B. good='1'   C. good=false D. good=1
(3) ③处应填(   )。
   A. k1+1   B. m2   C. m2−1   D. k1
(4) ④处应填(   )。

      A. k2－1   B. j＋k2   C. j＋k2－1   D. j＋k2＋1

(5) ⑤处应填(　　)。

      A. haveAns＝1   B. haveAns＝0   C. haveAns＝false   D. haveAns＝'1'

【分析】 该程序实现了在 a 矩阵中是否可以找到子矩阵与 b 相等,若存在,则输出所有子矩阵的左上角的坐标。本题难度不大,需要考生细心举例并找出其中的规律。

选择题(1)解析:

这个 for 循环是寻找 b 矩阵的整体大小在 a 矩阵中的范围,例如:

a:	1	2	3	4	b:	3	4
	5	6	7	8		7	8
	9	10	11	12		11	12

b 矩阵是 3×2 的,所以在 a 矩阵中就是寻找 3×2,先是 a[0][0]→a[0][1]→a[1][0]→a[1][1]→a[2][0]→a[2][1],然后是 a[0][1] a[0][2]a[1][1] a[1][2] a[2][1] a[2][2],以此类推,所以 19 行的这个 for 语句中的循环条件就是 b 矩阵的列在 a 中可以循环寻找的次数,同理 18 行就是 b 矩阵的行在 a 中可以循环寻找的次数,而这个例子中,因为 b 已经是 3 行,所以在 a 中只能循环寻找一次,而 b 是 2 列,在 a 中就可以循环寻找 3 次,所以 a 的列长为 m1－b 的列长 m2 再加 1。(此题 14～25 行是最重要的函数体执行部分)

参考答案:B

选择题(2)解析:

这个题目是以 bool 变量 good 进行判断的,每次寻找后改为把 good 重新赋值为 1,因为如果这次找到了,则 24～25 行就无须执行,good 也一直是 1,27 行的判断才可以执行。

参考答案:D

选择题(3)解析:

这个判断就是依靠 b 矩阵的大小进行的。

参考答案:B

选择题(4)解析:

从查看填空题(1)的解析,这里就是在 a 矩阵中找子矩阵,以和 b 矩阵一一对应。

参考答案:C

选择题(5)解析:

用于改变 haveAns 的值,用作最后判断是否存在子矩阵。

参考答案:A

题目 14　完善程序

(坐标统计)输入 n 个整点在平面上的坐标。对于每个点,可以控制所有位于它左下方的点(即 x、y 坐标都比它小),它可以控制的点的数目称为战斗力。依次输出每个点的战斗力,最后输出战斗力最高的点的编号(如果若干个点的战斗力并列最高,则输出其中编号最大的点)。

```
01  #include<iostream>
02  using namespace std;
```

```
03   const int SIZE=100;
04   int x[SIZE],y[SIZE],f[SIZE];
05   int n,i,j,max_f,ans;
06   int main()
07   {
08       cin>>n;
09       for(i=1;i<=n;i++)
10       cin>>x[i]>>y[i];
11       max_f=0;
12       for(i=1;i<=n;i++)
13       {
14           f[i]=_____①_____;
15           for(j=1;j<=n;j++)
16           {
17               if(x[j]<x[i]&&_____②_____)
18                   _____③_____;
19           }
20           if(_____④_____)
21           {
22               max_f=f[i];
23               _____⑤_____;
24           }
25       }
26       for(i=1;i<=n;i++)
27       cout<<f[i]<<endl;
28       cout<<ans<<endl;
29       return 0;
30   }
```

(1) ①处应填(　　)。

  A. i   B. 0   C. x[i]   D. y[i]

(2) ②处应填(　　)。

  A. y[i]<y[j] B. y[j]<y[i] C. y[i]<=y[j] D. y[j]<=y[i]

(3) ③处应填(　　)。

  A. f[i]=x[i] B. f[i]=0   C. f[i]++   D. f[i]=y[i]

(4) ④处应填(　　)。

  A. f[i]>max_f B. f[i]<max_f C. f[i]>=max_f D. f[i]<=max_f

(5) ⑤处应填(　　)。

  A. ans=i   B. ans=max_f C. ans=f[i] D. ans=0

【分析】 分析程序可以得出 x[SIZE]和 y[SIZE]用于存放坐标,f[i]用于存放第 i 个点的战斗力,ans 是战斗力最高的点的编号,max_f 是战斗力最高的点的战斗力。

选择题(1)解析:

第①处存储每个点的初始战斗力,明显是赋初值,即 f[i]=0。

参考答案：B

选择题（2）解析：

第②处是对每个点战斗力进行判断，只有 x 坐标和 y 坐标同时大于另一个点时，才可以控制该点，所以必须满足两个条件：x[j]＜x[i]和 y[j]＜y[i]。

参考答案：B

选择题（3）解析：

由前一行判断每个点的战斗力的 if 语句可知，如果一个点被另一个点控制，则该点的战斗力应该对应加 1，即 f[i]＋＋。

参考答案：C

选择题（4）解析：

由题意可知，如果若干个点的战斗力并列最高，则输出其中编号最大的点。所以将每个点的战斗力和最高战斗力 max_f 进行比较。如果比最高战斗力大，就将该点的战斗力赋给最高战斗力并将编号记下，如果和最高战斗力一样大，就直接将最大的编号记下。所以第④处为最高战斗力和每个点战斗力的比较，即 f[i]＞＝max_f。

参考答案：C

选择题（5）解析：

由题意得知，如果某个点的战斗力比最高战斗力大，便将战斗力赋给最高战斗力并记下对应的编号，如果和最高战斗力一样大，就将最大的编号记下，即 ans＝i。

参考答案：A

题目 15 完善程序

输入 a 和 b，统计[a,b]各位数字之和是 6 的数的个数，程序输出数的个数和数的总和。

```
01   #include <iostream>
02   using namespace std;
03   int is(int number)
04   {
05       int a,s=0;
06       while(number)
07       {
08           a=   ①   ;
09           number=number/10;
10           s=a+s;
11       }
12       if(   ②   )
13           return 1;
14       else
15           return 0;
16   }
17   void count_sum(int a,int b)
18   {
19       int m=0,sum=0;
20       for(int i=a;i   ③   b;i++)
```

```
21        {
22            if(   ④   )
23            {
24            m++;
25            sum=sum+i;
26            }
27        }
28        printf("count =%d, sum =%d\n",m,sum);
29    }
30    int main()
31    {
32        int a, b;
33        scanf("%d %d", &a, &b);
34        count_sum(a, b);
35        return 0;
36    }
```

（1）①处应填（   ）。

A. number%10   B. number/10   C. number   D. 0

（2）②处应填（   ）。

A. s   B. s==6   C. s! =6   D. s%6==0

（3）③处应填（   ）。

A. <=   B. >=   C. ==   D. ! =

（4）④处应填（   ）。

A. is(i)%6   B. i   C. is(i)   D. i%6

【分析】 is 函数用来判断给定正整数的各位数字之和是否等于6,是则返回1;不是则返回0。count_sum 函数统计给定区间内有多少个满足上述要求的整数,并计算这些整数之和。

选择题（1）解析:

a 是要将传过来的 number 数的每个位的数都求出来,所以 a=number%10。

参考答案:A

选择题（2）解析:

s 是每位数的和,此处判断是 s 如果等于6,则说明符合条件,返回1,否则返回0。

参考答案:B

选择题（3）解析:

输入的 a 和 b 是闭区间,即从 a 到 b(包含 a 和 b),所以 i 从 a 开始,到 b 结束。

参考答案:A

选择题（4）解析:

is 函数用来判断此数是不是我们要的数,是则返回1,否则返回0,此处循环过程是计数和计算总和。

参考答案:C

题目16 阅读程序

```
1    #include <iostream>
2    #include<string>
3    using namespace std;
4    int n,i, j, ans;
5    string s;
6    char get(int i)
7    {
8        if (i <n) return s[i];
9        else return s[i -n];
10   }
11   int main()
12   {
13       cin >>s;
14       n =s.size();
15       ans =0;
16       for (i =1; i <=n -1; i++)
17       {
18           for (j =0; j <=n -1; j++)
19               if (get(i +j) <get(ans +j))
20               {
21                   ans =i;
22                   break;
23               }
24               else if (get(i +j) >get(ans +j))break;
25       }
26       for (j =0; j <=n -1; j++)
27           cout <<get(ans +j);
28       cout <<endl;
29       return 0;
30   }
```

• 判断题

(1) 删除第 15 行程序,运行结果不会发生变化。（   ）

(2) 将第 16 行中的 i＝1 改成 i＝0,运行结果不变。（   ）

(3) 在 18、19 行中间插入"if(get(i+j)＝＝get(ans+j))continue;",运行结果不变。

（   ）

(4) 将第 24 行的 break 换成 continue,因为这是 for 语句的最后一句,所以运行结果不变。（   ）

• 选择题

(5) 当输入为 ABCDEFG 时,输出结果为(   )。

　　A. ABCDEFG　　　B. GFEDCBA　　　C. ACEGFDB　　　D. AGBFCED

(6) 当输入为 CBBADADA 时,输出为(   )。

　　A. ABABCDAD　　　B. ABBCDADA　　　C. ACBBADAD　　　D. ADADACBB

【分析】　本程序看似复杂,其实可以将字符串看成一个环形,找出一个 ans 依次输出。

例如:123456 get 函数就是将 6 与 1 连接形成一个环,即 6 后面为 1,1 后面为 2 等,以此类推。第 16~25 行的作用是确定 ans,最后以 ans 为首位依次输出。ans 的确定方法是:以 ans 和 i 依次往后推,当 get(i + j) < get(ans + j)(i 往后推的数要小于 ans 后面推的数)时,则将 ans 赋值为 i,若相等,则进入下次循环,若大于,则跳出本次循环。

判断题(1)解析:

全局变量的 int 不赋值,系统默认赋值 0。

参考答案:正确

判断题(2)解析:

int i=0 会一直运行,直到不满足 j <= n - 1。

参考答案:正确

填空题(3)解析:

因为下面的 if (get(i + j) < get(ans + j))和 else if (get(i + j) > get(ans + j))中的 get(i+j)和 get(ans+j)都不同,所以当两者相等时就可以跳出本次循环了。

参考答案:正确

判断题(4)解析:

continue 是跳出本次循环,而 break 是跳出当前 for 语句,两者不同。

参考答案:错误

判断题(5)解析:

因为是递增,实际上都不符合 if (get(i + j) < get(ans + j)),条件应该原样输出。

参考答案:A

判断题(6)解析:

a[i]	C	B	B	A	D	A	D	A
i	0	1	2	3	4	5	6	7
ans	0	1	2	3	3	5	5	7

应该输出 ACBBADAD

参考答案:C

6.3 知识点巩固

题目 1 阅读程序

```
01  #include <cstdio>
02  #include <cstring>
03  using namespace std;
04  char st[100];
05  int main() {
06      scanf("%s",st);
07      int n=strlen(st);
```

```
08    for (int i=1;i<=n;++i) {
09      if (n%i==0) {
10          char c=st[i-1];
11          if (c>='a')
12              st[i-1]=c-'a'+'A';
13      }
14    }
15    printf("%s", st);
16    return 0;
17  }
```

• 判断题

（1）输入的字符串只能由小写字母或大写字母组成。   （   ）

（2）若将第 8 行的"i ＝ 1"改为"i ＝0"，则程序运行时会发生错误。   （   ）

（3）若将第 8 行的"i ＜＝ n"改为"i ＊ i ＜＝ n"，则程序运行结果不会改变。 （   ）

（4）若输入的字符串全部由大写字母组成，那么输出的字符串与输入的字符串一样。

（   ）

• 选择题

（5）若输入的字符串长度为1，那么输入的字符串与输出的字符串相比至多有（   ）个字符不同。

　　　A. 18　　　　　　　B. 6　　　　　　　C. 10　　　　　　　D. 1

（6）若输入的字符串长度为（   ），那么输入的字符串与输出的字符串相比至多有 36个字符不同。

　　　A. 36　　　　　　　B. 100 000　　　　C. 1　　　　　　　D. 128

题目 2 阅读程序

```
01  #include<iostream>
02  using namespace std;
03  int main()
04  {
05      int a[3],b[3];
06      int i,j,tmp;
07      for(i=0;i<3;i++)
08        cin>>b[i];
09      for(i=0;i<3;i++)
10      {
11          a[i]=0;
12          for(j=0;j<=i;j++)
13          {
14              a[i]+=b[j];
15              b[a[i]%3]+=a[j];
16          }
17      }
18      tmp=1;
```

```
19      for(i=0;i<3;i++)
20      {
21          a[i]%=10;
22          b[i]%=10;
23          tmp*=a[i]+b[i];
24      }
25      cout<<tmp<<endl;
26      return 0;
27  }
```

- 判断题

(1) 输入的 3 个数越大,则输出的结果也越大。　　　　　　　　　　(　　)

(2) 执行完第 17 行后,b[i]比 a[i]相对应的值要大。　　　　　　　(　　)

(3) 将第 18 行的 tmp=1 改为 tmp=0,不论输入什么数据,输出结果都是 0。(　　)

(4) 若输入数据中包含字母,如 3 3 a,则程序会出错。　　　　　　(　　)

- 填空题

(5) 输入 2 3 5,输出的结果是(　　　)。

　　A. 414　　　　　　B. 415　　　　　　C. 416　　　　　　D. 417

(6) 输入 1 1 1,输出的结果是(　　　)。

　　A. 36　　　　　　B. 48　　　　　　C. 72　　　　　　D. 108

题目3　阅读程序

```
01  #include<iostream>
02  #include<math.h>
03  using namespace std;
04  const int c=2020;
05  int main()
06  {
07      int k,s,n,p,i,j,t,a=0;
08      cin>>n>>p;
09      s=0;t=1;
10      for(i=1;i<=n;i++)
11      {
12          t=t*p%c;
13          for(j=1;j<=i;j++)
14              s=(s+t)%c;
15      }
16      for(i=2;i<s;i++)
17      {
18          if(s%i==0)
19          {a++;}
20      }
21      if(a==0)
22      {printf("1");}
```

```
23        else
24        {printf("0");}
25        return 0;
26    }
```

- 判断题

(1) 将第 12 行的 t＝t＊p％c 改为 t＊＝p％c,不会影响运行结果。 （   ）

(2) 将第 4 行移动到第 7 行后,运行结果不会有变化。 （   ）

(3) 将 16 行的 s 换成(int)sqrt(s),程序的运行结果不会发生改变。 （   ）

(4) 输入 n＝6、p＝3 时,输出结果为 1。 （   ）

- 选择题

(5) 在第 14 行,当输入 p＝2、n＝12,i 大于（   ）时,s 的值相比上一次减小了。

  A. 10   B. 11   C. 8   D. 9

(6) 输入 n＝4、p＝4 时,程序运行完 15 行后,s 的结果为（   ）。

  A. 1252   B. 1254   C. 1256   D. 1258

题目 4　阅读程序

```cpp
01  #include<cstdlib>
02  #include<iostream>
03  using namespace std;
04
05  char encoder[26]={'C','S','P',0};
06  char decoder[26];
07
08  string st;
09
10  int main(){
11      int k=0;
12      for(int i=0;i<26;++i)
13          if(encoder[i]!=0)++k;
14      for(char x='A';x<='Z';++x){
15          bool flag=true;
16          for(int i=0;i<26;++i)
17              if(encoder[i]==x){
18                  flag=false;
19                  break;
20              }
21              if(flag){
22              encoder[k]=x;
23              ++k;
24              }
25      }
26      for(int i=0;i<26;++i)
27          decoder[encoder[i]-'A']=i+'A';
```

```
28      cin>>st;
29      for(int i=0;i<st.length();++i)
30          st[i]=decoder[st[i]-'A'];
31      cout<<st;
32      return 0;
33  }
```

• 判断题

(1) 输入的字符串应当只由大写字母组成,否则在访问数组时可能越界。 （　　）

(2) 若输入的字符串不是空串,则输入字符串与输出字符串一定不一样。 （　　）

(3) 将第12行的"i<26"改为"i<16",程序的运行结果不会改变。 （　　）

(4) 将第26行的"i<26"改为"i<16",程序的运行结果不会改变。 （　　）

• 选择题

(5) 若输出的字符串为 ABCABCABCA,则下列说法中正确的是（　　）。

　　A. 输入的字符串中既有 A 又有 P　　　　B. 输入的字符串中既有 S 又有 B

　　C. 输入的字符串中既有 S 又有 P　　　　D. 输入的字符串中既有 A 又有 B

(6) 若输出的字符串为 CSPCSPCSPCSP,则下列说法中正确的是（　　）。

　　A. 输入的字符串中既有 J 又有 R　　　　B. 输入的字符串中既有 P 又有 K

　　C. 输入的字符串中既有 J 又有 K　　　　D. 输入的字符串中既有 P 又有 R

题目5　阅读程序

```
1   #include<iostream>
2   using namespace std;
3
4   long long n,ans;
5   int k,len;
6   long long d[1000000];
7
8   int main(){
9       cin>>n>>k;
10      d[0]=0;
11      len=1;
12      ans=0;
13      for(long long i=0;i<n;++i){
14      ++d[0];
15          for(int j=0;j+1<len;++j){
16              if(d[j]==k){
17                  d[j]=0;
18                  d[j+1]+=1;
19                  ++ans;
20              }
21          }
22          if(d[len-1]==k){
23              d[len-1]=0;
```

```
24              d[len]=1;
25              ++len;
26              ++ans;
27          }
28      }
29      cout<<ans<<endl;
30      return 0;
31  }
```

假设输入的 n 是不超过 2^{62} 的正整数,k 是不超过 10 000 的正整数,完成下面的判断题和选择题

- 判断题

(1) 若 k=1,则输出 ans 时,len＝n。 (　　)

(2) 若 k>1,则输出 ans 时,len 一定小于 n。 (　　)

(3) 若 k>1,则输出 ans 时,k^{len} 一定大于 n。 (　　)

- 选择题

(4) 若输入的 n 为 10^{15},输入的 k 为 1,则输出为(　　)。

　　A. $(10^{30}-10^{15})/2$　　B. $(10^{30}+10^{15})/2$　　C. 1　　　　　　D. 10^{15}

(5) 若输入的 n 为 205891132094649(即 3^{30}),输入的 k 为 3,则输出为(　　)。

　　A. $(3^{30}-1)/2$　　　　B. 3^{30}　　　　　　C. $3^{30}-1$　　　　D. $(3^{30}+1)/2$

(6) 若输入的 n 为 100010002000090,输入的 k 为 10,则输出为(　　)。

　　A. 11 112 222 444 543　　　　　　　　B. 11 122 222 444 453

　　C. 11 122 222 444 543　　　　　　　　D. 11 112 222 444 453

题目6　阅读程序

```
1   #include <iostream>
2   #include<string>
3   using namespace std;
4   int main()
5   {
6       string st;
7       int i, len, count;
8       getline(cin, st);
9       len =st.length();
10      count =0;
11      i =0;
12      for (; i <len; i++)
13          if (st[i] >='a' && st[i] <='z')
14          {
15              st[i] =st[i] -'a' +'A';
16              count++;
17          }
18      cout <<st <<endl;
19      cout <<"It has " <<count <<" lowercases" <<endl;
```

```
20      return 0;
21  }
```

• 判断题

(1) 程序中,变量 count 的值一定小于变量 i 的值。 （　　）

(2) 第 15 行可改为"st[i] － = 32;",程序结果不会改变。 （　　）

(3) 根据 C++ 的最新语法,第 13 行的条件判断可以简化成'a'＜＝st[i]＜＝'z'。 （　　）

(4) 第 8 行输入的字符串 s 可以是任意字符,包括字母、数字、各类符号甚至中文汉字及其符号。 （　　）

• 选择题

(5) 输入"Hellow,My friend.",程序最后的 st 和 count 的值为（　　）。

    A. hellow,my friend.,0　　　　　　B. hELLOW,mY FRIEND.,2

    C. HELLOW,MY FRIEND.,12　　　　D. HellowMy friend.,14

(6) 若将第 15 行改为"st[i] － = 'a' + 'A';",输入 Hellow,则最后输出（　　）。

A. hellow / It has 6 lowercases
B. HELLOW / It has 6 lowercases
C. hELLOW / It has 6 lowercases
D. Hellow / It has 6 lowercases

题目 7　阅读程序

```
1   #include <iostream>
2   using namespace std;
3   int main()
4   {
5       const int SIZE =100;
6       int n,f,i,j,t,left,right,middle,a[SIZE];
7       cin >>n >>f;
8       for (i =1; i <=n; i++)
9           cin >>a[i];
10  for (i =0; i <n; i++)
11  for (j =1; j <=i; j++)
12  if (a[j] >=a[j +1])
13      {
14          t =a[j];
15          a[j] =a[j +1];
16          a[j +1] =t;
17      }
18  left =1;
19  right =n;
20  do {
21      middle =(left +right) / 2;
22      if (f <=a[middle])
23      right =middle;
24      else left =middle +1;
```

```
25          }
26      while (left <right);
27      cout <<left<<endl ;
28      return 0;
29  }
```

• 判断题

(1) 将第 5 行的程序移动到 2、3 行的中间,程序能够正常运行。　　　　　　(　　)

(2) 将第 12 行的"="删除,运行结果会改变。　　　　　　　　　　　　　(　　)

(3) 将第 8 行的"i = 1;i <= n;"改为"i = 0;i <n;",运行结果不会改变。(　　)

(4) 若第 9 行输入 n 个相同的数字,程序最后输出的 left 值为 1。　　　　(　　)

• 选择题

(5) 当 n=5,f=7,a[size]={8 4 7 5 6}时,结果为(　　　)。

A. 3　　　　　　　B. 4　　　　　　　C. 5　　　　　　　D. 7

(6) 输入仍是第(5)题,将第 12 行的">="改为"<=",则结果为(　　　)。

A. 3　　　　　　　B. 4　　　　　　　C. 5　　　　　　　D. 7

题目 8　阅读程序

```
01  #include <iostream>
02  using namespace std;
03  int delnum(char * s)
04  {
05      int i,j;
06      j=0;
07      for(i=0;s[i]!='\0';i++)
08          if(s[i]<'0'||s[i]>'9')
09              {
10                  s[j]=s[i];
11                  j++;
12              }
13      return j;
14  }
15  const int SIZE=30;
16  int main()
17  {
18      char s[SIZE];
19      int len,i;
20      cin.getline(s,sizeof(s));
21      len=delnum(s);
22      for(i=0;i<len;i++)
23          cout<<s[i];
24      cout<<endl;
25      return 0;
26  }
```

• 判断题

(1) 输入的字符串长度不能超过 30 个字符。　　　　　　　　　　　（　　）

(2) 第 3 行的 delnum(char * s)语句可以更换成 delnum(char s[])语句。　（　　）

(3) 第 13 行的 j 表示字符串的长度。　　　　　　　　　　　　　　（　　）

(4) 第 22、23 行字符串的输出可以直接利用 cout<<s 代替,结果不变。　（　　）

• 选择题

(5) 当输入字符串为 abc123de456f 时,结果为(　　)。

    A. abcdef　　　　　B. 123456　　　　　C. abc123　　　　　D. 123

(6) 当输入字符串为 3.1415929 时,结果为(　　)。

    A. 3.1415929　　　　B. 无输出　　　　　C. 31415926　　　　D. 仅输出一个“.”

题目9　完善程序

（快乐数）一个快乐数的定义为：对于一个正整数,每一次将该数替换为其每一个位置上的数字的平方和,然后重复这个过程直到这个数变为 1,也可能是无限循环但始终变不到 1。如果为 1,那么这个数就是快乐数。（经验证,所有不快乐数都会进入一个带有数字 4 的循环）

例如：19

$1^2+9^2=82$

$8^2+2^2=68$

$6^2+8^2=100$

$1^2+0^2+0^2=1$

所以 19 是一个快乐数。

```
1   #include<stdio.h>
2   int fun(int n){
3       while(___①___){
4           int sum=0;
5           while(n>0){
6               int d=n%10;
7               n=___②___;
8               sum+=___③___;
9           }
10          if(___④___)
11          return 0;
12          n=sum;
13      }
14      return 1;
15  }
16  int main()
17  {
18      int a,n;
19      scanf("%d",&n);
20      a=fun(n);
```

```
21      if(__⑤__)
22      printf("yes");
23      else
24      printf("no");
25  }
```

(1) ①处应填（　　）。

    A. n＝1　　　　　B. n！＝1　　　　　C. n＝4　　　　　D. n！＝4

(2) ②处应填（　　）。

    A. n＊10　　　　B. n/10　　　　　C. n％10　　　　D. n＋1

(3) ③处应填（　　）。

    A. d　　　　　　B. n＊10　　　　　C. n＊n　　　　　D. d＊d

(4) ④处应填（　　）。

    A. sum＝＝4　　B. sum＝＝0　　　C. sum＝＝1　　　D. sum＝＝n

(5) ⑤处应填（　　）。

    A. a　　　　　　B. a＝0　　　　　C. n　　　　　　D. n＝4

第7章 数据结构

7.1 基本知识介绍

7.1.1 数组

数组是比较简单的数据结构,其定义和初始化为

```
int a[10]={4,6,34,25,24,52,98,35,62,45};
```

其特点是:用一组地址连续的存储单元依次存储相同类型的数据元素。

数组的基本操作包括查找、修改、插入、删除等。

(1) 查找

按顺序依次查找,直至找到 num 为止,退出循环。

```
for(i=0;i<n;i++){
    if(a[i]==num){
        cout<<i;
        break;
    }
}
```

(2) 修改

修改的操作与查找非常类似,按顺序查找,找到之后修改数据。

```
//找到 num 数据后,将其值做加 1 操作
for(i=0;i<n;i++){
    if(a[i]==num){
        a[i]=num+1;
        break;
    }
}
```

(3) 插入

以将 3 插入 4 的前面为例,插入操作的示意如下所示。

原始序列	1	2	4	22	30	
步骤 1	1	2	4	22		30

续表

步骤2	1	2	4		22	30
步骤3	1	2		4	22	30
步骤4	1	2	3	4	22	30

```
//将数据 num 插入到 insert 位置
//数据的长度为 n;
for(i=n;i>=insert;i--)
    a[i+1]=a[i];
a[insert]=num;
```

（4）删除

删除的操作与插入相反,将 3 删除的基本操作如下。

原始序列	1	2	3	4	22	30
步骤1	1	2	4		22	30
步骤2	1	2	4	22		30
步骤3	1	2	4	22	30	

```
//将 insert 位置的数据删除
//数据的长度为 n;
for(i=insert+1;i<=n;i++)
    a[i]=a[i+1];
```

7.1.2 栈

栈的基本操作有:判断栈是否为空栈、入栈、出栈、判断栈是否为满栈等,如图 7-1 所示。

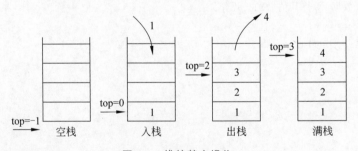

图 7-1　栈的基本操作

（1）栈的表示

栈的操作只对栈顶位置进行,从而限制数组的操作,所以栈也称受限的线性表。栈的定义是由一个数组和栈顶位置组成的,如下所示:

```
const int MaxSize=30;        //栈的最大值为 30
int a[30];                   //栈
int top=-1;                  //栈顶位置,初始值为-1,表示空栈
```

(2) 判断栈是否为空

空栈的栈顶位置为-1,只需要判断栈顶位置即可。

```
if (top==-1)
    cout<<"栈空!";
```

(3) 入栈

入栈操作是栈的常用操作之一,首先要判断栈是否溢出,不溢出的情况下才可以入栈。

```
void push(int x)             //入栈
{
    if(top==MaxSize-1)
        cout<<"栈满溢出!"<<endl;
    else
        a[++top]=x;
}
```

(4) 出栈

出栈操作首先要判断栈是否为空,不为空的情况下才可以进行出栈操作。

```
int pop()                    //出栈操作
{
    int tmp=0;
    if(top==-1)
        cout<<"栈已空!"<<endl;
    else
        tmp=a[top--];
    return tmp;
}
```

7.1.3 队列

队列的基本操作包括判断队空、判断队满、出队和入队等。队列如图 7-2 所示。

(1) 队列的定义

队列类似于排队,只能从队头出、队尾入,所以也是一种受限的线性表。队列的定义是由一个数组和两个队头、队尾元素组成的。

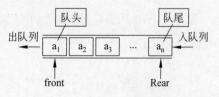

图 7-2 队列的基本操作示意

```
const int MaxSize 100;    //队列的最大容量
int Queue[MaxSize];
int fornt=0;              //队头指针,初始值为 0
int rear=0;               //队尾指针,初始值为 0
```

（2）判断队列为空

如果队头指针和队尾指针相等，则队列为空。

```
int IsEmpty()
{
    if(fornt==rear)
    {
        return 1;
    }
    return 0;
}
```

（3）判断队列是否为满

如果队尾指针到达队列的末尾，则队满。

```
int IsFull()                 //判断队列是否为满
{
    if(rear==MaxSize)
    {
        return 1;
    }
    return 0;
}
```

（4）入队

入队操作在队尾进行，当队列不满时才可以进行入队操作。

```
void enQueue(int data)      //入队,将元素 data 入列
{
    if (IsFull())
    {
        cout<<"队列已满"<<endl;
        return;
    }
    Queue[rear]=data;        //在队尾插入元素 data
    rear=rear+1;             //队尾指针后移一位
}
```

（5）出队

出队操作在队头进行，当队列不为空时才可以进行出队操作。

```
int deQueue()
{
    if (IsEmpty())
    {
        printf("队列为空!\n");
        return 0;
    }
```

```
    int data=Queue[front];          //出队元素值
    front=front+1;                  //队头指针后移一位
    return 1;
}
```

（6）循环队列的基本操作

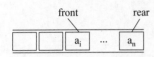

front   rear

图 7-3　普通队列的假满示意

普通队列会出现假的队满情况，如图 7-3 所示，虽然 rear 指针已经指到了队列的最后，但是队列前方还有不少存储空间可以利用。

这时，采用循环队列可以有效解决这种问题。循环队列是指把顺序队列首尾相连，把存储队列元素的表从逻辑上看成一个环。下面是循环队列的入队和出队操作。

```
void enQueue(int i)                 //入队
{
    if((rear+1)%MaxSize==front)     //队列已满
    {
        cout<<"队列已满!";
        return;
    }
    queue[rear]=i;                  //插入队尾
    rear=(rear+1)%MaxSize;          //尾部指针后移,如果到最后,则转到头部
}
int deQueue()                       //出队操作
{
    if(front==rear)                 //队列空
    {
        cout<<"队列为空!";
        return -1;
    }

    int i=queue[front];             //返回队头元素
    front = (front+1)%MaxSize;      //队头指针后移,如到最后,则转到头部
    return i;
}
```

7.1.4　树和二叉树

树是一种非线性的数据结构，它在表示机构的组织关系图等方面非常好用，其示意图如图 7-4 所示。

（1）表示方法

树主要由自身的数据域和其父节点构成，所以表示方法可以利用一个结构体数据表示，表示方法如下。

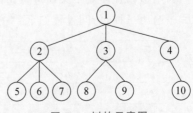

图 7-4　树的示意图

```
const int m=10;                        //10 个节点
struct node
{
    int data,parent;                   //数据域,父节点
};
node tree[m];                          // 10 个节点的数组存储
```

图的存储形式如下(−1 表示无):

data	1	2	3	4	5	6	7	8	9	10
parent	−1	1	1	1	2	2	2	3	3	4

(2)树转化成二叉树

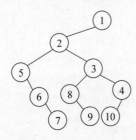

图 7-5　二叉树示意图

因为树的分支不确定,所以很多情况下其操作很不方便,而二叉树最多只有两个节点,即一个左子树,一个右子树,操作和表示起来都会简单很多。通常情况下,对树的处理都是先将其转化成二叉树。

树转化成二叉树的方法:将一棵树的孩子节点放在二叉树的左子树,将一棵树的兄弟节点放在右子树,图 7-4 转化成二叉树的示意如图 7-5 所示。

(3)二叉树的表示

由于二叉树最多只有左子树和右子树,所以存储时利用数组存储其左子树和右子树的信息即可。

```
const int m=10;                        //10 个节点
char data[m];
char lchild[m];                        //10 个节点的左子树信息
char rchild[m];                        //10 个节点的右子树信息
int btree;                             // 根节点
```

二叉树的存储示例如下。

data	1	2	3	4	5	6	7	8	9	10
Lchild	2	5	8	10	−1	−1	−1	−1	−1	−1
Rchild	−1	3	4	−1	6	7	−1	9	−1	−1

(4)二叉树的访问

利用递归程序对二叉树进行访问非常简单,根据访问顺序可以分为先序遍历、中序遍历和后序遍历三种,访问过程如下。

序号	遍历类型	步骤 1	步骤 2	步骤 3
1	先序遍历	访问根节点	访问左子树	访问右子树
2	中序遍历	访问左子树	访问根节点	访问右子树
3	后序遍历	访问左子树	访问右子树	访问根节点

- 先序遍历

```
void preorder(int root)
{
    if(root!=-1)                    //跳出递归条件
    {
        cout<<data[root]<<"  ";
        preorder(lchild[root]);
        preorder(rchild[root]);
    }
}
```

- 中序遍历

```
void midorder(int root)
{
    if(root!=-1)                    //跳出递归条件
    {
        preorder(lchild[root]);
        cout<<data[root]<<"  ";
        preorder(rchild[root]);
    }
}
```

- 后序遍历

```
void postorder(int root)
{
    if(root!=-1)                    //跳出递归条件
    {
        preorder(lchild[root]);
        preorder(rchild[root]);
        cout<<data[root]<<"  ";
    }
}
```

7.1.5 图

图也是一种非线性的数据结构，它在表示城市交通、多节点网络等关系时非常好用，图的表示示意图如图 7-6 所示。

（1）图的存储

图中各节点的关系可以利用图 7-7（a）表示，具体数据的存储可以利用二维数组表示，如图 7-7（b）所示。

（2）图的遍历

根据访问顶点的规律，图的遍历分为两种方法：深度优

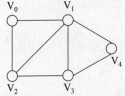

图 7-6 苏北五市交通抽象图

先搜索和广度优先搜索。

- 深度优先搜索

深度优先搜索的基本思想是：从顶点 V_0 出发，访问 V_0，然后选择一个与 V_0 相邻且未被访问过的顶点 V_1 进行访问，再从 V_1 出发选择一个与 V_1 相邻且未被访问过的顶点 V_4 进行访问，以此继续，直到图中所有顶点都被访问。如果当前被访问过的顶点的所有邻接顶点都已被访问，则退回到已被访问的顶点序列中最后一个拥有未被访问的相邻顶点的顶点，从该顶点出发按同样的方法向前遍历，如图 7-8 所示。

(a) 存储示意图　　　　(b) 二维邻接矩阵

图 7-7　苏北五市数据存储图　　　　图 7-8　深度优先搜索示意图

访问顺序：$V_0 \rightarrow V_1 \rightarrow V_4 \rightarrow V_3 \rightarrow V_2$。

深度优先搜索要用到栈，对于有路径的相邻节点依次入栈，当图中无节点可以访问时，将栈中节点出栈，搜索过程如图 7-9 所示。

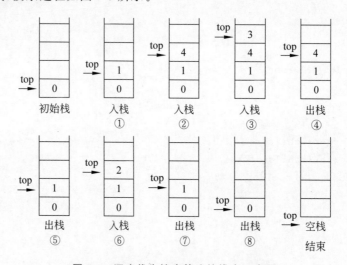

图 7-9　深度优先搜索算法的栈内示意图

代码如下：

```
const int N=10;                    //图的最大节点数
int a[N][N];                       //图的存储矩阵
int stk[N],h[N];                   //stk为栈,h存储节点是否被访问过
int n,top=0,k=0;                   //top为栈顶指针,k为矩阵搜索指针
h[1]=1;                            //首先访问节点 1
stk[0]=1;                          //将节点 1 入栈
while(top>=0)
```

```
{
    k++;                            //k 作为矩阵的横向搜索变量
    if(k>n)k=stk[top--];           //如果搜索出边界
    else if(!h[k]&&a[stk[top]][k]){ //该节点未被访问过
        cout<<'-'<<k;
        h[k]=1;
        stk[++top]=k;
        k=0;
    }
}
```

- 广度优先搜索

广度优先搜索的基本思想是：访问初始点 V_0，并将其标记为已访问，接着访问与 V_0 相邻的所有未被访问过的顶点 V_1 和 V_2，并标记已访问，然后按照 V_1、V_2 的次序访问每一个顶点的所有未被访问过的邻接点，并均标记为已访问，以此类推，直到图中所有顶点都被访问过为止，如图 7-10 所示。

访问顺序：$V_0 \rightarrow V_1 \rightarrow V_2 \rightarrow V_4 \rightarrow V_3$。

广度优先搜索要用到队列，对于访问节点的所有路径的相邻节点依次入队，然后从队头取出一个元素进行访问。访问节点的所有路径的相邻节点依次入队，直到访问完整个图。具体代码如下：

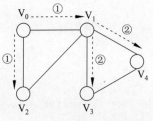

图 7-10　广度优先搜索示意图

```
const int N=10;
int a[N][N],q[N],h[N];         //q 为队列,h 记录顶点是否被访问过
int n;
q[1]=1;h[1]=1;                 //1 入队
for(int f=1,r=1;f<=r;f++)
{
    int u=q[f];               //队头出队
    for(int i=1;i<=n;i++){    //访问节点的所有路径的相邻节点依次入队
        if(a[u][i]&&!h[i])
        {
            cout<<'-'<<i;
            q[++r]=i;
            h[i]=1;
        }
    }
}
```

7.2　典型习题解析

题目1　完善程序

对于一个 1 到 n 的排列 p(即 1 到 n 中每一个数在 p 中出现了恰好一次),令 q_i 为第 i 个

位置之后第一个比 p_i 值更大的位置,如果不存在这样的位置,则 $q_i = n+1$。

举例来说,如果 n=5 且 p 为 1 5 4 2 3,则 q 为 2 6 6 5 6。

下列程序读入了排列 p,使用双向链表求解了答案,试补全程序。

数据范围为 $1 \leqslant n \leqslant 105$。

```
01  #include <iostream>
02  using namespace std;
03  const int N =100010;
04  int n;
05  int L[N],R[N],a[N];
06  int main(){
07      cin>>n;
08      for(int i=1;i<=n;++i)
09      {
10          int x;
11          cin>>x;
12          ___①___ ;
13      }
14      for(int i=1;i<=n;++i)
15      {
16          R[i]= ___②___ ;
17          L[i]=i-1;
18      }
19      for(int i=1;i<=n;++i)
20      {
21          ___③___ =L[a[i]];
22          R[L[a[i]]]= ___④___ ;
23      }
24      for(int i=1;i<=n;++i)
25      {
26          cout<< ___⑤___ <<" ";
27      }
28      cout<<endl;
29      return 0;
30  }
```

(1) ①处应填(   )。

    A. a[i]=x   B. a[x]=i   C. a[x]=x   D. a[i]=i

(2) ②处应填(   )。

    A. i+1   B. i++   C. i   D. n

(3) ③处应填(   )。

    A. R[L[a[i]]]   B. R[R[a[i]]]   C. L[L[a[i]]]   D. L[R[a[i]]]

(4) ④处应填(   )。

    A. R[L[a[i]]]   B. R[R[a[i]]]   C. L[a[i]]   D. R[a[i]]

(5) ⑤处应填( )。

    A. a[i]   B. R[i]   C. L[i]   D. i

【分析】

    本题已经说明利用双向链表解决问题,再结合程序的 L 数组和 R 数组,可以推测出 L 为 left 指针,R 为 right 指针。第一个空①很关键,应该填写

a[x]=i;

    用下标作为数组的值,这是桶排序,可以快速将一个序列变成有序序列,其时间复杂度是 O(n),即一重循环就可以将数组 a 从小到大排序好。以给出的数据为例,此时 a 数组如下。

i	1	2	3	4	5
x	1	5	4	2	3
a[i]	1	4	5	3	2

    第 14~18 行建立了一个双向链表,如下所示。

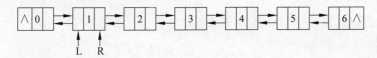

    第 19~23 行,对排序好的数据进行从小到大删数,当某个数被删除时,链表中不存在比它小的数,后面的数据又是递增的,R[i]就可以找到第一个比 P_i 值更大的位置了。

    空③和空④是双向链表的删除操作:

L[R[a[i]]]=L[a[i]];
R[L[a[i]]]=R[a[i]];

    随后按照从小到大的顺序依次删除数据元素,其过程如下。

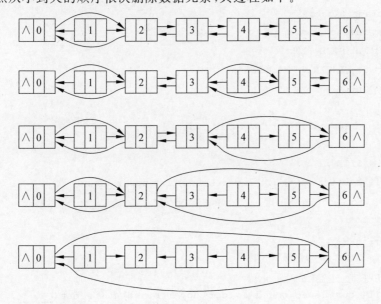

根据图中删除的过程,可知其 R 数组的输出顺序为

2 6 6 5 6

选择题(1)解析:

利用桶排序算法进行排序,a[x] = i。

参考答案:B

选择题(2)解析:

R[i]=i+1用来建立 Right 指针。

参考答案:A

选择题(3)和(4)解析:

L[R[a[i]]]=L[a[i]];
R[L[a[i]]]=R[a[i]];

该操作是删除 a[i]节点的双向链表操作。

参考答案:D

选择题(5)解析:

R[i]表示可以找到第一个比 P_i 值更大的位置。

参考答案:B

2. 完善程序

(二叉查找树) 二叉查找树具有如下性质:每个节点的值都大于其左子树上所有节点的值、小于其右子树上所有节点的值。试判断一棵树是否为二叉查找树。

输入的第 1 行包含一个整数 n,表示这棵树有 n 个顶点,编号分别为 $1,2,\cdots,n$,其中编号为 1 的是根节点。之后的第 i 行有 3 个数 value,left_child,right_child,分别表示该节点关键字的值、左子节点的编号、右子节点的编号;如果不存在左子节点或右子节点,则用 0 代替。输出 1 表示这棵树是二叉查找树,输出 0 则表示不是。

```
01   #include <iostream>
02   using namespace std;
03   const int SIZE =100;
04   const int INFINITE =1000000;
05   struct node
06   {
07       int left_child, right_child, value;
08   };
09   node a[SIZE];
10   int is_bst(int root, int lower_bound, int upper_bound)
11   {
12       int cur;
13       if(root ==0)
14           return 1;
15       cur =  ①  ;
16       if((cur>lower_bound) && (cur<upper_bound) && (is_bst(  ②  , lower_bound,
```

```
                   cur) ==1) && (is_bst( ③ , cur,upper_bound) ④ ))
17          return 1;
18      return 0;
19  }
20  int main()
21  {
22      int i, n;
23      cin>>n;
24      for (i =1; i <=n; i++)
25          cin>>a[i].value>>a[i].left_child>>a[i].right_child;
26      cout<<is_bst( ⑤ , -INFINITE, INFINITE)<<endl;
27      return 0;
28  }
```

(1) ①处应填(   )。

A. root   B. a[root]   C. a[root].value   D. 1

(2) ②处应填(   )。

A. left_child   B. right_child

C. a[root].left_child   D. a[root].right_child

(3) ③处应填(   )。

A. left_child   B. right_child

C. a[root].left_child   D. a[root].right_child

(4) ④处应填(   )。

A. ==0   B. ==1

C. ==0 或者空白   D. ==1 或者空白

(5) ⑤处应填(   )。

A. -1   B. 0   C. 1   D. 2

【分析】

本题考查的是二叉查找树(Binary Search Tree),又称二叉搜索树,是指一棵空树或者具有下列性质的二叉树:

(1) 若任意节点的左子树不空,则左子树上所有节点的值均小于它的根节点的值;

(2) 若任意节点的右子树不空,则右子树上所有节点的值均大于它的根节点的值;

(3) 任意节点的左、右子树也分别为二叉查找树;

(4) 没有键值相等的节点。

例如:设 x 为二叉查找树中的一个节点,x 节点包含关键字 key,节点 x 的 key 值记为 key[x]。如果 y 是 x 的左子树中的一个节点,则 key[y] <= key[x];如果 y 是 x 的右子树的一个节点,则 key[y] >= key[x]。右图就是一棵二叉查找树。

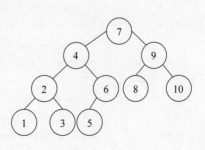

选择题(1)解析:

这里要搞清楚 root 的含义,root 是根节点的指针,最初值为 1，也就是数组的下标。而程序需要比较的是根节点的值，所以该空应该选择 a[root].value。

参考答案：C

选择题（2）解析：

对于本题，主要程序段即为 is_bst( ) 函数，该调用函数实现的功能是使用递归调用判断当前的 cur(根)> lower_bound(左)，并且 cur<upper_bound(右)，不断执行递归操作，如果符合二叉查找树的条件，则 return 1，表示当前的子树是二叉查找树。所以空②应该选择左子树的值。

参考答案：C

选择题（3）解析：

该题与题(2)类似，应该选择右子树的值。

参考答案：D

选择题（4）解析：

要想满足二叉查找树，则四个条件都必须满足，所以四个条件都是真(TRUE)才行。这里＝＝1 表示为真，由于是逻辑表达式，为真也可以省略。

参考答案：D

选择题（5）解析：

这是 is_bst( ) 函数的初始值，1 代表根节点。

参考答案：C

3. 完善程序

(二值图像的最大连通块)二值图像是指在图像中灰度等级只有两种，也就是说，图像中的任何像素点的灰度值均为 0 或者 255，分别代表黑色和白色。现在给出一个 m×n 的二值图像矩阵，求其中最大的白色连通块。连通按四连通计算，即上下左右相连为连通。

首先输入两个正整数 m 和 n，保证 1<m,n<100。接下来 m 行每行输入 n 个数，0 表示格子为黑色像素块，255 表示格子为白色像素块。保证至少有一个 255 的白色像素块，保证不会出现其他整数。最后输出一个整数，表示白色像素块的最大连通数量。

```
01  #include<stdio.h>
02  int main()
03  {
04      int image[100][100] = { 0 };
05      int i, j, m, n, count, max=0;
06      int front, rear;
07      int q1[100], q2[100];
08      bool visited[100][100] = __①__ ;
09      int dx[4] = { 0,1,0,-1 };
10      int dy[4] = { 1,0,-1,0 };
11      scanf("%d%d", &m, &n);
12      for (i =0; i <m; i++)
13          for (j =0; j <n; j++)
14              scanf("%d", &image[i][j]);
```

```
15    for (i =0; i <m; i++)
16       for (j =0; j <n; j++)
17       {
18          if (image[i][j] && !visited[i][j])
19          {
20              ____②____ ;
21              count =0;
22              q1[rear] =i;
23              q2[rear] =j;
24              visited[i][j] =true;
25              rear++;
26              while ( ____③____ )
27              {
28                  int x =q1[front];
29                  int y =q2[front];
30                  ____④____ ;
31                  count++;
32                  for (int k =0; k <=3; k++)
33                  {
34                      int nx =x +dx[k] , ny =y +dy[k];
35                      if ((nx <0 || nx >=m || ny <0 || ny >=n)
36                        continue;
37                      if( ____⑤____ )
38                        continue;
39                      q1[rear] =nx;
40                      q2[rear] =ny;
41                      visited[nx][ny] =true;
42                      rear++;
43                  }
44                  if (count >max) max =count;
45              }
46          }
47       }
48    printf("%d", max);
49 }
```

(1) ①处应填(   )。

A. {false}   B. {true}   C. true   D. false

(2) ②处应填(   )。

A. front＝0,rear＝1   B. front＝1, rear＝0

C. front ＝ rear ＝ 0   D. front＝rear＝1

(3) ③处应填(   )。

A. Front   B. ! front   C. front ! ＝ rear   D. front＝＝rear

(4) ④处应填(   )。

A. rear++   B. front++   C. front=0   D. rear=0

(5) ⑤处应填( )。

A.！visited[nx][ny] && image[nx][ny]

B.！visited[nx][ny] || image[nx][ny]

C. visited[nx][ny] && ！image[nx][ny]

D. visited[nx][ny] || ！image[nx][ny]

【分析】

在一个 m×n 的矩阵中找出最大的全为 255 的连通块,可以对矩阵的每一个单位进行判断,首先找到第一个符合题目要求的格子,再对这个格子的上下左右进行查找,若有另一个符合要求的格子,则对这个格子进行判断。采用队列思想,先按需求建立空队列(本题建立的队列为 q1 和 q2),再判断格子是否符合题目的要求,若符合,则入队、出队、计数,每找到一个新的符合要求的格子,就把这个格子的坐标记录下来,同时进行入队、出队、计数。程序中的 dx[4]和 dy[4]中的数据分别代表格子向右、向下、向左、向上时坐标增减的情况,再利用四次循环就可以找到单位周围的四个位置。

选择题(1)解析:

当前矩阵中的所有格子都未被访问过,赋初值 false。

参考答案:A

选择题(2)解析:

当前队列为空队列,队首和队尾都指向队首,即 q1[0],q2[0]。

参考答案:C

选择题(3)解析:

若队列不为空队列,即有符合要求的格子,则执行 while,对队列中的格子进行判断;若队列不为空队列,即没有符合要求的格子,则不执行 while。要想判断队列是否为空队列,就要判断队首是否等于队尾,即 front 是否等于 rear。

参考答案:C

选择题(4)解析:

每出队一次,当前队列的队首就往后移一位。

参考答案:B

选择题(5)解析:

向上下左右四个方向搜索时,若这个格子是黑色且未被访问过,就继续入队。

参考答案:A

7.3   知识点巩固

题目1   完善程序

(二叉排序树)二叉排序树的建立原理如下:当一个二叉排序树添加新节点时,先与根节点比较,若小,则交给左子树继续处理,否则交给右子树处理。当遇到空子树时,把该节点放入这个位置。

比如,按照 20 8 14 42 34 5 的输入顺序应该建成的二叉树如下图所示。

对于建立好的二叉排序树,以中序方式输出即可将输入序列排序好。下面的程序以数组 btree 存放二叉树,下标 1 存放根节点,偶数下标存放左子树,奇数下标存放右子树。

```
01  #include <stdio.h>
02  #include <string.h>
03  int btree[100];
04  void midprint(int root)
05  {
06      if(    ①    )
07      {
08          midprint(2 * root);
09          printf("%d ",btree[root]);
10          midprint(   ②   );
11      }
12  }
13  void midorder(int d)
14  {
15      int root=1;
16      while(btree[root]!=-1)
17      {
18          if(   ③   )
19              root=2 * root;
20          else
21              root=2 * root+1;
22      }
23      ④  ;
24  }
25  int main()
26  {
27      int n,num;
28      scanf("%d",&n);
29      memset(btree,-1,sizeof(btree));
30      for(int i=1;i<=n;i++)
31      {
32          scanf("%d",&num);
33          midorder(num);
34      }
35      ⑤  ;
36      return 0;
37  }
```

(1) ①处应填(   )。

A. root! =-1   B. btree[root]! =-1

    C. ! root   D. btree[root]

(2) ②处应填(　　)。

    A. root+1   B. 2 * root+1   C. 2root−1   D. 3root

(3) ③处应填(　　)。

    A. btree[root]>d   B. btree[root]<d C. root>d   D. root<d

(4) ④处应填(　　)。

    A. root=1   B. root=d   C. btree[root]=1 D. btree[root]=d

(5) ⑤处应填(　　)。

    A. midprint(1)   B. midprint(n)   C. midprint(num) D. midprint(btree)

题目2　阅读程序

```
01  #include <iostream>
02  using namespace std;
03  const int N=100;
04  int a[N][N],stk[N],visited[N];
05  int main()
06  {
07      int n,top=0,k=0;
08      cin>>n;
09      for(int i=1;i<=n;i++)
10          for(int j=1;j<=n;j++)
11              cin>>a[i][j];
12      cout<<1;
13      visited[1]=1;
14      stk[top]=1;
15      while(top>=0)
16      {
17          k++;
18          if(k>n)k=stk[top--];
19          else if(!visited[k]&&a[stk[top]][k]){
20              cout<<' '<<k;
21              visited[k]=1;
22              stk[++top]=k;
23              k=0;
24          }
25      }
26      return 0;
27  }
```

阅读程序,完成下面的判断题和单选题。

• 判断题

(1) a[i][j]中输入的数据不可以是负数,否则会出现错误。　　　　　　　　　　(　　)

(2) 将第7行的top赋初值为1,只需要将15行改为top>=1,整个程序不受影响。

                                                       (　　)

（3）只要输入的 n>1,k 的值就不可能超过 n+1。   （   ）

（4）程序执行到最后一定输出 n 个数。   （   ）

• 选择题

（5）若输入的数据为

6

0 1 0 0 1 0

1 0 1 1 1 0

0 1 0 0 0 0

0 1 0 0 0 1

1 1 0 0 0 0

0 0 0 1 0 0

则输出的值为（   ）。

    A. 1 2 3 4 5 6   B. 1 2 3 4 6 5   C. 1 2 5 3 4 6   D. 1 2 3 5 4 6

（6）若输入的数据为

6

0 25 34 0 0 0

0 0 0 10 0 0

0 0 0 8 0 15

0 0 0 0 11 0

0 0 18 0 0 0

20 0 0 0 0 0

则输出的值为（   ）。

    A. 1 2 3 4 5 6   B. 1 2 4 3 5 6   C. 1 2 3 4 6 5   D. 1 2 4 5 3 6

题目 3　阅读程序

```
01   #include <stdio.h>
02   struct Person{
03       int num;
04       int next;
05   };
06   Person p[100];
07   int main()
08   {
09       int m,n,count=0;
10       scanf("%d %d",&m,&n);
11       for(int i=1;i<m;i++)
12       {
13           p[i].num=i;
14           p[i].next=i+1;
15       }
16       p[m].num=m;
17       p[m].next=1;
```

```
18      int cur=1;
19      int pre=m;
20      while(p[cur].next!=cur)
21      {
22          count++;
23          if(count==n)
24          {
25              p[pre].next=p[cur].next;
26              count=0;
27          }
28          else
29              pre=cur;
30          cur=p[cur].next;
31      }
32      printf("%d\n",p[cur].num);
33      return 0;
34  }
```

阅读程序,完成下面的判断题和单选题。

- 判断题

(1) 第 10 行输入时,m 要大于或等于 n,否则程序会出错。　　　　　　　(　　)

(2) 第 25 行可以改成 p[pre].next＝p[p[pre].next].next;,程序不受影响。　(　　)

(3) 第 26 行的 count 一定会被置零 m－1 次。　　　　　　　　　　　　(　　)

- 选择题

(4) 此程序的时间复杂度是(　　　)。

　　A. O(n)　　　　　　B. O(log n)　　　　C. O(n²)　　　　　D. O(nlog n)

(5) 若输入的数据为 4 2,则输出的值为(　　　)。

　　A. 1　　　　　　　B. 2　　　　　　　C. 3　　　　　　　D. 4

(6) 若输入的数据为 20 6,则输出的值为(　　　)。

　　A. 1　　　　　　　B. 8　　　　　　　C. 16　　　　　　D. 20

第8章 算 法

8.1 基本知识介绍

该部分的考点多以完善程序为主,考查的知识点也以经典算法为主。之所以称为"经典",是因为一方面这些算法很难被超越,不论是运行效率还是书写方式;另一方面通过这些算法能够解决很多问题。所以,经典算法经常出现在各类考题中,考生要重视并熟记这些算法,一旦碰到,就可以快速解决问题。解题的一般思路如下:

(1) 从总体上通读程序,大致把握程序的目的和算法;

(2) 猜测变量的作用,跟踪主要变量值的变化(列表),找出规律;

(3) 将程序分段,理清每一小段程序的作用和目的。

有些算法考查的概率很高,考生要重点掌握,比如二分查找、贪心算法;而有些算法的考查相对比较随机,需要考生具有一定的编程算法功底。下面列举一些有可能考到的算法,希望考生有针对性地复习。

- 查找算法:顺序查找、二分查找。
- 排序算法:冒泡排序、插入排序、选择排序、希尔排序、归并排序、快速排序。
- 贪心算法。
- 分治算法。
- 回溯算法。
- 动态规划算法。

8.1.1 查找算法

1. 顺序查找

顺序查找是指对线性结构中的数据按顺序进行查找,例如下面的数组 a 中的 10 个数据 (a[0]数据不使用),其顺序查找算法如下:

```
int a[11]={-1,32,41,34,53,65,74,89,44,45,49};
int seqsearch1(int a[],int n,int key)
{
    int i;
    for(i=n;i>0;i--)
    {
        if(a[i]==key)  return i;
    }
```

```
        return -1;
    }
```

为了避免查找过程的每一步都要检测整个表是否查找完毕,查找之前需要先将 key 赋予 a[0]的关键字。对算法改进后如下:

```
int seqsearch2(int a[],int n,int key)
{
    int i;
    a[0]=key;
    for(i=n;a[i]!=key;i--);
    return i;
}
```

2. 二分查找

二分查找有一个条件,那就是要查找的线性数列必须是有序的,例如数组 a 的二分查找过程如下。

```
int a[10]={32,34,41,44,45,49,53,65,74,89};
int binsearch(int a[],int n,int key)
{
    int low=1,high=n,mid;
    while(low<=high)
    {
        mid=(low+high)/2;
        if(a[mid]==key)return mid;
        if(a[mid]>key) high=mid-1;
        else low=mid+1;
    }
    return 0;
}
```

8.1.2 排序算法

1. 冒泡排序

冒泡排序是指在一组需要排序的数组中,当两两数据的顺序与要求的顺序相反时交换数据,使较大的数据往后移,每趟排序都将最大的数放在最后的位置。

```
void bubblesort(int a[],int n)
{
    int i,j;
    for(i=1;i<=n-1;i++)                    //n个数排序,只用进行 n-1 趟
    {
        for(j=1;j<=n-i;j++)                //从第 1 位开始比较,直到最后一个尚未归位的数
        {
            if(a[j]<a[j+1])                //比较大小并交换
```

```
                { t=a[j]; a[j]=a[j+1]; a[j+1]=t; }
            }
        }
    }
```

2. 插入排序

插入排序是指将一个记录插入已经有序的序列中,得到一个新的元素加一的有序序列,
即将第一个元素看成一个有序的序列,从第二个元素开始逐个插入以得到一个完整的有序
序列。

```
void insertSort(int arr[], int n)
{
    int i,j,tmp;
    for(i=1;i<n;i++){
        for(j=i;j>0;j--){
            if(arr[j]<arr[j-1]){
                tmp=arr[j];
                arr[j]=arr[j-1];
                arr[j-1]=tmp;
            }
            else break;
        }
    }
    return;
}
```

3. 选择排序

选择排序是最简单的一种基于 $O(n^2)$ 时间复杂度的排序算法,其基本思想是从 $i=0$ 的
位置开始到 $i=n-1$,每次通过内循环找出 i 位置到 $n-1$ 位置的最小(大)值。

```
void selectSort(int a[], int n)
{
    int i,j,minValue,tmp;
    for(i=0;i<n-1;i++){
        minValue=i;
        for(j=i+1;j<n;j++){
            if(a[minValue]>arr[j])
                minValue=j;
        }
        if(minValue!=i){
            tmp=a[i];
            a[i]=a[minValue];
            a[minValue]=tmp;
        }
    }
}
```

4. 希尔排序

希尔排序也称递减增量排序,是插入排序的一种更高效的改进版本,其改进思想主要有:

(1) 将待排序序列分成多个子序列;

(2) 对每个子序列进行直接插入排序。

```
void shell_sort(int a[], int len) {
    int gap, i, j;
    int temp;
    for (gap =len >>1; gap >0; gap =gap >>1)
        for (i =gap; i <len; i++) {
            temp =a[i];
            for (j =i -gap; j >=0 && a[j] >temp; j -=gap)
                a[j +gap] =a[j];
            a[j +gap] =temp;
        }
}
```

5. 归并排序

归并排序是基于归并操作的一种排序算法,归并操作的原理是将一组有序的子序列合并成一个完整的有序序列,即首先需要把一个序列分成多个有序的子序列,当分解到每个子序列只有一个元素时,每个子序列就都是有序的,最后通过归并各个子序列而得到一个完整的序列。

```
void mergeSort(int a[],int l,int r)
{
    if(l>=r) return;
    int mid=(l+r)/2;
    mergeSort(a,l,mid);
    mergeSort(a,mid+1,r);
    merge(a,l,mid,r);
    return;
}
```

6. 快速排序

快速排序与归并排序都属于分治法的一种,其基本思想是通过一趟排序将需要排序的数据分割成独立的两部分,其中一部分的所有数据都比另一部分的所有数据要小,然后按此方法对这两部分数据分别进行快速排序,整个排序过程可以递归进行,从而使整个数据变成有序序列。

```
void quicksort(int a[],int left,int right)
{
    int i,j,t,temp;
    if(left>right)
        return;
```

```
        temp=a[left];                          //temp中存储的就是基准数
        i=left;
        j=right;
        while(i!=j)
        {
            //顺序很重要,要先从右往左找
            while(a[j]>=temp && i<j)
                j--;
            //再从左往右找
            while(a[i]<=temp && i<j)
                i++;
            //交换两个数在数组中的位置
            if(i<j)                             //当i和j没有相遇时
            {
                t=a[i];
                a[i]=a[j];
                a[j]=t;
            }
        }
        a[left]=a[i];                           //最终将基准数归位
        a[i]=temp;
        quicksort(left,i-1);                    //继续处理左边的,这里是一个递归的过程
        quicksort(i+1,right);                   //继续处理右边的,这里是一个递归的过程
}
```

8.1.3 贪心算法

利用贪心算法对问题求解时,总是做出在当前看来最好的选择。也就是说,贪心算法不从整体最优上加以考虑,它所做出的仅仅是在某种意义上的局部最优解。

贪心算法没有固定的算法框架,该算法设计的关键是贪心策略的选择。贪心算法的基本思路如下:

(1) 建立数学模型以描述问题;

(2) 把求解的问题分成若干个子问题;

(3) 对每个子问题进行求解,得到子问题的局部最优解;

(4) 把子问题的局部最优解合成原来问题的一个解。

贪心算法不能保证求得的最后解是最优解,所以贪心策略适用的前提是:局部最优策略能产生全局最优解。

贪心算法的实现框架如下。

```
从问题的某一初始解出发:
while (朝给定总目标前进一步)
{
利用可行的决策,求出可行解的一个解元素
```

```
}
```
由所有解元素组合成问题的一个可行解

例题分析

(1) 小明去超市购物,放到购物车中的食品如下。但小明当前能够拎回的最大重量 W=15 斤,则小明如何选择最多的食物拎回家?

食物	牛奶	面包	方便面	苹果	饼干	榴莲	西瓜
重量/斤	4.5	1	2	3.3	2.8	6.2	8.4

分析:要想得到最多的食物,则采用的策略应该是每次都选择最轻的,然后从剩下的 n−1 件物品中再选择最轻的。

具体实现方法是:把 n 件物品从小到大排序,然后根据贪心策略尽可能多地选出前 i 个物品,直到拎不动为止。按重量排序后的食物清单如下。

食物	面包	方便面	饼干	苹果	牛奶	榴莲	西瓜
重量/斤	1	2	2.8	3.3	4.5	6.2	8.4

按照贪心策略,每次选择重量最小的食物放入(tmp 代表食物的重量,ans 代表已经装载的食物个数)。

$i=0$,排序后的第 1 个,装入重量 tmp=1,不超过拎重极限 15,ans=1。

$i=1$,排序后的第 2 个,装入重量 tmp=1+2=3,不超过拎重极限 15,ans=2。

$i=2$,排序后的第 3 个,装入重量 tmp=3+2.8=5.8,不超过拎重极限 15,ans=3。

$i=3$,排序后的第 4 个,装入重量 tmp=5.8+3.3=9.1,不超过拎重极限 15,ans=4。

$i=4$,排序后的第 5 个,装入重量 tmp=9.1+4.5=13.6,不超过拎重极限 15,ans=5。

$i=5$,排序后的第 6 个,装入重量 tmp=13.6+6.2=19.8,超过拎重极限 15,算法结束。

即最多能够拎回家的食物个数为 5 个。

```
float tw;                        //tw:total weight 能够拎动的食物总重量
int n;                           //购物车中食物的总数量
float weight[10];                //每件食物的重量
int sum=0;                       //能够装入的食物数量
int tmp=0;                       //装入的食物重量
sort(weight+1,weight+1+n);       //排序
for(int i=1;i<=n;++i)            //贪心算法
{
    tmp+=weight[i];
    if(tmp<=tw)
        ++sum;
    else
        break;
}
```

(2) 如果小明认为:一件食物价格越贵,其价值就越高。小明想拎回去所选购的食物

中价值最高的食物,则小明应该怎么选择食物?

案例:已知小明装到购物车中的各个食物的重量和价格,他应该如何装食物才能把价值最高的食物拎回家。小明准备拎回去的食物有以下几种。

食 物	牛奶	面包	方便面	苹果	饼干	榴莲	西瓜
价格/元	18	3.0	7.8	15.8	8	99.2	20.2
重量/斤	4.5	1.0	2	3.3	2.5	6.2	8.4

分析:这是要改变原来的贪心策略,要想得到价值最高的食物,当然要优先选择价格最高的食物,但价格高的食物,也可能很重,不如拎多个重量小的食物。这就要考虑价重比,即价格/重量,价重比越大,则该食物越优先选择。

但还有一个问题,有些价重比高的食物,可能由于小明所能拎重受限而不能拎回,但此时小明所能够拎回的重量还有剩余,则需要继续尝试,看看能否拎回其他食物。

具体实现方法是:把 n 件食物按照价重比从大到小排序,然后根据贪心策略尽可能多地选出前 i 个食物,当 i+1 件食物装不下时,如果拎重还有剩余,则继续向下尝试,直到其他食物都无法装入为止。按价重比排序后的食物清单如下。

食 物	榴莲	苹果	牛奶	方便面	饼干	面包	西瓜
价格/元	99.2	15.8	18	7.8	8	3.0	20.2
重量/斤	6.2	3.3	4.5	2	2.5	1.0	8.4
价重比	16.0	4.8	4.0	3.9	3.2	3.0	2.4

按照贪心策略,每次选择价重比最大的食物放入(tmp 代表食物的重量,ans 代表已经装载的食物价格)。

i=0,装入第 1 件食物,重量 tmp=6.2,不超过拎重极限 15,ans=99.2。

i=1,装入第 2 件食物,重量 tmp=6.2+3.3=9.5,不超过拎重极限 15,ans=99.2+15.8=115。

i=2,装入第 3 件食物,重量 tmp=9.5+4.5=14,不超过拎重极限 15,ans=115+18=133。

i=3,装入第 4 件食物,重量 tmp=14+2=16,超过拎重极限 15,不能装入。

i=4,装入第 5 件食物,重量 tmp=14+2.5=16.5,超过拎重极限 15,不能装入。

i=5,装入第 6 件食物,重量 tmp=14+1.0=15,不超过拎重极限 15,ans=133+3=136。

i=6,装入第 7 件食物,重量 tmp=15+8.4=23.4,超过拎重极限 15,不能装入。

即最大能够拎回家的食物价格是 136 元。

根据以上分析,具体的程序代码如下:

```
struct food
{
    float weight;                //重量
    float price;                 //价格
    float pw;                    //价重比,price/weight
}w[10];
```

```
float tw;                        //tw:total weight 能够拎动的食物总重量
int n;                           //购物车中食物的总数量
int sum=0;                       //能够装入的食物数量
float tmp=0.0;                   //装入的食物重量
sort(w+1,w+1+n,cmp);
for(int i=1;i<=n;++i)            //贪心算法
{
    tmp+=w[i].weight;
    if(tmp<=tw)
        sum+=w[i].price;
    else
        tmp-=w[i].weight;
}
```

8.1.4 分治算法

分治算法从字面上理解就是分而治之,即把一个复杂的问题分成两个或更多的相同或相似的子问题,再把子问题分成更小的子问题,直到最后的子问题可以简单地直接求解,原问题的解即子问题的解的合并。

1. 分治算法的实现框架

对于一个规模为 n 的问题,若该问题可以容易地解决(如规模 n 较小),则直接解决,否则将其分解为 k 个规模较小的子问题,这些子问题互相独立且与原问题形式相同,递归地解这些子问题,然后将各子问题的解合并,得到原问题的解。

```
{
    if (|P|<=n0)                 //如果问题 P 的规模小于 n0 阈值
    {
        resolve(P);              //解决这个问题
        return;
    }
    //将 P 分解为较小的子问题 P1,P2,…,Pk
    for(i=1;i<=k;i++)
        yi=Divide_and_Conquer(Pi) //递归解决 Pi
    T=MERGE(y1,y2,…,yk)          //合并子问题
    return T;
}
```

2. 例题分析

例题:已知有 n 个整数存放在数组中,求这 n 个数中的最大值。

解析:利用分治法求解这个问题,算法分为两步:第一步是分,即采用二分法将问题分解成简单的子问题,分解成只有一个或者两个元素的简单问题;第二步是治,即将简单的子问题逐步合并,就可以得到原问题的解。算法的实现方法如图 8-1 所示。

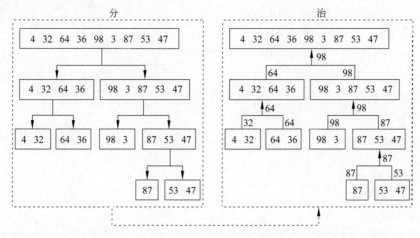

图 8-1 分治算法示意图

```
int max(int a[],int i,int j)
{
    int num1=0,num2=0;
    if(i==j) return a[i];                         //一个元素直接返回
    else if(i==j-1) return a[i]>=a[j]?a[i]:a[j];  //两个元素返回最大值
    else{                                         //三个元素及其以上则继续分
        int mid=(i+j)/2;
        num1=max(a,i,mid);
        num2=max(a,mid,j);
        return num1>num2?num1:num2;
        }
}
```

分治算法有一个通用的过程：分解、解决和合并。首先将原问题分解为若干个规模较小、相互独立、与原问题形式相同的子问题；第二步，若子问题规模较小且容易解决，则直接求解，否则递归地求解各个子问题；最后将各个子问题的解合并为原问题的解。

8.1.5 回溯算法

回溯算法主要是指在搜索尝试过程中寻找问题的解，当发现已不满足求解条件时，就"回溯"返回，尝试其他路径。

1. 回溯算法的实现框架

模式一：

```
int Search(int k)
{
    for (i=1;i<=算符种数;i++)              //搜索
        if (满足条件)
        {
            保存结果
```

```
            if (到目的地) 输出解;
                else Search(k+1);
            恢复：保存结果之前的状态{回溯一步}           //回溯
            }
}
```

模式二：

```
int Search(int k)
    {
    if  (到目的地)
        输出解;
    else
        for (i=1;i<=算符种数;i++)                    //搜索
          if  (满足条件)
            {
            保存结果;
                Search(k+1);
            恢复：保存结果之前的状态{回溯一步}           //回溯
            }
    }
```

2. 例题分析

例题：已知一个迷宫以及迷宫的入口和出口，现在从迷宫的入口出发，看是否存在一条路径通往出口？如果存在，则输出 YES，否则输出 NO。

解析：计算机走迷宫时利用"试探和回溯"的方法，即从入口出发，顺着某一方向向前探索，若能走通，则继续往前走；否则沿原路退回，换一个方向再继续探索，直至所有可能的通路都探索到为止。如果所有可能的通路都试探过，但还是不能走到出口，则说明该迷宫不存在从入口到出口的通道。

以图 8-2 为例介绍迷宫的具体走法，图 8-2 中灰色的部分表示墙体。

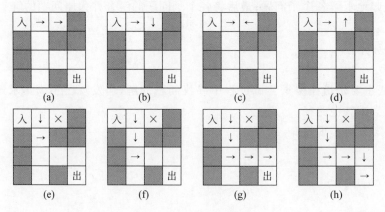

图 8-2　迷宫走法示意图

（1）从入口进入迷宫之后，理论上有前、后、上、下四个方向可以走，这里以前、下、后、上四个方向为顺序进行迷宫的道路搜索。如果有路,则向前,无路则按顺序向下一个方向进行搜索。图(a)是顺着向前方向一直搜索,当向前方向不通时,则向下如图(b)搜索,还不通,则向后搜索,后面已经搜索过了(需要一个标志位,搜索过的标志为不通),则继续向上搜索,如图(d)所示,发现仍然不通(这里需要对边界进行判断,对于超过边界的区域认为不通)。

总结:迷宫中一共有 3 种类型的路不通:

- 前方道路是墙体;
- 已经访问过的路径;
- 超出迷宫边界。

(2) 此时,搜索位置的四个方向都走不通,就需要退回到前一个位置,称为回溯。当回溯到上一个位置后,由于原来是向前搜索的,结果不通,因此此时需要换一个方向搜索,现在向下搜索,此时是通路。在下一个位置继续按照前、下、后、上的顺序继续搜索,如图(e)所示。

(3) 在图(e)的搜索位置上,向前不通,转为向下搜索,有路可通,则下移一格,如图(f)所示。

(4) 继续向前搜索,有通路,如图(g)所示。

(5) 发现向前搜索无通路,转为向下搜索,下移一格,到达出口,如图(h)所示。

对于迷宫的数据表示方法,一般都采用二维数组表示。至于数据类型,可以采用整型或者字符型表示,本题为了方便,采用了字符型表示。

```
string map[5]={"0000#",
               "0#0##",
               "#00##",
               "#0#00",
               "#0000"};
```

二维数组中,字符'0'表示通路,'#'表示墙体。

在迷宫中,相对中心点向四个方向搜索的数据表示可以用图 8-3 表示。

这里利用两个数组 dx 和 dy 分别表示数据偏移量。

```
int dx[4]={1,0,-1,0};
int dy[4]={0,-1,0,1};
```

对这两个数组的顺序访问就相当于分别向前、下、后、上进行搜索。

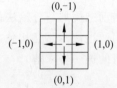

相对中心点坐标,周围四个方向的相对偏移量

图 8-3 迷宫的数据表示

```
int x,y,x1,y1,nx,ny,n;
bool visited[100][100],flag=false;
int dfs(int x, int y)
{
    if(x==x1 && y==y1)                    //到达
    {
        cout<<"YES"<<endl;
        flag=true;
```

```
        return 1;
    }
    for(int i=0;i<4;++i)
    {
        nx=x+dx[i];                            //搜索四个方向
        ny=y+dy[i];
        if(nx<0 || nx>=n || ny<0 || ny>=n)     //判断是否越界以及是否走过
            continue;
        if(!visited[nx][ny])
        {
            visited[nx][ny]=true;              //走过
            dfs(nx,ny);                        //否则从现在的点开始继续向下搜索
            visited[nx][ny]=false;             //重新标记未走过
        }
    }
    return 0;
}
```

8.1.6 动态规划

动态规划的基本思想与分治法类似,也是将待求解的问题分解为若干个子问题(阶段),按顺序求解子阶段,前一子问题的解为后一子问题的求解提供了有用的信息。在求解任一子问题时,列出各种可能的局部解,通过决策保留那些有可能达到最优的局部解,丢弃其他局部解。依次解决各子问题,最后一个子问题就是初始问题的解。

由于动态规划解决的问题多数有重叠子问题这个特点,为减少重复计算,对每一个子问题只求解一次,将其不同阶段的不同状态保存在一个二维数组中。

动态规划与分治法最大的区别是:适合于用动态规划法求解的问题,经分解后得到的子问题往往不是互相独立的(即下一个子阶段的求解是建立在上一个子阶段的解的基础上进行的进一步求解)。

1. 基本步骤

动态规划的基本步骤分为以下四步。

(1) 化成子问题。对于动态规划,重要的是把一个大的问题划分成子问题进行问题降阶。通过逐级降阶将问题简单化,从而实现问题的解决。

(2) 转移方程,把问题方程化。例如,下面是换硬币的例子方程:$f[X]=\min\{f[X-2]+1, f[X-5]+1, f[X-9]+1\}$。

(3) 按照实际逻辑设置边界情况和初始条件。

(4) 确定计算顺序并计算求解。

2. 例题分析

例题:目前有 9 元、5 元、2 元三种面值的硬币若干枚,现在要找回 21 元的硬币,则用什么样的组合可以使得兑换的硬币数量最少?

分析:利用动态规划解决该问题主要分为以下四个步骤。

（1）化成子问题

假设拿出的硬币分别是 a_1、a_2、a_3、…、a_k，一共有 k 枚硬币。从最后一步分析：把所有硬币数减去最后一枚硬币 a_k，得到了一个 k−1 枚的子问题；由于本题要利用最少的组合兑换，所以 k−1 枚子问题也是最少组合。

（2）状态转移方程

状态转移方程主要用在划分子问题时，其状态转化的表达式如下。

设状态 f[x]＝最少用多少枚硬币拼出 X；

则状态转移方程：$f[x]=\min\{f[x-9]+1, f[x-5]+1, f[x-2]+1\}$。

该方程的意思是：要想求出 X 的最少组合方法，则应求出 X−9、X−5、X−2 中的最小值，再加上 1 就是现在 X 问题的解。

（3）初始条件和边界情况

考虑初始条件，f[0]＝0，表示 0 元需要 0 个硬币。

边界条件为：当 X−2、X−5 或 X−7 小于 0 时，这里默认小于 0 的情况组合不出来，即利用最大值 MAX 表示。这样表示有一个好处，那就是上述的状态转移方程也适用这种情况，比如：

$$f[1]=\min\{f[x-9]+1, f[x-5]+1, f[x-2]+1\}$$
$$=\min\{f[-8]+1, f[-4]+1, f[-1]+1\}=MAX$$

表示 1 这种情况组合不出来。

（4）计算顺序

根据初始条件 f[0]，依次计算 f[1]f[2]f[3]…f[21]，具体计算过程如下。

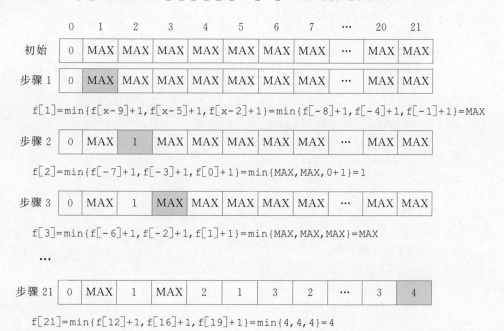

f[1]=min{f[x-9]+1, f[x-5]+1, f[x-2]+1}=min{f[-8]+1, f[-4]+1, f[-1]+1}=MAX

f[2]=min{f[-7]+1, f[-3]+1, f[0]+1}=min{MAX, MAX, 0+1}=1

f[3]=min{f[-6]+1, f[-2]+1, f[1]+1}=min{MAX, MAX, MAX}=MAX

f[21]=min{f[12]+1, f[16]+1, f[19]+1}=min{4, 4, 4}=4

代码如下：

```
int n=21;                              //要兑换的硬币总数
int a[3]={2,5,9};                      //可兑换的硬币
```

```
int cc[N+1];                                        //状态数组
cc[0]=0;                                            //初始化
for(int i=1;i<=n;i++)
{
    cc[i]=MAX;
    for(int j=0;j<=2;j++)                           //求子问题的最小值
        if(i>=a[j] && cc[i-a[j]]!=MAX)             //排除两种最大值的情况
            cc[i]=min(cc[i-a[j]]+1,cc[i]);
}
```

8.2 典型习题解析

题目 1 完善程序

(最大公约数之和)下列程序想要求解整数 n 的所有约数两两之间的最大公约数之和对 10007 求余后的值,试补全程序。

举例来说,4 的所有约数是 1、2、4;1 和 2 的最大公约数为 1;2 和 4 的最大公约数为 2;1 和 4 的最大公约数为 1;于是答案为 $1+2+1=4$。

试补全程序。

```
01   #include <iostream>
02   using namespace std;
03   const int N =110000, P =10007;
04   int n;
05   int a[N], len;
06   int ans;
07   void getDivisor( ) {
08     len =0;
09     for (int i =1;   ①   <=n; ++i)
10       if (n % i ==0) {
11           a[++len] =i;
12           if (   ②   !=i) a[++len] =n / i;
13         }
14   }
15   int gcd(int a, int b) {
16       if (b ==0) {
17           ③   ;
18       }
19       return gcd(b,   ④   );
20   }
21   int main( ) {
22   cin >>n;  ·
23   getDivisor( );
24   ans =0;
```

```
25  for (int i =1; i <=len; ++i) {
26      for (int j =i +1; j <=len; ++j) {
27          ans =(    ⑤    ) %P;
28      }
29  }
30  cout <<ans <<endl;
31  return 0;
32  }
```

(1) ①处应填(　　)。

A. i * 2 　　　　　B. i * i 　　　　　C. i+i 　　　　　D. i * i * i

(2) ②处应填(　　)。

A. n 　　　　　B. n/i 　　　　　C. n%2 　　　　　D. n−i

(3) ③处应填(　　)。

A. return a 　　　B. return b 　　　C. return a+b 　　　D. return a−b

(4) ④处应填(　　)。

A. a/b 　　　　　B. a 　　　　　C. a%b 　　　　　D. b/a

(5) ⑤处应填(　　)。

A. gcd(a[i+1],a[j]) 　　　　　B. ans+gcd(a[i+1],a[j−1])

C. gcd(a[i],a[j]) 　　　　　D. ans+gcd(a[i],a[j])

【分析】 对于本题,getDivisor 函数已经存储了 n 的所有约数,gcd 函数是求 a 和 b 的最大公约数,ans 用于约数的累加,最后对 P 取余。

gcd 函数求最大公约数利用辗转相除法,该方法的基本思想是:

(1) 若 a == 0,则 j 为 m 和 n 的最大公约数;

(2) 若 a !=0,则令 i=j,j=a,a=i%j,退回到第(1)步继续执行。

求出最大公约数后,还可以利用该方法求最小公倍数=(m×n)/最大公约数。

选择题(1)解析:

此处的作用是求 n 的因子个数,循环条件是 i<=sqrt(n),即 i * i<=n,例如当 n=6 时,循环次数为 2,第一次循环结束后数组为 1,6,第二次循环结束后数组为 2,3。即 6 的因子分别为 1,6,2,3,个数为 4。

参考答案:B

选择题(2)解析:

因为循环只循环了前半段,所以对于后半段的因数,只需要用 n 除以前半段的因子,即可得到后半段的因子,若 n/i==i,则会重复得到中间因子,所以此处的判断条件是 n/i!=i,从而避免出现重复。

参考答案:B

选择题(3)解析:

此处涉及函数的递归调用,用到了辗转相除法求 a 和 b 两个数的最大公约数,每次将 a=b,b=a%b,直至 b=0,此时 a 为两个数的最大公约数,gcd 函数的作用是求出最大公约数并返回,所以此处为 return a。

参考答案:A

选择题(4)解析：

此处是函数的递归调用,根据辗转相除法可知此处为 a%b。

参考答案：C

选择题(5)解析：

此双重循环的任务是求所有约数两两之间的最大公约数之和对 10 007 求余后的值,例如 4 的约数是 1,2,4,len=3,先将 1,2 的最大公约数求出来并赋值给 ans,然后加上 1 和 4 的最大公约数的值；之后进入 i 的第二层循环,将 2 和 4 的最大公约数求出并加上 ans,然后对 10 007 求余,所以应该是 ans+gcd(a[i],a[j])。

参考答案：D

题目 2 完善程序

(快速幂)请完善下面的程序,该程序使用分治法求 $x^p \bmod m$ 的值。

输入：3 个不超过 10000 的正整数 x,p,m。

输出：$x^p \bmod m$ 的值。

提示：若 p 为偶数,则 $x^p=(x^2)^{p/2}$；若 p 为奇数,则 $x^p=(x^2)^{p-1/2}$。

```
1   #include<iostream>
2   using namespace std;
3   int x,p,m,i,result;
4   int main()
5   {
6       cin>>x>>p>>m;
7       result= ① ;
8       while( ② )
9       {
10          if(p%2==1)
11              result= ③ ;
12          p/=2;
13          x= ④ ;
14      }
15      cout<< ⑤ <<endl;
16      return 0;
17  }
```

(1) ①处应填(   )。

A. 0   B. 1   C. p/   D. p-1/2

(2) ②处应填(   )。

A. p   B. x   C. p/2!=0   D. A&C

(3) ③处应填(   )。

A. result % m   B. x % m   C. result * x % m   D. result * result

(4) ④处应填(   )。

A. x * x   B. x * x % m   C. x % m   D. x * x % result

(5) ⑤处应填(   )。

A. x　　　　　　　B. m　　　　　　　C. p　　　　　　　D. result

【分析】　对于本题,要了解 mod 规律公式和两个算法,一个是快速幂,另一个是分治法。

快速幂就是指快速求幂,其时间复杂度为 $O(\log_2 N)$,与 $O(N)$ 相比效率有了大幅提高。

分治法是指把一个复杂的问题分成两个或更多的相同或相似的子问题,其在每一层递归上都有 3 个步骤:分解、解决、合并。

mod 规律公式如下。

公式一: $a^b \bmod c = (a \bmod c)^b \bmod c$。

公式二: $ab \bmod c = [(a \bmod c) \times (b \bmod c)] \bmod c$。

公式三: $a^b \bmod c = (a \bmod c)^b \bmod c$。

选择题(1)解析:

result 的初始值只有为 1 才可以进行正确赋值。

参考答案:B

选择题(2)解析:

根据提示,若 p 为偶数,则 $x^p = (x^2)^{p/2}$;若 p 为奇数,则 $x^p = (x^2)^{p-1/2}$。当 $p \leq 0$ 时,循环停止,即当 p 不为 0 时进行循环。语句可写为 p 或 p! =0 或 p>0。

参考答案:A

选择题(3)解析:

$x^p \bmod c = x \times x \times x \times \cdots \times x$(p 个 x 相乘)$\bmod m = (x^2)^{p/2} \bmod m = (x^2 \bmod m)^{p/2} \bmod m = [(x \bmod m)]^{p/2} x \bmod m$。若 p 为奇数,则计算到最后 p=1,即还留有一个 x,因此还要再取模一次。

参考答案:C

选择题(4)解析:

同上,此语句计算的是 $(x^2 \bmod m)^{p/2} \bmod m$ 中的 $x^2 \bmod m$,即 $(x \times x) \bmod m$。

参考答案:B

选择题(5)解析:

输出结果 result。

参考答案:D

题目3　完善程序

(哥德巴赫猜想)哥德巴赫猜想是指任一大于 2 的偶数都可以写成两个质数之和。迄今为止,这仍然是一个著名的世界难题,被誉为数学王冠上的明珠,试编写程序,验证任一大于 2 且不超过 n 的偶数都能写成两个质数之和。

```
01  #include<iostream>
02  using namespace std;
03  int main()
04  {
05      const int SIZE=1000;
06      int n,r,p[SIZE],i,j,k,ans;
```

```
07      bool tmp;
08      cin>>n;
09      r=1;
10      p[1]=2;
11      ans=0;
12      for(i=3;i<=n;i++){
13          ①  ;
14          for(j=1;j<=r;j++)
15          if(i%  ②  ==0){
16              tmp=false;
17              break;
18          }
19          if(tmp){
20              r++;
21              ③  ;
22          }
23      }
24      for(i=2;i<=n/2;i++){
25          tmp=false;
26          for(j=1;j<=r;j++)
27              for(k=j;k<=r;k++)
28                  if(i+i==  ④  ){
29                      tmp=true;
30                      break;
31                  }
32          if(tmp)
33          ans++;
34      }
35      cout<<ans<<endl;
36      return 0;
37  }
```

若输入 n＝2010，则输出 ⑤ 时表示验证成功，即大于 2 且不超过 2010 的偶数都满足哥德巴赫猜想。

(1) ①处应填(　　)。

  A. k＝0   B. p[i]＝i   C. tmp＝true   D. p[i]＝r

(2) ②处应填(　　)。

  A. p[j]   B. p[n]   C. n   D. j

(3) ③处应填(　　)。

  A. p[r]＝i   B. p[j]＝i   C. tmp＝true   D. ans＋＋

(4) ④处应填(　　)。

  A. j＋k   B. p[j]＋p[k]   C. p[j]   D. p[k]

(5) ⑤处应填(　　)。

  A. 2010   B. 1005   C. 2009   D. 1004

【分析】 本题是对哥德巴赫猜想进行验算的程序。输入 n 后,将 2～n 的所有素数都放入数组 p 中,每两个素数两两相加,并在 2～n 中寻找与结果相等的偶数,若找到,则说明这两个素数相加为偶数,符合哥德巴赫猜想,结果 ans 加 1;若未找到,ans 不变。

选择题(1)解析:

tmp 是一个判定标志,在每次循环的开始被设定为 true,若经过判断 i 不是素数时,则变为 false。

参考答案:C

选择题(2)解析:

利用循环将 i 与数组 p 中的每一个素数相除,以此判断 i 是否为素数。

参考答案:A

选择题(3)解析:

这里巧妙地把数组的下标改为 r,用于存入新的素数。同时,r 的增加也改变了下一次判定素数的循环次数。

参考答案:A

选择题(4)解析:

本题利用了枚举法将所有的素数两两相加,再与 2～n 的所有偶数相比。若有相等,则这个偶数符合哥德巴赫猜想并记录在 ans 中;否则 ans 不加 1。

参考答案:B

选择题(5)解析:

要判断 2～n 中是否有偶数不符合哥德巴赫猜想,则当 n＝2010 时,此时 2～n 中有1005 个偶数,去除一个 2 不算在内,所以剩下的应该输出 1004,表示 3～2010 中的 1004 个偶数全部符合哥德巴赫猜想。

参考答案:D

题目 4 完善程序

(切割绳子)有 n 条绳子,每条绳子的长度均为正整数。绳子可以以任意正整数的长度切割,但不可以连接。现在要从这些绳子中切割出 m 条长度相同的绳段,求绳段的最大长度是多少。

```cpp
01  #include<iostream>
02  using namespace std;
03  int n,m,i,lbound,ubound,mid,count;
04  int len[100];
05  int main(){
06  cin>>n;
07  count=0;
08  for(i=0;i<n;i++){
09      cin>>len[i];
10      ____①____;
11  }
12  cin>>m;
```

```
13      if(    ②    ){
14          cout<<"Failed"<<endl;
15          return 0;
16      }
17      lbound=1;
18      ubound=1000000;
19      while(    ③    ){
20          mid=(lbound+ubound)/2+1;
21          count=0;
22          for(i=0;i<n;i++)
23              ④    ;
24          if(count<m)
25          ubound=mid-1;
26          else
27          lbound=    ⑤    ;
28      }
29      cout<<lbound<<endl;
30      return 0;
31  }
```

(1) ①处应填（   ）。
   A. 空
   C. count++
   B. count+=len[i]
   D. count=count*10+len[i]

(2) ②处应填（   ）。
   A. count==m   B. count<m   C. count>m   D. count!=m

(3) ③处应填（   ）。
   A. count=m
   C. lbound<ubound
   B. lbound=ubound
   D. lbound>ubound

(4) ④处应填（   ）。
   A. count+=len[i]/mid
   C. count+=len[i]/lbound
   B. count=(count+len[i])/mid
   D. count=(count+len[i])/ubound

(5) ⑤处应填（   ）。
   A. Count   B. mid/m   C. ubound   D. mid

【分析】 该程序实现了利用二分法查找"切绳子"问题中可切出的最长绳段。关键是要灵活运用二分查找的方法，bound 有边界的意思，lbound 和 ubound 代表数列的开头和结尾，而 mid 表示中间数，由此可以联想到二分法查找。本程序可以看作两个部分，第一部分为 6～16 行，是将数据录入，并判断其是否符合程序运算要求；第二部分为 17～28 行，是利用二分查找的方法从 1 到 10^6 中找出最大且符合条件的长度。

选择题（1）解析：

根据题意可以看出，第 8～16 行的作用是检测本次输入的数据是否可以切割。方法是将所有绳子的总长 count 求出来，再与 m 进行比较，若 m>count，则无法切割。

参考答案：B

选择题(2)解析：

与题 1 相同,本行语句是把 m 和 count 相比较,当所切出绳子的段数大于绳子的总长度时,程序错误,输出 failed。

参考答案：B

选择题(3)解析：

由题意可知,第 17～27 行运用了二分查找的方法,在 1～1000000 的范围内寻找可行的绳长,lbound 指代开头"1",ubound 指代结尾"1000000",mid 指代整个数列的中间数。每当 m 不适时,判断 m 是大了还是小了,当 m 大于需要的数据时,将 m 作为结尾"ubound",继续判断;当 m 小于需要的数据时,将 m 作为开头"lbound",继续判断。直到 lbound、mid、ubound 指向同一数据,循环结束。

参考答案：C

选择题(4)解析：

将各绳长除以 mid,测试本段绳子能裁出几条符合长度的绳段并用 count 计数,测试 n 次。

参考答案：A

选择题(5)解析：

将计出的次数 count 与 m 相比较,若 count<m,则说明不能裁出 m 条 mid 长度的绳段,故把 mid 作为结尾,继续循环;若 count>m,则说明可以裁出 m 条 mid 长度的绳段,但是不能确定 mid 是否为最大值,故把 mid 作为开头,继续循环。直到 lbound、mid、ubound 都指向同一个数时结束循环。

参考答案：D

题目 5　完善程序

(郊游活动)有 n 名同学参加学校组织的郊游活动,已知学校给这 n 名同学的郊游总经费为 A 元,与此同时,第 i 位同学自己携带了 Mi 元。为了方便郊游,活动地点提供 B(B≥n)辆自行车供人租用,租用第 j 辆自行车的价格为 Cj 元,每位同学可以使用自己携带的钱或者学校的郊游经费。为了方便账务管理,每位同学只能为自己租用自行车,且不会借钱给他人,他们想知道最多有多少位同学能够租用到自行车。

```
01   #include<iostream>
02   using namespace std;
03   #define MAXN 1000000
04   int n,B,A,M[MAXN],C[MAXN],l,r,ans,mid;
05   bool check(int nn)
06   {
07       int count=0,i,j;
08       i=   ①   ;
09       j=1;
10       while(i<=n)
11       {
12           if(   ②   )
13           count+=C[j]-M[i];
```

```
14          i++;
15          j++;
16      }
17      return  ③  ;
18  }
19  void sort(int a[],int l,int r)
20  {
21      int i=1,j=r,x=a[(l+r)/2],y;
22      while(i<=j)
23      {
24          while(a[i]<x)
25          i++;
26          while(a[j]>x)
27          j--;
28          if(i<=j)
29          {
30              y=a[i];
31              a[i]=a[j];
32              a[j]=y;
33              i++;
34              j--;
35          }
36      }
37      if(i<r)
38      sort(a,i,r);
39      if(l<j)
40      sort(a,l,j);
41  }
42  int main()
43  {
44      int i;
45      cin>>n>>B>>A;
46      for(i=1;i<=n;i++)
47          cin>>M[i];
48      for(i=1;i<=B;i++)
49          cin>>C[i];
50      sort(M,1,n);
51      sort(C,1,B);
52      l=0;
53      r=n;
54      while(l<=r)
55      {
56          mid=(l+r)/2;
57          if(  ④  )
58          {
```

```
59              ans=mid;
60              l=mid+1;
61          }
62          else   ⑤   ;
63      }
64      cout<<ans<<endl;
65      return 0;
66  }
```

(1) ①处应填(   )。

    A. n−nn−1   B. 1   C. n−nn   D. nn

(2) ②处应填(   )。

    A. M[j]>C[i]   B. M[i]>C[j]   C. M[i]<C[j]   D. M[j]<C[i]

(3) ③处应填(   )。

    A. count<=A   B. count>=A   C. count   D. A−count

(4) ④处应填(   )。

    A. check(mid−1)   B. ! check(mid)   C. check(mid)   D. check(mid+1)

(5) ⑤处应填(   )。

    A. break   B. r=mid+1   C. r=mid   D. r=mid−1

【分析】 本题采用二分法,对于区间[1,r],利用贪心算法取中间点 mid 并判断租用到自行车的人数能否达到 mid。

选择题(1)解析:

在 check 函数中,要判断携带最多钱的同学和最便宜的车能否匹配,而贪心算法则是取中间点,排列好带钱同学以及自行车价格的顺序,先从中间往后的同学带的钱和自行车的价格相匹配,然后每次调用 check 函数,就取其中间的同学和自行车的价格相匹配,所以为 n−nn+1,重点在于找到中间点。

参考答案:A

选择题(2)解析:

M[i]是同学带的钱,C[j]是自行车的租价,通过下面的语句"count+=C[j]−M[i];"可以得知只有带的钱小于自行车的租价才计数缺的钱。

参考答案:C

选择题(3)解析:

首先这是一个 bool 函数,返回的要么是 true,要么是 false,通过第 57~60 行的 if 判断可以看出,这是同学们带的钱和自行车的钱的差的总和是否小于学校补贴的经费 A 的返回值,如果小于(经费还够),则继续判断下一次,所以 if 中是经费还够的情况,返回的就是 count<=A。

参考答案:A

选择题(4)解析:

首先从上文来看,只剩下一个 check 函数未用,其次纵观 check 函数,其目的是判断同学们缺的钱是否小于学校的经费,如果小于学校的经费,则继续判断下一次(可与第(3)题合起来看)。

参考答案：C

选择题(5)解析：

这是经费不够时需要执行的语句,如果经费不够,则缩小 r 的值。

参考答案：D

题目6 完善程序

(最大连续子段和)给出一个数列(不多于 100),其中都为整数,找出其中和最大的数列,且包含的元素的个数也要最多。输出它们的最大值和包含的元素个数。

```
01  #include <iostream>
02  using namespace std;
03  int a[101];
04  int n, i, ans, len, tmp, beg;
05  int main()
06  {
07  cin >>n;
08  for (i =1; i <=n; i++)
09      cin >>a[i];
10  tmp =ans =len =0;
11  beg = ___①___ ;
12  for (i =1; i <=n; i++){
13      if (tmp +a[i] >ans) {
14          ans =tmp +a[i];
15          len =i -beg;
16      }
17      else if ( ___②___ && i -beg >len)
18          len =i -beg;
19  if (tmp +a[i] ___③___ ) {
20      beg = ___④___ ;
21      tmp =0;
22  }
23  else
24      ___⑤___ ;
25  }
26  cout <<ans <<" " <<len <<endl;
27  return 0;
28  }
```

(1) ①处应填(　　)。

　　A. 1　　　　　　B. 0　　　　　　C. n　　　　　　D. 101

(2) ②处应填(　　)。

　　A. tmp + a[i] > ans　　　　B. tmp+a[i]=ans

　　C. tmp+a[i]>n　　　　　　D. tmp+a[i]==ans

(3) ③处应填(　　)。

　　A. <0　　　　　　　　　　B. <ans

C. <tmp　　　　　　　　　　D. <min(0,ans,tmp)

(4) ④处应填(　　)。

A. 1　　　　　B. 0　　　　　C. n　　　　　D. i

(5) ⑤处应填(　　)。

A. tmp+=a[i]　　B. tmp=i+1　　C. beg=i　　D. beg=i+1

【分析】 n 为输入元素的个数,i 为循环变量,ans 为和的最大值,len 为和的最大值的元素个数,tmp 为当前子数列的和,beg 为子数列的首位置-1。

选择题(1)解析:

根据总解析应该为 1-1=0,而为什么要-1 呢? 假设我们得到的某子数列恰好为前 5个元素,此时 i=5,若 beg=1,则 5-1=4,len=4 与题意不符。

参考答案:B

选择题(2)解析:

这一步的目的是当总和相同时选出元素个数最多的。

参考答案:B

选择题(3)解析:

如果前面加的和不为负数,就可以不重新更新 beg 的值,因为只要加上后面的 a[i],肯定要比单独一个 a[i]要大。

参考答案:A

选择题(4)解析:

此时 tmp 为负数,要更新 beg 的值,而 beg 为子数列首位-1。当重新计算子数列时(子数列首位为正),此时 i 就是首位-1。

参考答案:D

选择题(5)解析:

tmp 的作用是计算当前的子数列的和。

参考答案:A

题目7　完善程序

首先输入两个正整数 m 和 n,保证 1<m,n<100。接下来 m 行每行输入 n 个数,0 表示格子为黑色像素块,255 表示格子为白色像素块。保证至少有一个 255 的白色像素块,保证不会出现其他整数。最后输出一个整数,表示白色像素块的最大连通数量。

```
01  #include <stdio.h>
02  int count=0;
03  int max =0;
04  int dx[4] ={ 0,1,0,-1 };
05  int dy[4] ={ 1,0,-1,0 };
06  int image[100][100] ={0};
07  bool visited[100][100] ={ false };
08  int m, n;
09  int main()
10  {
11      void dfs(int i,int j);
```

```
12        int i,j;
13        scanf("%d%d",&m,&n);
14        for ( i =0; i <m; i++)
15           for ( j =0; j <n; j++)
16              scanf("%d",&image[i][j]);
17        for (i =0; i <m; i++)
18           for ( j =0; j <n; j++)
19              {
20                 if (image[i][j] &&___①___ ) !visited[i][j]
21                 {
22                    _____②_____ ;
23                    dfs(i,j);
24                    if(count>max)max=count;
25                 }
26              }
27        printf("%d",max);
28        return 0;
29  }
30  void dfs(int i,int j)
31  {
32     int k;
33     _____③_____ ;
34     visited[i][j]=true;
35     for(k=0;k<4;k++)
36     {
37        int nx=i+dx[k];
38        int ny=j+dy[k];
39        if(nx<0||nx>=m||ny<0||ny>=n)
40              _____④_____ ;
41        if(image[nx][ny]&&!visited[nx][ny])
42           dfs(_____⑤_____ );
43     }
44  }
```

(1) ①处应填(   )。

A. count   B. visited[i][j]   C. !Max   D. !visited[i][j]

(2) ②处应填(   )。

A. max＝0   B. max＋＋   C. count＝0   D. count＋＋

(3) ③处应填(   )。

A. image[i][j]＋＋ B. visited[i][j]＋＋ C. max＋＋   D. count＋＋

(4) ④处应填(   )。

A. continue   B. break   C. dfs(i,j)   D. dfs(nx,ny)

(5) ⑤处应填(   )。

A. i,j   B. dx[k],dy[k]   C. nx,ny   D. nx＋1,ny＋1

【分析】 在一个 m×n 的矩阵中找出最大的全为 1 的连通块,可以对矩阵的每一个单位进行判断,首先找到第一个单位"1",再对这个"1"的四周进行查找,若有另一个单位"1",就继续判断另一个单位"1"。每找到一个新的单位"1",就把这个单位"1"的坐标记录下来,以免查找时重复。当出现一个单位"1"的周围有 1 个以上的其他单位"1"时,先按顺序向一个方向查找,直到不能继续查找时,再向后依次退回至可以继续查找的单位"1"。

函数中的 dx[4]和 dy[4]中的数据分别代表单位"1"向右、向下、向左、向上时坐标增减的情况,再利用 4 次循环就可以找到单位周围的 4 个位置。利用递归的方法就可以实现对每一个符合要求的单位"1"的查找并计数。计数结果放在 max 中,若一个连通块的单位"1"的数量大于上一个连通块,则把计数值再赋给 max。

选择题(1)解析:

在 17~26 行的语句中,利用了循环对矩阵的单位进行判断,条件是该数不为 0 且没有被利用过,故条件为 image[i][j]不等于 0 且 visited 为 false。

参考答案:D

选择题(2)解析:

每当递归循环结束,count 中都会存放一个连通块的大小,继续代入函数计算会出错,故在递归计算之前需要将 count 清零。

参考答案:C

选择题(3)解析:

每当找到一个符合条件的单位时,就把 count 加 1,而代入递归时,说明第一个数就已经符合条件了,所以 count++需要放在判断之前。

参考答案:D

选择题(4)解析:

矩阵是有边界的,在边界进行查找时无法对边界以外的地方进行查找,所以当查找进行到边界以外时,就直接退出循环,进行下一次查找。

参考答案:A

选择题(5)解析:

从程序可以看出这里使用了递归的计算方法,即计算每次查找到的符合条件的数据的数量,很明显 nx 和 ny 是指正在变化的坐标,把 nx 和 ny 代入递归调用即可遍历每一个符合条件的数据。

参考答案:C

题目 8 完善程序

(循环日程表)有 $n=2^k$ 个运动员进行网球循环赛,需要设计比赛日程表。每个选手必须与其他 n−1 个选手各赛一次;每个选手一天只能赛一次;循环赛一共进行 n−1 天。按此要求设计一张比赛日程表,该表有 n 行和 n−1 列,第 i 行第 j 列为第 i 个选手第 j 天遇到的选手,如下图所示(k=3)。

1	2	3	4	5	6	7	8
2	1	4	3	6	5	8	7
3	4	1	2	7	8	5	6
4	3	2	1	8	7	6	5
5	6	7	8	1	2	3	4
6	5	8	7	2	1	4	3
7	8	5	6	3	4	1	2
8	7	6	5	4	3	2	1

```
01  #include <iostream>
02  using namespace std;
03  const int maxNum =1 <<10;
```

```
04   int table[maxNum][maxNum];
05   void circulateSchedule(int row, int column, int n)
06   {
07       if(n ==1)
08           return ;
09       int half =①;
10       table[row +half][ ②] =table[row][column];
11       table[row][column +half] =table[③][column] =table[row][column] +half;
12       circulateSchedule(row, column, half);
13       circulateSchedule(row, column +half, half);
14       circulateSchedule(④, half);
15       circulateSchedule(row +half, column +half, half);
16   }
17   int main() {
18       int n;
19       cin >>n;
20       table[0][0] =1;
21       circulateSchedule(0, 0, n);
22       for(int i =0; i <n; i++) {
23           for(int j =0; j <n; j++) {
24               cout <<⑤ <<"\t";
25           }
26           cout <<endl <<endl <<endl;
27       }
28       return 0;
29   }
```

(1) ①处应填(　　)。

　　A. n　　　　　　　B. n/2　　　　　　C. n/3　　　　　　D. n+1

(2) ②处应填(　　)。

　　A. column+half　　B. row+half * 2　　C. column　　　　D. row

(3) ③处应填(　　)。

　　A. row+half　　　B. row　　　　　　C. column　　　　D. row+column

(4) ④处应填(　　)。

　　A. half,row　　　　　　　　　　　　B. row,column

　　C. row+half,column+half　　　　　　D. row+half,column

(5) ⑤处应填(　　)。

　　A. table[i+1][j+1]　　　　　　　　　B. table[i][j]

　　C. table[i][j+1]　　　　　　　　　　D. table[j][i]

【分析】 该程序采用分治算法。图 8-4 所示为 k=3 时的一个可行解,它是由 4 块拼起来的。左上角是 k=2 时的一组解,右下角、左下角分别是由左上角、右上角复制而来的,右上角的格子是左上角的格子中每个数加 4 得到的。

参考答案:B

填空题(1)解析:可以将 $2^k \times 2^k$ 的表格分成 $2^{(k-1)} \times 2^{(k-1)}$ 的 4 个子表格,所以此时 half=n/2。

参考答案：A

填空题（2）解析：分成的子表格的右下角的格子等于左上角的格子，例如 8 个人分 4 个格子，右下角 table[4][4]与其对应的左上角 table[0][0]相等，half 等于每次分的子表格的边长。

参考答案：A

填空题（3）解析：分成的子表格的右上角的表格等于左上角的表格加上子表格的大小，例如左下角的 table[0][4]与其对应的右上角的 table[4][0]都等于 table[0][0]＋4，此时 4 是 half，也就是分得的子表格的边长。

参考答案：D

填空题（4）解析：12～15 行的代码是对 4 个子表格进行递归，可知第 14 行代码是对右上角表格进行递归，所以分治段的开始下表为 row＋half，结束下标为 column。

参考答案：B

填空题（5）解析：table[i][j]是表格的每个元素，通过循环将二维数组的每个元素输出。

8.3　知识点巩固

题目 1　完善程序

（国王放置）在 n×m 的棋盘上放置 k 个国王，要求 k 个国王互相不攻击，问有多少种不同的放置方法。假设国王放置在第(x,y)格，国王的攻击区域是(x−1,y−1)，(x−1,y)，(x−1,y+1)，(x,y−1)，(x,y+1)，(x+1,y−1)，(x+1,y)，(x+1,y+1)。输入 3 个数 n，m，k，输出答案。本题可以利用回溯法求解。棋盘行标号为 0～n−1，列标号为 0～m−1。

```
01  #include <iostream>
02  #include <cstring>
03  using namespace std;
04  int n,m,k,ans;
05  int hash[5][5];
06  void work(int x,int y,int tot){
07      int i,j;
08      if(tot==k){
09          ans++;
10          return;
11      }
12      do{
13          while(hash[x][y]){
14              y++;
15              if (y==m){
16                  x++;
17                  y=___①___;
18              }
19              if (x==n)
```

```
20              return;
21          }
22          for (i=x-1;i<=x+1;i++)
23            if (i>=0&&i<n)
24                for (j=y-1;j<=y+1;j++)
25                    if (j>=0&&j<m)
26                        ②        ;
27          ③        ;
28          for (i=x-1;i<=x+1;i++)
29            if (i>=0&&i<n)
30                for (j=y-1;j<=y+1;j++)
31                    if (j>=0&&j<m)
32                        ④        ;
33          y++;
34          if (y==m){
35              x++;
36              y=0;
37          }
38          if (x==n)
39              return;
40      }while (1);
41  }
42  int main(){
43      cin >>n >>m >>k;
44      ans=0;
45      memset(hash,0,sizeof(hash));
46          (5)  ;
47      cout <<ans <<endl;
48      return 0;
49  }
```

(1) ①处应填(   )。

A. 1　　　　　　　B. 0　　　　　　　C. 　　　　　　　D. m

(2) ②处应填(   )。

A. hash[i][j]++　B. hash[i][j]--　C. hash[i][j]=0　D. hash[i][j]=1

(3) ③处应填(   )。

A. work(x,y,tot++)　　　　　B. work(x,y,++tot)

C. work(x,y,tot+1)　　　　　D. work(x,y,tot)

(4) ④处应填(   )。

A. hash[i][j]++　B. hash[i][j]--　C. hash[i][j]=0　D. hash[i][j]=1

(5) ⑤处应填(   )。

A. work(0,0,0)　B. work(0,0,1)　C. work(1,1,1)　D. work(n,m,k)

2. 完善程序

(过河问题)在一个月黑风高的夜晚,有一群人在河的右岸,想通过唯一的一根独木桥走到河的左岸。在这伸手不见五指的黑夜里,过桥时必须借助灯光照明,很不幸的是,他们只有一盏灯。另外,独木桥上最多只能承受两个人同时经过,否则将会坍塌。每个人单独过桥都需要一定的时间,不同的人需要的时间可能不同。两个人一起过桥时,由于只有一盏灯,所以需要的时间是较慢的那个人单独过桥时所花的时间。现输入 n(2≤n<100)和这 n 个人单独过桥时需要的时间,请计算最少需要多少时间他们才能全部到达河的左岸。

例如,有 3 个人甲、乙、丙,他们单独过桥的时间分别为 1、2、4,则总共最少需要的时间为 7。具体方法是:甲、乙一起过桥到河的左岸,甲单独回到河的右岸将灯带回,然后甲、丙再一起过桥到河的左岸,总时间为 2+1+4=7。

```
01  #include <iostream>
02  using namespace std;
03  const int SIZE =100;
04  const int INFINITY =10000;
05  const bool LEFT =true;
06  const bool RIGHT =false;
07  const bool LEFT_TO_RIGHT =true;
08  const bool RIGHT_TO_LEFT =false;
09  int n, hour[SIZE];
10  bool pos[SIZE];
11  int max(int a, int b)
12  {
13      if (a >b)
14          return a;
15      else
16          return b;
17  }
18  int go(bool stage)
19  {
20      int i, j, num, tmp, ans;
21      if (stage ==RIGHT_TO_LEFT) {
22          num =0;
23          ans =0;
24          for (i =1; i <=n; i++)
25              if (pos[i] ==RIGHT) {
26                  num++;
27                  if (hour[i] >ans)
28                      ans =hour[i];
29              }
30          if (_____①_____)
31              return ans;
32          ans =INFINITY;
33          for (i =1; i <=n -1; i++)
34              if (pos[i] ==RIGHT)
35                  for (j =i +1; j <=n; j++)
```

```
36                        if (pos[j] ==RIGHT) {
37                            pos[i] =LEFT;
38                            pos[j] =LEFT;
39                            tmp =max(hour[i], hour[j]) +_____②_____ ;
40                            if (tmp <ans)
41                                ans =tmp;
42                            pos[i] =RIGHT;
43                            pos[j] =RIGHT;
44                        }
45          return ans;
46      }
47      if (stage ==LEFT_TO_RIGHT) {
48          ans =INFINITY;
49          for (i =1; i <=n; i++)
50              if (pos[i]==_____③_____) {
51                  pos[i] =RIGHT;
52                  tmp =_____④_____;
53                  if (tmp <ans)
54                      ans =tmp;
55                  pos[i]=_____⑤_____ ;
56              }
57          return ans;
58      }
59      return 0;
60  }
61  int main()
62  {
63      int i;
64      cin>>n;
65      for (i =1; i <=n; i++) {
66          cin>>hour[i];
67          pos[i] =RIGHT;
68      }
69      cout<<go(RIGHT_TO_LEFT)<<endl;
70      return 0;
71  }
```

(1) ①处应填(   )。

A. num≤0   B. num≤1   C. num≤2   D. num≤3

(2) ②处应填(   )。

A. go(LEFT)   B. go(RIGHT)

C. go(LEFT_TO_RIGHT)   D. go(RIGHT_TO_LEFT)

(3) ③处应填(   )。

A. LEFT   B. RIGHT

C. LEFT_TO_RIGHT   D. RIGHT_TO_LEFT

（4）④处应填（　　　）。

  A. hour[i]＋go(RIGHT_TO_LEFT)   B. hour[i]−go(RIGHT_TO_LEFT)

  C. hour[i]＋go(LEFT_TO_RIGHT)   D. hour[i]−go(LEFT_TO_RIGHT)

（5）⑤处应填（　　　）。

  A. LEFT   B. RIGHT

  C. LEFT_TO_RIGHT   D. RIGHT_TO_LEFT

3. 完善程序

（大整数相乘）输入两个正整数 $n(1 \leqslant n \leqslant 10^{100})$，试计算这两个整数的乘积。

```
01  #include <iostream>
02  #include <cstring>
03  using namespace std;
04  const int SIZE=200;
05  struct hugeint{
06      int len,num[SIZE];
07  };
08  hugeint input(string s)
09  {
10    hugeint hint;
11    memset(hint.num,0,sizeof(hint.num));
12      hint.len=s.length();
13      for(int i=1;i<=hint.len;i++)
14          hint.num[i]=_____①_____ ;
15      return hint;
16  }
17  hugeint times(hugeint a,hugeint b)
18  {
19      int i,j;
20      hugeint ans;
21      memset(ans.num,0,sizeof(ans.num));
22      for(i=1;i<=a.len;i++)
23          for(j=1;j<=b.len;j++)
24              _____②_____ +=a.num[i] * b.num[j];
25      for(i=1;i<=a.len+b.len;i++){
26          ans.num[i+1]+=____③____ ;
27          ans.num[i]%=10;
28      }
29      if(____④____ )
30          ans.len=a.len+b.len;
31      else
32          ans.len=a.len+b.len-1;
33      return ans;
34  }
35  int main()
```

```
36    {
37        string s;
38        hugeint hi1, hi2, result;
39        cin>>s;
40        hi1=input(s);
41        cin>>s;
42        hi2=input(s);
43        result=times(hi1, hi2);
44        for(int i=_____⑤_____)
45            cout<<result.num[i];
46        return 0;
47    }
```

（1）①处应填（   ）。

A. s[i]   B. s[i]−'0'

C. s[hint.len−i]   D. s[hint.len−i]−'0'

（2）②处应填（   ）。

A. ans.num[i+1]   B. ans.num[j+1]

C. ans.num[i+j−1]   D. ans.num[i+j]

（3）③处应填（   ）。

A. ans.num[i]/10   B. ans.num[i]%10

C. 1   D. i

（4）④处应填（   ）。

A. ans.num[a.len+b.len]>0   B. ans.num[a.len+b.len]>=0

C. ans.num[a.len+b.len]<0   D. ans.num[a.len+b.len]<=0

（5）⑤处应填（   ）。

A. result.len;i>1;i−−   B. result.len;i>=1;i−−

C. 1;i<=result.len;i++   D. 0;i<=result.len;i++

附录 A 2019—2020年CSP-J/S第一轮认证

真题试卷

2019 CCF 非专业级别软件能力认证第一轮
（CSP-J）入门级 C++ 语言试题 A 卷

认证时间：2019 年 10 月 19 日 14:30～16:30

考生注意事项：

- 试题纸共有 9 页，答题纸共有 1 页，满分为 100 分。请在答题纸上作答，写在试题纸上的一律无效。
- 不得使用任何电子设备（如计算器、手机、电子词典等）或查阅任何书籍资料。

一、单项选择题（共 15 题，每题 2 分，共计 30 分；每题有且仅有一个正确选项）

1. 中国的国家顶级域名是（   ）。

    A. .cn   B. .ch   C. .chn   D. .china

2. 二进制数 11 1011 1001 0111 和 01 0110 1110 1011 进行逻辑与运算的结果是（   ）。

    A. 01 0010 1000 1011   B. 01 0010 1001 0011

    C. 01 0010 1000 0001   D. 01 0010 1000 0011

3. 一个 32 位整型变量占用（   ）字节。

    A. 32   B. 128   C. 4   D. 8

4. 若有如下程序段，其中 s、a、b、c 均已定义为整型变量，且 a、c 均已赋值（c>0）

```
s =a;
for (b =1; b <=c; b++) s=s -1;
```

则与上述程序段功能等价的赋值语句是（   ）。

    A. s=a−c;   B. s=a−b;   C. s=s−c;   D. s=b−c;

5. 设有 100 个已排序好的数据元素，采用折半查找时，最大比较次数为（   ）。

    A. 7   B. 10   C. 6   D. 8

6. 链表不具有的特点是（   ）。

    A. 插入和删除不需要移动元素   B. 不必事先估计存储空间

    C. 所需空间与线性表长度成正比   D. 可随机访问任一元素

7. 把 8 个同样的球放在 5 个同样的袋子里，允许有的袋子空着不放，共有（   ）种不同的放法。

提示:如果 8 个球都放在一个袋子里,则无论是哪个袋子,都只算同一种分法。

    A. 22   B. 24   C. 18   D. 20

8. 一棵二叉树如右图所示,若采用顺序存储结构,即用一维数组元素存储该二叉树中的节点(根节点的下标为 1,若某节点的下标为 i,则其左孩子位于下标 $2i$ 处、右孩子位于下标 $2i+1$ 处),则该数组的最大下标至少为(　　)。

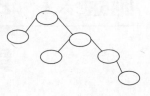

    A. 6   B. 10

    C. 15   D. 12

9. 100 以内最大的素数是(　　)。

    A. 89   B.   97   C. 91   D. 93

10. 319 和 377 的最大公约数是(　　)。

    A. 27   B. 33   C. 29   D. 31

11. 新学期开学了,小胖想减肥,健身教练给小胖制定了两个训练方案。方案一:每次连续跑 3 公里可以消耗 300 千卡(耗时半小时)。方案二:每次连续跑 5 公里可以消耗 600 千卡(耗时 1 小时)。小胖每周周一到周四能抽出半小时跑步,周五到周日能抽出一小时跑步。另外,教练建议小胖每周最多跑 21 公里,否则会损伤膝盖。如果小胖想严格执行教练的训练方案,并且不想损伤膝盖,每周最多能通过跑步消耗(　　)千卡。

    A. 3000   B. 2500   C. 2400   D. 2520

12. 一副纸牌除去大小王有 52 张牌,4 种花色,每种花色有 13 张。假设从这 52 张牌中随机抽取 13 张纸牌,则至少(　　)张牌的花色一致。

    A. 4   B. 2   C. 3   D. 5

13. 一些数字可以颠倒过来看,例如 0、1、8 颠倒过来看还是本身,6 颠倒过来看是 9,9 颠倒过来看是 6,其他数字颠倒过来都不构成数字。类似地,一些多位数也可以颠倒过来看,比如 106 颠倒过来看是 901。假设某个城市的车牌只由 5 位数字组成,每一位都可以取 0~9。则这个城市最多有(　　)个车牌颠倒过来看恰好还是原来的车牌。

    A. 60   B. 125   C. 75   D. 100

14. 假设一棵二叉树的后序遍历序列为 DGJHEBIFCA,中序遍历序列为 DBGEHJACIF,则其前序遍历序列为(　　)。

    A. ABCDEFGHIJ   B. ABDEGHJCFI   C. ABDEGJHCFI   D. ABDEGHJFIC

15. 以下(　　)奖项是计算机科学领域的最高奖。

    A. 图灵奖   B. 鲁班奖   C. 诺贝尔奖   D. 普利策奖

二、阅读程序(程序输入不超过数组或字符串定义的范围;判断题正确填√,错误填×;除特殊说明外,判断题 1.5 分,选择题 3 分,共计 40 分)

1.

```
1  #include <cstdio>
2  #include <cstring>
3  using namespace std;
4  char st[100];
5  int main() {
```

```
6       scanf("%s",st);
7       int n=strlen(st);
8       for (int i=1;i<=n;++i) {
9           if (n%i==0) {
10              char c=st[i-1];
11              if (c>='a')
12                  st[i-1]=c-'a'+'A';
13          }
14      }
15      printf("%s", st);
16      return 0;
17  }
```

- 判断题

(1) 输入的字符串只能由小写字母或大写字母组成。   （   ）

(2) 若将第 8 行的"i ＝ 1"改为"i ＝0",程序运行时会发生错误。   （   ）

(3) 若将第 8 行的"i ＜= n"改为"i * i ＜= n",程序运行结果不会改变。   （   ）

(4) 若输入的字符串全部由大写字母组成,那么输出的字符串与输入的字符串一样。

　　　　　　　　　　　　　　　　　　　　　　　　　　　　　　　　　　（   ）

- 选择题

(5) 若输入的字符串长度为 18,那么输入的字符串与输出的字符串相比至多有（   ）个字符不同。

　　　A. 18　　　　　　　B. 6　　　　　　　　C. 10　　　　　　　D. 1

(6) 若输入的字符串长度为（   ）,那么输入的字符串与输出的字符串相比至多有 36 个字符不同。

　　　A. 36　　　　　　　B. 100000　　　　　　C. 1　　　　　　　D. 128

2.

```
01  #include<cstdio>
02  using namespace std;
03  int n,m;
04  int a[100],b[100];
05
06  int main(){
07      scanf("%d%d", &n, &m);
08      for(int i=1;i<=n;++i)
08          a[i]=b[i]=0;
10      for(int i=1;i<=m;++i){
11          int x,y;
12          scanf("%d%d",&x,&y);
13          if(a[x]<y || b[y]<x){
14              if(a[x]>0)
15                  b[a[x]]=0;
16              if(b[y]>0)
```

```
17              a[b[y]]=0;
18          a[x]=y;
19          b[y]=x;
20      }
21    }
22    int ans=0;
23    for(int i=1;i<=n;++i){
24        if(a[i]==0)
25            ++ans;
26        if(b[i]==0)
27            ++ans;
28    }
29    printf("%d\n",ans);
30    return 0;
31 }
```

假设输入的 n 和 m 都是正整数,x 和 y 都是在[1,n]的范围内的整数,完成下面的判断题和单选题。

• 判断题

(1) 当 m>0 时,输出的 ans 值一定小于 2n。　　　　　　　　　　　　(　　)

(2) 执行完第 27 行的"++ans"时,ans 一定为偶数。　　　　　　　　(　　)

(3) a[i]和 b[i]不可能同时大于 0。　　　　　　　　　　　　　　　　(　　)

(4) 若程序执行到第 13 行时,x 总是小于 y,那么第 15 行不会被执行。(　　)

• 选择题

(5) 若 m 个 x 两两不同,且 m 个 y 两两不同,则输出的值为(　　)。

　　A. 2n-2m　　　　　B. 2n+2　　　　　　C. 2n-2　　　　　　D. 2n

(6) 若 m 个 x 两两不同,且 m 个 y 都相等,则输出的值为(　　)。

　　A. 2n-2　　　　　　B. 2n　　　　　　　C. 2m　　　　　　　D. 2n-2m

3.

```
1   #include <iostream>
2   using namespace std;
3   const int maxn=10000;
4   int n;
5   int a[maxn];
6   int b[maxn];
7   int f(int l,int r,int depth){
8     if(l>r)
9       return 0;
10    int min=maxn,mink;
11    for(int i=l;i<=r;++i){
12        if(min>a[i]){
13            min=a[i];
14            mink=i;
```

```
15          }
16    }
17    int lres=f(l,mink-1,depth+1);
18    int rres=f(mink+1,r,depth+1);
19    return lres+rres+depth*b[mink];
20 }
21 int main(){
22    cin>>n;
23    for(int i=0;i<n;++i)
24        cin>>a[i];
25    for(int i=0;i<n;++i)
26        cin>>b[i];
27    cout<<f(0,n-1,1)<<endl;
28    return 0;
29 }
```

• 判断题

(1) 如果数组 a 有重复的数字,则程序运行时会发生错误。   (   )

(2) 如果数组 b 全为 0,则输出为 0。   (   )

• 选择题

(3) 当 n＝100 时,最坏情况下,与第 12 行的比较运算执行的次数最接近的是(   )。

    A. 5000   B. 600   C. 6   D. 100

(4) 当 n＝100 时,最好情况下,与第 12 行的比较运算执行的次数最接近的是(   )。

    A. 100   B. 6   C. 5000   D. 600

(5) 当 n＝10 时,若数组 b 满足对任意 $0 \leqslant i < n$ 都有 $b[i]＝i＋1$,那么输出最大为(   )。

    A. 386   B. 383   C. 384   D. 385

(6) (4分)当 n＝100 时,若数组 b 满足对任意 $0 \leqslant i < n$ 都有 $b[i]＝1$,那么输出最小为(   )。

    A. 582   B. 580   C. 579   D. 581

三、完善程序(单选题,每小题 3 分,共计 30 分)

1. (矩阵变幻)有一个奇幻矩阵在不停变幻,其变幻方式为:数字 0 变成矩阵 $\begin{bmatrix} 0 & 0 \\ 0 & 1 \end{bmatrix}$,数字 1 变成矩阵 $\begin{bmatrix} 1 & 1 \\ 1 & 0 \end{bmatrix}$。最初该矩阵只有一个元素 0,变幻 n 次后,矩阵会变成什么样?

例如,矩阵最初为:$[0]$;变幻 1 次后:$\begin{bmatrix} 0 & 0 \\ 0 & 1 \end{bmatrix}$;变幻 2 次后:$\begin{bmatrix} 0 & 0 & 0 & 0 \\ 0 & 1 & 0 & 1 \\ 0 & 0 & 1 & 1 \\ 0 & 1 & 1 & 0 \end{bmatrix}$。

输入一个不超过 10 的正整数 n,输出变幻 n 次后的矩阵。

试补全程序。

提示：

"<<"表示二进制左移运算符，例如$(11)_2 << 2 = (1100)_2$。

"^"表示二进制异或运算符，它将两个参与运算的数中的每个对应的二进制位一一进行比较，若两个二进制位相同，则运算结果的对应二进制位为0，反之为1。

```
1    #include<cstdio>
2    using namespace std;
3    int n;
4    const int max_size=1<<10;
5
6    int res[max_size][max_size];
7
8    void recursive(int x,int y,int n,int t){
9        if(n==0){
10            res[x][y]=①;
11            return ;
12        }
13        int step=1<<(n-1);
14        recursive(②,n-1,t);
15         recursive(x,y+step,n-1,t);
16        recursive(x+step,y,n-1,t);
17        recursive(③,n-1,!t);
18   }
19
20   int main(){
21       scanf("%d",&n);
22       recursive(0,0,④);
23       int size=⑤;
24       for(int i=0;i<size;++i){
25         for(int j=0;j<size;++j)
26             printf("%d",res[i][j]);
27         puts(" ");
28     }
29     return 0;
30   }
```

(1) ①处应填(   )。

A. n%2   B. 0   C. t   D. 1

(2) ②处应填(   )。

A. x − step，y − step   B. x，y − step

C. x − step，y   D. x，y

(3) ③处应填(   )。

A. x − step，y − step   B. x ＋ step，y ＋ step

C. x − step，y   D. x，y − step

(4) ④处应填（　　）。

A. n－1，n％2　　B. n，0　　　　C. n，n％2　　　　D. n－1，0

(5) ⑤处应填（　　）。

A. 1＜＜（n＋1）　　　　　　　　B. 1＜＜n

C. n＋1　　　　　　　　　　　　D. 1＜＜（n－1）

2.（计数排序）计数排序是一个广泛使用的排序方法。下面的程序使用双关键字进行计数排序，对10 000以内的整数从小到大排序。

例如有3对整数(3,4)、(2,4)、(3,3)，那么排序之后应该是(2,4)、(3,3)、(3,4)。输入第1行为n，接下来的n行，第i行有两个数a[i]和b[i]，分别表示第i对整数的第一关键字和第二关键字。

从小到大排序后输出。

数据范围为$1 \leqslant n \leqslant 10^7$，$1 \leqslant a[i], b[i] \leqslant 10^4$。

提示：应先对第二关键字进行排序，再对第一关键字进行排序。数组ord[]存储第二关键字排序的结果，数组res[]存储双关键字排序的结果。试补全程序。

```
1    #include <cstdio>
2    #include <cstring>
3    using namespace std;
4    const int maxn =10000000;
5    const int maxs =10000;
6
7    int n;
8    unsigned a[maxn], b[maxn],res[maxn], ord[maxn];
9    unsigned cnt[maxs +1];
10
11   int main() {
12   scanf("%d", &n);
13   for (int i =0; i <n; ++i)
14       scanf("%d%d", &a[i], &b[i]);
15   memset(cnt, 0, sizeof(cnt));
16   for (int i =0; i <n; ++i)
17     ①;                    // 利用 cnt 数组统计数量
18   for (int i =0; i <maxs; ++i)
19     cnt[i +1] +=cnt[i];
20   for (int i =0; i <n; ++i)
21     ②;                    // 记录初步排序结果
22   memset(cnt, 0, sizeof(cnt));
23   for (int i =0; i <n; ++i)
24     ③;                    // 利用 cnt 数组统计数量
25   for (int i =0; i <maxs; ++i)
26     cnt[i +1] +=cnt[i];
27   for (int i =n -1; i >=0; --i)
28     ④;                    // 记录最终排序结果
```

```
29  for (int i =0; i <n; i++)
30      printf("%d %d", ⑤);
31  return 0;
32 }
```

(1) ①处应填（　　）。

　　A. ++cnt[i]　　　　　　　　　　　　B. ++cnt[b[i]]

　　C. ++cnt[a[i] * maxs + b[i]]　　　　D. ++cnt[a[i]]

(2) ②处应填（　　）。

　　A. ord[- - cnt[a[i]]] = i　　　　　B. ord[- - cnt[b[i]]] = a[i]

　　C. ord[- - cnt[a[i]]] = b[i]　　　D. ord[- - cnt[b[i]]] = i

(3) ③处应填（　　）。

　　A. ++cnt[b[i]]　　　　　　　　　　B. ++cnt[a[i] * maxs + b[i]]

　　C. ++cnt[a[i]]　　　　　　　　　　D. ++cnt[i]

(4) ④处应填（　　）。

　　A. res[- - cnt[a[ord[i]]]] = ord[i]

　　B. res[- - cnt[b[ord[i]]]] = ord[i]

　　C. res[- - cnt[b[i]]] = ord[i]

　　D. res[- - cnt[a[i]]] = ord[i]

(5) ⑤处应填（　　）。

　　A. a[i],b[i]　　　　　　　　　　　　B. a[res[i]],b[res[i]]

　　C. a[ord[res[i]]],b[ord[res[i]]]　　D. a[res[ord[i]]],b[res[ord[i]]]

2019 CCF 非专业级别软件能力认证第一轮 (CSP-J)入门级 C++ 语言试题 A 卷参考答案

一、单项选择题(共 15 题,每题 2 分,共计 30 分)

1	2	3	4	5	6	7	8	9	10
A	D	C	A	A	D	C	C	B	C
11	12	13	14	15					
C	A	C	B	A					

二、阅读程序(除特殊说明外,判断题 1.5 分,单选题 3 分,共计 40 分)

第1题	判断题(填√或×)				单 选 题	
	(1)	(2)	(3)	(4)	(5)	(6)
	×	√	×	√	B	B

第2题	判断题(填√或×)				单 选 题	
	(1)	(2)	(3)	(4)	(5)	(6)
	√	×	×	×	A	A

第3题	判断题(填√或×)		单 选 题			
	(1)	(2)	(3)	(4)	(5)	(6)
	×	√	A	D	D	B

三、完善程序(单选题,每小题 3 分,共计 30 分)

第1题					第2题				
(1)	(2)	(3)	(4)	(5)	(1)	(2)	(3)	(4)	(5)
C	D	B	B	B	B	D	C	A	B

2019 CCF 非专业级别软件能力认证第一轮
（CSP-S）提高级 C++ 语言试题 A 卷
认证时间：2019 年 10 月 19 日

考生注意事项：

- 试题纸共有 10 页,答题纸共有 1 页,满分为 100 分。请在答题纸上作答,写在试题纸上的一律无效。
- 不得使用任何电子设备(如计算器、手机、电子词典等)或查阅任何书籍资料。

一、单项选择题(共 15 题,每题 2 分,共计 30 分;每题有且仅有一个正确选项)

1. 若有定义：int a=7；float x=2.5，y=4.7；,则表达式 x+a%3＊(int)(x+y)%2 的值是(   )。

    A. 0.000 000　　　　B. 2.750 000　　　　C. 2.500 000　　　　D. 3.500 000

2. 下列属于图像文件格式的是(   )。

    A. WMV　　　　B. MPEG　　　　C. JPEG　　　　D. AVI

3. 二进制数 11 1011 1001 0111 和 01 0110 1110 1011 进行逻辑或运算的结果是(   )。

    A. 11 1111 1101 1111　　　　　　B. 11 1111 1111 1101

    C. 10 1111 1111 1111　　　　　　D. 11 1111 1111 1111

4. 编译器的功能是(   )。

    A. 将源程序重新组合

    B. 将一种语言(通常是高级语言)翻译成另一种语言(通常是低级语言)

    C. 将低级语言翻译成高级语言

    D. 将一种编程语言翻译成自然语言

5. 设变量 x 为 float 型且已赋值,则以下语句中能将 x 中的数值保留到小数点后两位,并将第三位四舍五入的是(   )。

    A. X＝(x＊100＋0.5)/100.0;　　　　　　B. x＝(int)(x＊100＋0.5)/100.0;

    C. x＝(x/100＋0.5)＊100.0;　　　　　　D. x＝x＊100＋0.5/100.0;

6. 由数字 1,1,2,4,8,8 所组成的不同的 4 位数的个数是(   )。

    A. 104　　　　B. 102　　　　C. 98　　　　D. 100

7. 排序的算法有很多,若按排序的稳定性和不稳定性分类,则(   )是不稳定排序。

    A. 冒泡排序　　　B. 直接插入排序　　　C. 快速排序　　　D. 归并排序

8. G 是一个非连通无向图(没有重边和自环),共有 28 条边,则该图至少有(   )个顶点。

    A. 10　　　　B. 9　　　　C. 11　　　　D. 8

9. 一些数字可以颠倒过来看,例如 0、1、8 颠倒过来看还是本身,6 颠倒过来是 9,9 颠倒过来看还是 6,其他数字颠倒过来都不构成数字。类似地,一些多位数也可以颠倒过来看,比如 106 颠倒过来是 901。假设某个城市的车牌只有 5 位数字,每一位都可以取 0 到 9。请问这个城市有(   )个车牌颠倒过来恰好还是原来的车牌,并且车牌上的 5 位数能被 3 整除?

A. 40   B. 25   C. 30   D. 20

10. 一次期末考试,某班有 15 人数学得满分,有 12 人语文得满分,并且有 4 人语文、数学都是满分,那么这个班至少有一门得满分的同学有(   )人。

A. 23   B. 21   C. 20   D. 22

11. 设 A 和 B 是两个长为 n 的有序数组,现在需要将 A 和 B 合并成一个排序好的数组,任何以元素比较作为基本运算的归并算法,在最坏情况下至少要做(   )次比较。

A. n^2 B. nlogn   C. 2n   D. 2n−1

12. 以下结构可以用来存储图的是(   )。

A. 栈   B. 二叉树   C. 队列   D. 邻接矩阵

13. 以下算法不属于贪心算法的是(   )。

A. Dijkstra 算法   B. Floyd 算法   C. Prim 算法   D. Kruskal 算法

14. 有一个等比数列,共有奇数项,其中第一项和最后一项分别是 2 和 118098,中间一项是 486,该数列可能的公比是(   )。

A. 5   B. 3   C. 4   D. 2

15. 由正实数构成的数字三角形的排列形式如图所示。第一行的数为 $a_{1,1}$;第二行的数从左到右依次为 $a_{2,1}$,$a_{2,2}$,第 n 行的数为 $a_{n,1}$,$a_{n,2}$,$\cdots$,$a_{n,n}$。从 $a_{1,1}$ 开始,每一行的数 $a_{i,j}$ 只有两条边可以分别通向下一行的两个数 $a_{i+1,j}$ 和 $a_{i+1,j+1}$。用动态规划算法找出一条从 $a_{1,1}$ 向下通往 $a_{n,1}$,$a_{n,2}$,$\cdots$,$a_{n,n}$ 中某个数的路径,使得该路径上的数之和最大。

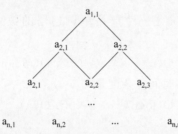

令 C[i][j]是从 $a_{1,1}$ 到 $a_{i,j}$ 的路径上的数的最大和,并且 C[i][0]= C[0][j]=0,则 C[i][j]=(   )。

A. max{C[i−1][j−1],C[i−1][j]}+ $a_{i,j}$

B. C[i−1][j−1]+C[i−1][j]

C. max{C[i−1][j−1],c[i−1][j]}+1

D. max{C[i][j−1],C[i−1][j]}+ $a_{i,j}$

二、阅读程序(程序输入不超过数组或字符串定义的范围;判断题正确填√,错误填×;除特殊说明外,判断题 1.5 分,选择题 4 分,共计 40 分)

1.

```
01  #include <cstdio>
02  using namespace std;
03  int n;
04  int a[100];
05
```

```
06   int main( ) {
07       scanf("%d",&n);
08       for(int i =1; i <=n; ++i) {
09           scanf("%d",&a[i]);
10       int ans =1;
11       for (int i =1; i <=n; ++i) {
12           if ( i >1 && a[i] <a[i-1])
13               ans =i ;
14           while (ans <n && a[i] >=a[ans+1])
15               ++ans;
16           printf("%d\n", ans);
17       }
18       return 0;
19   }
```

• 判断题

(1)（1分）第16行输出 ans 时，ans 的值一定大于 i。　　　　　　　　　　（　　）

(2)（1分）程序输出的 ans≤n。　　　　　　　　　　　　　　　　　　　（　　）

(3) 若将第12行的"＜"改为"！＝"，则程序输出的结果不会改变。　　　　（　　）

(4) 当程序执行到第16行时，若 ans-i＞2，则 a[i+1]≤a[i]。　　　　　　（　　）

• 选择题

(5)（3分）若输入的数组 a 是一个严格单调递增的数列，则此程序的时间复杂度是
（　　）。

　　A. O(logn)　　　　　B. O(n^2)　　　　　C. O(nlogn)　　　　　D. O(n)

(6) 最坏情况下，此程序的时间复杂度是（　　）。

　　A. O(n^2)　　　　　B. O(logn)　　　　　C. O(n)　　　　　D. O(nlogn)

2.

```
01   #include<iostream>
02   using namespace std;
03
04   const int maxn =1000;
05   int n;
06   int fa[maxn],cnt[maxn];
07
08   int getRoot(int v) {
09       if (fa[v]==v) return v;
10       return getRoot(fa[v]);
11   }
12
13   int main() {
14       cin>>n;
15       for(int i=0;i<n;++i) {
16           fa[i]=i;
```

```
17          cnt[i]=1;
18      }
19      int ans =0 ;
20      for(int i=0;i<n-1;++i){
21          int a,b,x,y;
22          cin>>a>>b;
23          x=getRoot(a);
24          y=getRoot(b);
25          ans+=cnt[x] * cnt[y];
26          fa[x]=y;
27          cnt[y]+=cnt[x];
28      }
29      cout<<ans<<endl;
30      return 0;
31  }
```

• 判断题

(1)(1分)输入的 a 和 b 值应在 [0, n-1] 的范围内。　　　　　　　(　　)

(2)(1分)第 16 行改成"fa[i]=0;",不影响程序运行结果。　　　　(　　)

(3)若输入的 a 和 b 值均在 [0, n-1] 的范围内,则对于任意 $0 \leqslant i < n$,都有 $0 \leqslant fa[i] < n$。

　　　　　　　　　　　　　　　　　　　　　　　　　　　　　(　　)

(4)若输入的 a 和 b 值均在 [0, n-1] 的范围内,则对于任意 $0 \leqslant i < n$,都有 $1 \leqslant cnt[i] \leqslant n$。

　　　　　　　　　　　　　　　　　　　　　　　　　　　　　(　　)

• 选择题

(5)当 n=50 时,若 a、b 的值都在 [0, 49] 的范围内,且在第 25 行时 x 总是不等于 y,那么输出为(　　)。

　　A. 1276　　　　　　B. 1176　　　　　　C. 1225　　　　　　D. 1250

(6)此程序的时间复杂度是(　　)。

　　A. O(n)　　　　　　B.　O(logn)　　　　C. O(n²)　　　　　D. O(nlogn)

3. 本题中 t 是 s 的子序列的意思是:从 s 中删除若干个字符可以得到 t;特别地,如果 s=t,那么 t 也是 s 的子序列;空串是任何串的子序列。例如"acd"是"abcde"的子序列,"acd"是"acd"的子序列,但"adc"不是"abcde"的子序列。

s[x..y]表示由 s[x]…s[y]共 y-x+1 个字符构成的字符串,若 x>y,则 s[x..y]是空串,t[x..y]同理。

```
01  #include <iostream>
02  #include <string>
03  using namespace std;
04  const int max1 =202;
05  string s, t ;
06  int pre[max1], suf[max1]
07
08  int main() {
```

```
09        cin>>s>>t;
10        int slen =s. length(), tlen=t. length();
11        for (int i =0 ,j =0 ; i<slen; ++i) {
12            if (j<tlen&&s[i]==t[j] ) ++j;
13        pre[i] =j;                    // t[0..j-1]是s[0..i]的子序列
14        }
15        for (int i=slen -1,j=tlen -1; i>=0;--i) {
16            if(j>=0&& s[i] ==t [j])--j;
17                suf [i]=j;          //t[j+1..tlen-1]是s[i..slen-1]的子序列
18        }
19        suf[slen] =tlen -1;
20        int ans =0;
21        for(int i=0,j=0,tmp=0;i<=slen;++i){
22            while(j<=slen && tmp>=suf[j] +1)    ++j;
23            ans =max(ans, j-i-1);
24            tmp =pre[i];
25        }
26        cout<<ans<<end1;
27        return 0;
28 }
```

提示：

(1) t[0..pre[i]－1]是s[0..i]的子序列；

(2) t[suf[i]＋1..tlen－1]是s[i..slen－1]的子序列。

• 判断题

(1)（1分）程序输出时,suf 数组满足：对任意 $0 \leqslant i < slen$,有 $suf[i] \leqslant suf[i+1]$。

　　（　　）

(2)（2分）当 t 是 s 的子序列时,输出一定不为 0。　　　　　　　　　　（　　）

(3)（2分）程序运行到第 23 行时,"j－i－1"一定不小于 0。　　　　　（　　）

(4)（2分）当 t 是 s 的子序列时,pre 数组和 suf 数组满足：对任意 $0 \leqslant i < slen$,有 pre[i]＞suf[i＋1]。

　　（　　）

• 选择题

(5) 若 tlen＝10,输出为 0,则 slen 最小为（　　　）。

　　A. 10　　　　　　　B. 12　　　　　　　C. 0　　　　　　　D. 1

(6) 若 tlen＝10,输出为 2,则 slen 最小为（　　　）。

　　A. 0　　　　　　　B. 10　　　　　　　C. 12　　　　　　　D. 1

三、完善程序（单选题,每题 3 分,共计 30 分）

1.（匠人的自我修养）一个匠人决定要学习 n 个新技术,要想成功学习一个新技术,他不仅要拥有一定的经验值,还必须要先学会若干个相关的技术。学会一个新技术之后,他的经验值会增加一个对应的值。给定每个技术的学习条件和习得后获得的经验值,给定他已有的经验值,请问他最多能学会多少个新技术？

输入第 1 行有两个数,分别为新技术个数 $n(1 \leqslant n \leqslant 10^3)$ 和已有经验值（$\leqslant 10^7$）。

接下来的 n 行。第 i 行的两个整数分别表示学习第 i 个技术所需的最低经验值($\leqslant 10^7$)，以及学会第 i 个技术后可获得的经验值($\leqslant 10^4$)。

接下来的 n 行。第 i 行的第一个数 m_i（$0\leqslant m_i <n$）表示第 i 个技术的相关技术数量。紧跟着 m 个两两不同的数，表示第 i 个技术的相关技术编号，输出最多能学会的新技术个数。

下面的程序以 $O(n^2)$ 的时间复杂解决这个问题，试补全程序。

```
01  #inclde<cstdio>
02  using namesoace std;
03  const int maxn =1001;
04
05  int n;
06  int cnt [maxn]
07  int child [maxn] [maxn];
08  int unlock[maxn];
09  int points;
10  int threshold [maxn],bonus[maxn];
11
12  bool find(){
13      int target=-1;
14      for (int i =1;i<=n;++i)
15          if( ① && ② ){
16              target =i;
17              break;
18          }
19      if(target==-1)
20          return false;
21      unlock[target]=-1;
22          ③ ;
23      for (int i=0;i<cnt[target];++i)
24          ④ ;
25      return true;
26  }
27
28  int main(){
29      scanf("%d%d",&n, &points);
30      for (int i =1; i<=n;++i) {
31          cnt [i]=0;
32          scanf("%d%d",&threshold[i],&bonus[i]);
33      }
34      for (int i=1;i<=n;++i){
35          int m;
36          scanf("%d",&m);
37              ⑤ ;
38          for (int j=0; j<m ;++j) {
39              int fa;
```

```
40              scanf("%d", &fa);
41              child[fa][cnt[fa]]=i;
42              ++cnt[fa];
43          }
44      }
45      int ans =0;
46      while(find())
47          ++ans;
48      printf("%d\n", ans);
49      return 0;
50  }
```

(1) ①处应填(　　)。

A. unlock[i]<=0　　　　　　　　　　B. unlock[i]>=0

C. unlock[i]==0　　　　　　　　　　D. unlock[i]==-1

(2) ②处应填(　　)。

A. threshold[i]>points　　　　　　　B. threshold[i]>=points

C. points>threshold[i]　　　　　　　D. points>=threshold[i]

(3) ③处应填(　　)。

A. target = -1　　　　　　　　　　　B. --cnt[target]

C. bonus[target]　　　　　　　　　　D. points += bonus[target]

(4) ④处应填(　　)。

A. cnt[child[target][i]] -=1

B. cnt[child[target][i]] =0

C. unlock[child[target][i]] -= 1

D. unlock[child[target][i]] =0

(5) ⑤处应填(　　)。

A. unlock[i] = cnt[i]　　　　　　　　B. unlock[i] =m

C. unlock[i] = 0　　　　　　　　　　D. unlock[i] =-1

2.（取石子）Alice 和 Bob 两个人在玩取石子游戏，他们制定了 n 条取石子的规则，第 i 条规则为：如果剩余的石子个数大于或等于 $a[i]$ 且大于或等于 $b[i]$，那么他们可以取走 $b[i]$ 个石子。他们轮流取石子，如果轮到某个人取石子，而他们无法按照任何规则取走石子，那么这个人就输了，一开始石子有 m 个。请问先取石子的人是否有必胜的方法？

输入第 1 行有两个正整数，分别为规则个数 $n(1 \leqslant n \leqslant 64)$ 和石子个数 $m(\leqslant 10^7)$。接下来 n 行。第 i 行有两个正整数 $a[i]$ 和 $b[i]$。$(1 \leqslant a[i] \leqslant 10^7, 1 \leqslant b[i] \leqslant 64)$。如果先取石子的人必胜，那么输出"Win"，否则输出"Loss"。

提示：

可以使用动态规划解决这个问题。由于 $b[i]$ 不超过 64，所以可以使用 64 位无符号整数压缩必要的状态。status 是胜负状态的二进制压缩，trans 是状态转移的二进制压缩。

试补全程序。

代码说明：

"~"表示二进制补码运算符,它将每个二进制位的 0 变成 1、1 变为 0;

"^"表示二进制异或运算符,它将两个参与运算的数中的每个对应的二进制位一一进行比较,若两个二进制位相同,则运算结果的对应二进制位为 0,反之为 1。

ull 标识符表示它前面的数字是 unsigned long long 类型。

```
01  #include <cstdio>
02  #include<algorithm>
03  using namespace std ;
04
05  const int maxn =64;
06
07  int n,m;
08  int a[maxn],b[maxn];
09  unsigned long long status , trans ;
10  bool win;
11
12  int main(){
13    scanf("%d %d",&n,&m);
14    for (int i =0; i<n;++i)
15      scanf("%d %d",&a[i],&b[i]);
16    for(int i=0;i<n;++i)
17      for(int j=i + 1;j<n;++j)
18        if (a[i]>a[j]){
19          swap(a[i],a[j]);
20          swap(b[i],b[j]);
21        }
22    status =①;
23    trans =0;
24    for(int i =1,j=0; i<=m;++i){
25      while (j<n && ②){
26        ③ ;
27        ++j;
28      }
29       win=④ ;
30          ⑤ ;
31    }
32    puts(win ? "Win" : "Loss" );
33    return 0;
34  }
```

(1) ①处应填( )。

　　A. 0　　　　　　　　B. ~0ull　　　　　　C. ~0ull^1　　　　　D. 1

(2) 处应填( )。

　　A. a[j]< i　　　　　B. a[j] ==i　　　　　C. a[j] ! =i　　　　　D. a[j] >i

(3) ③处应填( )。

A. trans|= 1ull << (b[j] − 1)

B. status |= 1ull << (b[j] − 1)

C. status += 1ull << (b[j]−1)

D. trans+= 1ull << (b[j]−1)

（4）④处应填（　　）。

A. ~status | trans

B. status & trans

C. status | trans

D. ~status & trans

（5）⑤处应填（　　）。

A. trans = status| trans ^win

B. status = trans >> 1^win

C. trans = status ^trans |win

D. status = status <<1^win

2019 CCF 非专业级别软件能力认证第一轮（CSP-S）提高级 C++ 语言试题 A 卷参考答案

一、单项选择题（共 15 题，每题 2 分，共计 30 分）

1	2	3	4	5	6	7	8	9	10
D	C	D	B	B	B	C	B	B	A

11	12	13	14	15
D	D	B	B	A

二、阅读程序（除特殊说明外，判断题 1.5 分，单选题 3 分，共计 40 分）

第 1 题	判断题（填√或×）				单 选 题	
	(1)	(2)	(3)	(4)	(5)	(6)
	×	√	√	√	D	A

第 2 题	判断题（填√或×）				单 选 题	
	(1)	(2)	(3)	(4)	(5)	(6)
	√	×	√	√	C	C

第 3 题	判断题（填√或×）				单 选 题	
	(1)	(2)	(3)	(4)	(5)	(6)
	√	×	×	×	D	C

三、完善程序（单选题，每小题 3 分，共计 30 分）

第 1 题					第 2 题				
(1)	(2)	(3)	(4)	(5)	(1)	(2)	(3)	(4)	(5)
C	D	D	C	B	C	B	A	D	D

2020 CCF 非专业级别软件能力认证第一轮
（CSP-J）入门级 C++ 语言试题 A 卷
认证时间：2020 年 10 月 11 日 14:30～16:30

考生注意事项：

- 试题纸共有 9 页,答题纸共有 1 页,满分为 100 分。请在答题纸上作答,写在试题纸上的一律无效。
- 不得使用任何电子设备(如计算器、手机、电子词典等)或查阅任何书籍资料。

一、单项选择题(共 15 题,每题 2 分,共计 30 分;每题有且仅有一个正确选项)

1. 在内存储器中,每个存储单元都被赋予了一个唯一的序号,称为(   )。

    A. 下标　　　　　　B. 地址　　　　　　C. 序号　　　　　　D. 编号

2. 编译器的主要功能是(   )。

    A. 将源程序翻译成机器指令代码

    B. 将一种高级语言翻译成另一种高级语言

    C. 将源程序重新组合

    D. 将低级语言翻译成高级语言

3. 设 x＝true, y＝true, z＝false,以下逻辑运算表达式值为真的是(   )。

    A. $(x \wedge y) \wedge z$　　　　　　　　　　B. $x \wedge (z \vee y) \wedge z$

    C. $(x \wedge y) \vee (z \vee x)$　　　　　　　D. $(y \vee z) \wedge x \wedge z$

4. 现有一张分辨率为 2048×1024 像素的 32 位真彩色图像。要想存储这张图像,则需要(   )的存储空间。

    A. 4MB　　　　　　B. 8MB　　　　　　C. 32MB　　　　　　D. 16MB

5. 冒泡排序算法的伪代码如下:

输入:数组 L,n≥1。输出:按非递减顺序排序的 L。

算法 BubbleSort:

```
1. FLAG ← n                //标记被交换的最后元素的位置
2. while  FLAG >1  do
3.     k ← FLAG -1
4.     FLAG ← 1
5.     for  j=1  to  k  do
6.       if  L(j) >L(j+1)  then  do
7.           L(j) ↔ L(j+1)
8.           FLAG ← j
```

对 n 个数用以上冒泡排序算法进行排序,最少需要比较(   )次。

    A. n　　　　　　B. n−2　　　　　　C. n^2　　　　　　D. n−1

6. 设 A 是包含 n 个实数的数组,考虑下面的递归算法:

```
XYZ(A[1..n])
```

```
1. if n=1 then return A[1]
2. else temp ← XYZ(A[1..n-1])
3.      if temp<A[n]
4.      then return temp
5.      else return A[n]
```

算法 XYZ 的输出是(　　)。

A. 数组的平均值　　　　　　　　　　B. 数组的最小值

C. 数组的最大值　　　　　　　　　　D. 数组的中值

7. 链表不具有的特点是(　　)。

A. 插入和删除不需要移动元素　　　　B. 可随机访问任一元素

C. 不必事先估计存储空间　　　　　　D. 所需空间与线性表长度成正比

8. 有 10 个顶点的无向图至少应该有(　　)条边才能确保它是一个连通图。

A. 10　　　　　　B. 12　　　　　　C. 9　　　　　　D. 11

9. 二进制数 1011 转换成十进制数是(　　)。

A. 10　　　　　　B. 13　　　　　　C. 11　　　　　　D. 12

10. 5 个小朋友并排站成一列,其中有两个小朋友是双胞胎,如果要求这两个双胞胎必须相邻,则有(　　)种不同的排列方法。

A. 24　　　　　　B. 36　　　　　　C. 72　　　　　　D. 48

11. 下图所使用的数据结构是(　　)。

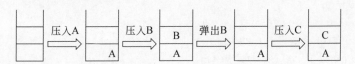

A. 哈希表　　　　B. 二叉树　　　　C. 栈　　　　　　D. 队列

12. 独根树的高度为 1,具有 61 个节点的完全二叉树的高度为(　　)。

A. 7　　　　　　B. 5　　　　　　C. 8　　　　　　D. 6

13. 干支纪年法是中国传统的纪年方法,由 10 个天干和 12 个地支组合成 60 个天干地支。公历年份可以根据以下公式和表格换算出对应的天干地支。

天干＝(公历年份)除以 10 所得余数

地支＝(公历年份)除以 12 所得余数

天干	甲	乙	丙	丁	戊	己	庚	辛	壬	癸		
	4	5	6	7	8	9	0	1	2	3		
地支	子	丑	寅	卯	辰	巳	午	未	申	酉	戌	亥
	4	5	6	7	8	9	10	11	0	1	2	3

例如,今年是 2020 年,2020 除以 10 的余数为 0,查表为"庚";2020 除以 12 的余数为 4,查表为"子",所以 2020 年是庚子年。

请问 1949 年的天干地支是(　　)。

A. 己亥   B. 己丑   C. 己卯   D. 己酉

14. 10个三好学生名额被分配到7个班级,每班至少有一个名额,一共有(   )种不同的分配方案。

     A. 56   B. 84   C. 72   D. 504

15. 有5副颜色不同的手套(共10只手套,每副手套左右手各1只),一次性从中取出6只手套,请问恰好能配成两副手套的不同取法有(   )种。

     A. 30   B. 150   C. 180   D. 120

二、阅读程序(程序输入不超过数组或字符串定义的范围;判断题正确填√,错误填×;除特殊说明外,判断题 **1.5** 分,选择题 **3** 分,共计 **40** 分)

1.

```
01  #include<cstdlib>
02  #include<iostream>
03  using namespace std;
04
05  char encoder[26]={'C','S','P',0};
06  char decoder[26];
07
08  string st;
09
10  int main(){
11      int k=0;
12      for(int i=0;i<26;++i)
13          if(encoder[i]!=0)++k;
14      for(char x='A';x<='Z';++x){
15          bool flag=true;
16          for(int i=0;i<26;++i)
17              if(encoder[i]==x){
18                  flag=false;
19                  break;
20              }
21          if(flag){
22              encoder[k]=x;
23              ++k;
24          }
25      }
26      for(int i=0;i<26;++i)
27          decoder[encoder[i]-'A']=i+'A';
28      cin>>st;
29      for(int i=0;i<st.length();++i)
30          st[i]=decoder[st[i]-'A'];
31      cout<<st;
32      return 0;
33  }
```

- 判断题

(1) 输入的字符串应当只由大写字母组成,否则在访问数组时可能越界。　　　(　　　)

(2) 若输入字符串不是空串,则输入字符串与输出字符串一定不一样。　　　(　　　)

(3) 将第 12 行的"i<26"改为"i<16",程序运行结果不会改变。　　　(　　　)

(4) 将第 26 行的"i<26"改为"i<16",程序运行结果不会改变。　　　(　　　)

- 选择题

(5) 若输出的字符串为"ABCABCABC"A,则下列说法中正确的是(　　　)。

　　A. 输入的字符串中既有 A 又有 P　　　B. 输入的字符串中既有 S 又有 B

　　C. 输入的字符串中既有 S 又有 P　　　D. 输入的字符串中既有 A 又有 B

(6) 若输出的字符串为"CSPCSPCSPCSP",则下列说法中正确的是(　　　)。

　　A. 输入的字符串中既有 J 又有 R　　　B. 输入的字符串中既有 P 又有 K

　　C. 输入的字符串中既有 J 又有 K　　　D. 输入的字符串中既有 P 又有 R

2.

```
1   #include<iostream>
2   using namespace std;
3
4   long long n,ans;
5   int k,len;
6   long long d[1000000];
7
8   int main(){
9       cin>>n>>k;
10      d[0]=0;
11      len=1;
12      ans=0;
13      for(long long i=0;i<n;++i){
14      ++d[0];
15          for(int j=0;j+1<len;++j){
16              if(d[j]==k){
17                  d[j]=0;
18                  d[j+1]+=1;
19                  ++ans;
20              }
21          }
22          if(d[len-1]==k){
23              d[len-1]=0;
24              d[len]=1;
25              ++len;
26              ++ans;
27          }
28      }
29      cout<<ans<<endl;
30      return 0;
31  }
```

假设输入的 n 是不超过 2^{62} 的正整数,k 是不超过 10 000 的正整数,完成下面的判断题和选择题

- 判断题

(1) 若 k=1,则输出 ans 时,len=n。 （　　）

(2) 若 k>1,则输出 ans 时,len<n。 （　　）

(3) 若 k>1,则输出 ans 时,k^{len}>n。 （　　）

- 选择题

(4) 若输入的 n=10^{15},输入的 k=1,则输出为(　　)。

    A. $(10^{30}-10^{15})/2$　　　　　　　　B. $(10^{30}+10^{15})/2$

    C. 1　　　　　　　　　　　　　　　D. 10^{15}

(5) 若输入的 n=205891132094649(即 3^{30}),输入的 k=3,则输出为(　　)。

    A. $(3^{30}-1)/2$　　　　B. 3^{30}　　　　　　C. $3^{30}-1$　　　　　D. $(3^{30}+1)/2$

(6) 若输入的 n=100010002000090,输入的 k=10,则输出为(　　)。

    A. 11 112 222 444 543　　　　　　　B. 11 122 222 444 453

    C. 11 122 222 444 543　　　　　　　D. 11 112 222 444 453

3.

```cpp
01  #include <algorithm>
02  #include <iostream>
03  using namespace std;
04
05  int n;
06  int d[50][2];
07  int ans;
08
09  void dfs(int n, int sum) {
10      if(n ==1) {
11      ans =max(sum, ans)
12      return;
13  }
14  for (int i =1; i <n; ++i){
15      int a =d[i -1][0], b =d[i -1][1];
16      int x =d[i][0], y =d[i][1];
17      d[i -1][0] =a +x;
18      d[i -1][1] =b +y;
19      for(int j =i; j <n -1; ++j)
20          d[j][0] =d[j +1][0], d[j][1] =d[j +1][1];
21      int s =a +x +abs(b -y);
22      dfs(n -1, sum +s);
23      for(int j =n -1; j >i; --j)
24          d[j][0] =d[j -1][0], d[j][1] =d[j -1][1];
25      d[i -1][0] =a, d[i -1][1] =b;
```

```
26        d[i][0] =x,d[i][1] =y;
27    }
28  }
29
30  int main() {
31      cin >>n;
32      for(int i =0; i <n; ++i)
33          cin >>d[i][0];
34      for(int i =0; i <n; ++i)
35          cin >>d[i][1];
36      ans =0;
37      dfs(n,0)
38      cout <<ans <<endl;
39      return 0;
40  }
```

假设输入的 n 是不超过 50 的正整数,d[i][0]和 d[i][1]都是不超过 10 000 的正整数,完成下面的判断题和选择题。

- 判断题

(1) 若输入 n=0,则此程序可能会陷入死循环或发生运行错误。　　　　(　　　)

(2) 若输入 n=20,接下来的输入全为 0,则输出为 0。　　　　　　(　　　)

(3) 输出的数一定不小于输入的 d[i][0]和 d[i][1]中的任意一个。　　(　　　)

- 选择题

(4) 若输入的 n=20,接下来的输入是 20 个 9 和 20 个 0,则输出为(　　　)。

　　A. 1917　　　　　　B. 1908　　　　　　C. 1881　　　　　　D. 1890

(5) 若输入的 n=30,接下来的输入是 30 个 0 和 30 个 5,则输出为(　　　)。

　　A. 2020　　　　　　B. 2030　　　　　　C. 2010　　　　　　D. 2000

(6) 若输入的 n=15,接下来的输入是 15～1 以及 15～1,则输出为(　　　)。

　　A. 2420　　　　　　B. 2220　　　　　　C. 2440　　　　　　D. 2240

三、完善程序(单选题,每小题 3 分,共计 30 分)

1.(质因数分解)给出正整数 n,请输出将 n 质因数分解的结果,并将结果从小到大输出。

例如:输入 n=120,程序应该输出 2 2 2 3 5,表示 120=2×2×2×3×5。输出保证 2≤n≤10^9。提示:先从小到大枚举变量 i,然后用 i 不停试除 n 以寻找所有的质因子。

试补全程序。

```
01  #include<cstdio>
02  using namespace std;
03  int n,i;
04  int main(){
05      scanf("%d",&n);
06      for(i=①; ②<=n;i++){
07          ③{
```

```
08              printf("%d ",i);
09              n=n/i;
10          }
11      }
12      if(④)
13          printf("%d ",⑤);
14      return 0;
15  }
```

(1) ①处应填(　　)。

 A. n-1　　　　　B. 0　　　　　　C. 1　　　　　　D. 2

(2) ②处应填(　　)。

 A. n/i　　　　B. n/(i*i)　　　　C. i*i*i　　　　D. i*i

(3) ③处应填(　　)。

 A. if(i*i<=n)　　　　　　　　B. if(n%i==0)

 C. while(i*i<=n)　　　　　　D. while(n%i==0)

(4) ④处应填(　　)。

 A. n>1　　　　B. n<=1　　　　C. i+i<=n　　　　D. i<n/i

(5) ⑤处应填(　　)。

 A. 2　　　　　B. i　　　　　　C. n/i　　　　　　D. n

2.(最小区间覆盖)给出 n 个区间,第 i 个区间的左右端点是[a_i,b_i]。现在要从这些区间中选出若干个,使得区间[0,m]被所选区间的并覆盖(即每一个 0≤i≤m 都在某个所选的区间中)。保证答案存在,求所选区间个数的最小值。

输入第 1 行包含两个整数 n 和 m(1≤n≤5000,1≤m≤10^9)。

接下来 n 行,每行两个整数 a_i,b_i(0≤a_i,b_i≤m)。

提示:可以使用贪心算法解决这个问题。先用 O(n^2)的时间复杂度进行排序,然后贪心地选择这些区间。

试补全程序。

```
01  #include <iostream>
02
03  using namespace std;
04
05  const int MAXN =5000;
06  int n,m;
07  struct segment { int a,b; } A[MAXN];
08
09  void sort()              //排序
10  {
11    for(int i =0;i <n; i++)
12      for(int j =1;j <n;j++)
13        if(①)
14        {
15          segment t =A[j];
```

```
16            ②
17        }
18   }
19
20   int main( )
21   {
22     cin >>n >>m;
23     for(int i =0; i <n; i++)
24       cin >>A[i].a >>A[i].b;
25     sort( );
26     int p =1;
27     for(int i =1; i <n; i++)
28       if(③)
29         A[p++] =A[i];
30     n =p;
31     int ans =0, r =0;
32     int q =0;
33     while (r <m)
34     {
35       while(④)
36         q++;
37         ⑤;
38         ans++;
39     }
40     cout <<ans <<endl;
41     return 0;
42   }
```

(1) ①出应填(　　)。
　　A. A[j].b < A[j − 1].b　　　　　　B. A[j].b > A[j − 1].b
　　C. A[j].a < A[j − 1].a　　　　　　D. A[j].a > A[j − 1].a

(2) ②处应填(　　)。
　　A. A[j − 1] = A[j];A[j] = t;　　　B. A[j + 1] = A[j];A[j] = t;
　　C. A[j] = A[j − 1];A[j − 1] = t;　　D. A[j] = A[j + 1];A[j + 1] = t;

(3) ③处应填(　　)。
　　A. A[i].b < A[p − 1].b　　　　　　B. A[i].b > A[i − 1].b
　　C. A[i].b > A[p − 1].b　　　　　　D. A[i].b < A[i − 1].b

(4) ④处应填(　　)。
　　A. q +1 < n && A[q + 1].b <= r　　B. q +1 < n && A[q + 1].a <= r
　　C. q < n && A[q].a <= r　　　　　　D. q < n && A[q].b <= r

(5) ⑤处应填(　　)。
　　A. r = max(r, A[q + 1].a)　　　　B. r = max(r, A[q].b)
　　C. r = max(r, A[q + 1].b)　　　　D. q++

2020 CCF 非专业级别软件能力认证第一轮
（CSP-J）入门级 C++ 语言试题 A 卷参考答案

一、单项选择题（共 15 题，每题 2 分，共计 30 分）

1	2	3	4	5	6	7	8	9	10
B	A	C	B	D	B	B	C	C	D
11	12	13	14	15					
C	D	B	B	D					

二、阅读程序（除特殊说明外，判断题 1.5 分，单选题 3 分，共计 40 分）

	判断题（填√或×）				单 选 题	
第 1 题	(1)	(2)	(3)	(4)	(5)	(6)
	√	×	√	×	C	D
	判断题（填√或×）				单 选 题	
第 2 题	(1)	(2)	(3)	(4)	(5)	(6)
	×	×	√	D	A	D
	判断题（填√或×）				单 选 题	
第 3 题	(1)	(2)	(3)	(4)	(5)	(6)
	×	√	×	C	B	D

三、完善程序（单选题，每小题 3 分，共计 30 分）

	第 1 题					第 2 题			
(1)	(2)	(3)	(4)	(5)	(1)	(2)	(3)	(4)	(5)
D	D	D	A	D	C	C	C	B	D

2020 CCF 非专业级别软件能力认证第一轮
（CSP-S）提高级 C++ 语言试题 A 卷

认证时间：2020 年 10 月 11 日 09:30～11:30

考生注意事项：

- 试题纸共有 10 页，答题纸共有 1 页，满分为 100 分。请在答题纸上作答，写在试题纸上的一律无效。
- 不得使用任何电子设备（如计算器、手机、电子词典等）或查阅任何书籍资料。

一、单项选择题（共 15 题，每题 2 分，共计 30 分；每题有且仅有一个正确选项）

1. 以下最大的数是（　　　）。

    A. $(550)_{10}$　　　　　　B. $(777)_8$　　　　　　C. 2^{10}　　　　　　D. $(22F)_{16}$

2. 操作系统的主要功能是（　　　）。

    A. 负责外设与主机之间的信息交换

    B. 控制和管理计算机系统的各种硬件与软件资源的使用

    C. 负责诊断机器的故障

    D. 将源程序编译成目标程序

3. 现有一段 8 分钟的视频文件，它的播放速度是每秒 24 帧图像，每帧图像是一幅分辨率为 2048×1024 像素的 32 位真彩色图像。要想存储这段原始无压缩视频，则需要（　　　）的存储空间。

    A. 30GB　　　　　　B. 90GB　　　　　　C. 150GB　　　　　　D. 450GB

4. 现有一空栈 S，对下列待进栈的数据元素序列 a,b,c,d,e,f 依次进行进栈、进栈、出栈、进栈、进栈、出栈的操作，则此操作完成后，栈底元素为（　　　）。

    A. b　　　　　　　　B. a　　　　　　　　C. d　　　　　　　　D. c

5. 将 (2,7,10,18) 分别存储到某个地址区间为 0～10 的哈希表中，如果哈希函数 h(x)＝（　　　），则不会产生冲突，其中 a mod b 表示 a 除以 b 的余数。

    A. x^2 mod 11

    B. 2x mod 11

    C. x mod 11

    D. $\lfloor x/2 \rfloor$ mod 11，其中$\lfloor x/2 \rfloor$表示 x/2 向下取整

6. 下列问题中不能用贪心法精确求解的是（　　　）。

    A. 霍夫曼编码问题　　　　　　　　　　B. 0－1 背包问题

    C. 最小生成树问题　　　　　　　　　　D. 单源最短路径问题

7. 具有 n 个顶点、e 条边的图采用邻接表存储结构，进行深度优先遍历运算的时间复杂度为（　　　）。

    A. O(n＋e)　　　　B. $O(n^2)$　　　　C. $O(e^2)$　　　　D. O(n)

8. 二分图是指能将顶点划分成两个部分，每一个部分内的顶点之间没有边相连的简单无向图。那么，24 个顶点的二分图至多有（　　　）条边。

A. 144　　　　　　B. 100　　　　　　C. 48　　　　　　D. 122

9. 使用广度优先搜索时,一定需要用到的数据结构是(　　　)。

A. 栈　　　　　　B. 二叉树　　　　　C. 队列　　　　　D. 哈希表

10. 一个班的学生分组做游戏,如果每组三人就多两人,每组五人就多三人,每组七人就多四人,则这个班的学生人数 n 在(　　　)区间(已知 n<60)。

A. 30<n<40　　　B. 40<n<50　　　C. 50<n<60　　　D. 20<n<30

11. 小明想通过走楼梯锻炼身体,假设从第 1 层走到第 2 层消耗 10 卡热量,接着从第 2 层走到第 3 层消耗 20 卡热量,再从第 3 层走到第 4 层消耗 30 卡热量,以此类推,从第 k 层走到第 k+1 层消耗 10k 卡热量(k>1)。如果小明想从第 1 层开始通过连续向上爬楼梯消耗 1000 卡热量,则至少要爬到第(　　　)层楼。

A. 14　　　　　　B. 16　　　　　　C. 15　　　　　　D. 13

12. 表达式 a＊(b+c)−d 的后缀表达形式为(　　　)。

A. abc＊+d−　　B. −+＊abcd　　C. abcd＊+−　　D. abc+＊d−

13. 从一个 4×4 的棋盘中选取不在同一行也不在同一列的两个方格,共有(　　　)种方法。

A. 60　　　　　　B. 72　　　　　　C. 86　　　　　　D. 64

14. 对一个有 n 个顶点、m 条边的带有权向简单图用 Dijkstra 算法计算单源最短路径时,如果不使用堆或其他优先队列进行优化,则其时间复杂度为(　　　)。

A. $O((m + n^2)\log n)$　　　　　　B. $O(mn + n^3)$

C. $O((m + n)\log n)$　　　　　　D. $O(n^2)$

15. 1948 年,(　　　)将热力学中的熵引入信息通信领域,标志着信息论研究的开端。

A. 欧拉(Leonhard Euler)　　　　　B. 冯·诺伊曼(John von Neumann)

C. 克劳德·香农(Claude Shannon)　　　D. 图灵(Alan Turing)

二、阅读程序(程序输入不超过数组或字符串定义的范围;判断题正确填√,错误填×;除特殊说明外,判断题 1.5 分,选择题 3 分,共计 40 分)

1.

```
01  #include <iostream>
02  using namespace std;
03
64  int n;
05  int d[1000];
06
07  int main() {
08    cin >>n;
09    for (int i =0; i <n; ++i)
10      cin >>d[i];
11    int ans =-1;
12    for (int i =0; i <n; ++i)
13      for (int j =0; j <n; ++j)
14        if (d[i] <d[j])
```

```
15          ans =max(ans, d[i] +d[j] -(d[i] & d[j]));
16    cout <<ans;
17    return 0;
18  }
```

假设输入的 n 和 d[i] 都是不超过 10 000 的正整数,完成下面的判断题和单选题。

- 判断题

(1) n 必须小于 1000,否则程序会发生运行错误。　　　　　　　　　　(　　)

(2) 输出一定大于或等于 0。　　　　　　　　　　　　　　　　　　　(　　)

(3) 将第 13 行的"j = 0"改为"j = i + 1",程序的输出可能会改变。　　(　　)

(4) 将第 14 行的"d[i] < d[j]"改为"d[i] != d[j]",程序的输出不会改变。(　　)

- 单选题

(5) 若输入 n 为 100,且输出为 127,则输入的 d[i] 中不可能为(　　)。

    A. 127　　　　　B. 126　　　　　C. 128　　　　　D. 125

(6) 若输出的数大于 0,则下列说法中正确的是(　　)。

    A. 若输出为偶数,则输入的 d[i] 中最多有两个偶数

    B. 若输出为奇数,则输入的 d[i] 中至少有两个奇数

    C. 若输出为偶数,则输入的 d[i] 中至少有两个偶数

    D. 若输出为奇数,则输入的 d[i] 中最多有两个奇数

2.

```
01  #include<iostream>
02  #include <cstdlib>
03  using namespace std;
04
05  int n;
06  int d[10000];
07
08  int find(int L, int R, int k) {
09    int x =rand() % (R -L +1) +L;
10    swap(d[L], d[x]);
11    int a =L +1, b =R;
12    while (a <b) {
13      while (a <b && d[a] <d[L])
14        ++a;
15      while (a <b && d[b] >=d[L])
16        --b;
17      swap(d[a], d[L]);
18    }
19    if (d[a] <d[L])
20      ++a;
21    if (a -L ==k)
22      return d[L];
23    if (a -L <k)
```

```
24        return find(a, R, k - (a -L));
25      return find(L +1, a -1, k);
26    }
27
28    int main() {
29      int k;
30      cin >>n;
31      cin >>k;
32      for (int i =0; i <n; ++i)
33        cin >>d[i];
34      cout <<find(0, n -1, k);
35      return 0;
36    }
```

假设输入的 n、k 和 d[i] 都是不超过 10 000 的正整数,且 k 不超过 n,并假设 rand()函数产生的是均匀的随机数,完成下面的判断题和单选题。

• 判断题

(1) 第 9 行的"x"的数值范围是 L+1 到 R,即[L+1, R]。　　　　　　　　(　　)

(2) 将第 19 行的"d[a]"改为"d[b]",程序不会发生运行错误。　　　　　　(　　)

• 单选题

(3)(2.5 分)当输入的 d[i]是严格单调递增序列时,第 17 行的"swap"的平均执行次数是(　　)。

　　A. O(n log n)　　　B. O(n)　　　　　　C. O(log n)　　　　D. O(n^2)

(4)(2.5 分)当输入的 d[i]是严格单调递减序列时,第 17 行的"swap"的平均执行次数是(　　)。

　　A. O(n^2)　　　　B. O(n)　　　　　　C. O(n log n)　　　D. O(log n)

(5)(2.5 分)若输入的 d[i]=i,则此程序的平均时间复杂度和最坏情况下的时间复杂度分别是(　　)。

　　A. O(n),O(n^2)　　　　　　　　　B. O(n),O(n log n)

　　C. O(nlogn),O(n^2)　　　　　　　D. O(n log n),O(n log n)

(6)(2.5 分)若输入的 d[i]都为同一个数,则此程序的平均时间复杂度是(　　)。

　　A. O(n)　　　　　B. O(log n)　　　　C. O(n log n)　　　D. O(n^2)

3.

```
01    #include<iostream>
02    #include<queue>
03    using namespace std;
04
05    const int max1 =2000000000;
06
07    class Map{
08        struct item{
09            string key;int value;
```

```
10      }d[max1];
11      int cnt;
12  public:
13      int find(string x){
14          for(int i =0;i <cnt; ++i)
15              if(d[i].key ==x)
16          return d[i].value;
17      return -1;
18      }
19      static int end() {return -1;}
20      void insert(string k,int v){
21          d[cnt].key =k;d[cnt++].value =v;
22      }
23  }s[2];
24
25  class Queue{
26      string q[max1];
27      int head,tail;
28  public:
29      void pop(){++head;}
30      string front(){return q[head +1];}
31      bool empty(){return head ==tail;}
32      void push(string x){q[++tail] =x;}
33  }q[2];
34
35  string st0,st1;
36  int m;
37
38  string LtoR(string s,int L,int R){
39      string t =s;
40      char tmp =t[L];
41      for(int i =L; i <R; ++i)
42          t[i] =t[i +i];
43      t[R] =tmp;
44      return t;
45  }
46
47  string RtoL(string s, int L, int R){
48      string t =s;
49      char tmp =t[R];
50      for(int i =R;i >L; --i)
51          t[i] =t[i -1];
52      t[L] =tmp;
53      return t;
54  }
```

```
55
56  bool check(string st,int p,int step){
57      if(s[p].find(st) !=s[p].end())
58          return false;
59      ++step;
60      if(s[p ^ 1].find(st) ==s[p].end()){
61          s[p].insert(st,step);
62          q[p].push(st);
63          return false;
64      }
65      cout <<s[p ^ 1].find(st) +step <<endl;
66      return true;
67  }
68
69  int main(){
70      cin >>st0 >>st1;
71      int len =st0.length();
72      if(len !=st1.length()){
73          cout <<-1 <<endl;
74          return 0;
75      }
76      if (st0 ==st1){
77          cout <<0 <<endl;
78          return 0;
79      }
80      cin >>m;
81      s[0].insert(st0,0);s[1].insert(st1,0);
82      q[0].push(st0);q[1].push(st1);
83      for(int p =0;
84          !(q[0].empty() && q[1].empty());
85          p ^=1){
86          string st =q[p].front();q[p].pop();
87          int step =s[p].find(st);
88          if((p ==0 &&
89              (check(LtoR(st,m,len -1),p,step) ||
90                check(RtoL(st,0,m),p,step)))
91                  ||
92            (p ==1 &&
93                (check(LtoR(st,0,m),p,step)||
94                  check(RtoL(st,m,len -1),p,step))))
95          return 0;
96      }
97      cout <<-1  <<endl;
98      return 0;
99  }
```

• 判断题

(1) 输出可能为 0。 （ ）

(2) 若输入的两个字符串的长度均为 101,则 m＝0 时的输出与 m＝100 时的输出是一样的。 （ ）

(3) 若两个字符串的长度均为 n,则最坏情况下,此程序的时间复杂度为 $O(n!)$。
（ ）

• 单选题

(4) (2.5 分)若输入的第一个字符串的长度由 100 个不同的字符构成,第二个字符串是第一个字符串的倒序,输入的 m＝0,则输出为（ ）。

    A. 49   B. 50   C. 100   D. −1

(5) (4 分)已知当输入为 0123\n3210\n1 时输出为 4,当输入为 012345\n543210\n1 时输出为 14,当输入为 01234567\n76543210\n1 时输出为 28,则当输入为 0123456789ab\nba9876543210\n1 时输出为（ ）。其中"\n"为换行符。

    A. 56   B. 84   C. 102   D. 68

(6) (4 分)若两个字符串的长度均为 n,且 $0 < m < n-1$,且两个字符串的构成相同(即任何一个字符在两个字符串中出现的次数均相同),则下列说法中正确的是（ ）。

提示：考虑输入与输出有多少对字符的前后顺序不一样。

    A. 若 n、m 均为奇数,则输出可能小于 0

    B. 若 n、m 均为偶数,则输出可能小于 0

    C. 若 n 为奇数、m 为偶数,则输出可能小于 0

    D. 若 n 为偶数、m 为奇数,则输出可能小于 0

三、完善程序(单选题,每题 3 分,共计 30 分)

1. (分数背包)小 S 有 n 块蛋糕,编号从 1 到 n。第 i 块蛋糕的价值是 w_i,体积是 v_i。他有一个大小为 B 的盒子可以装这些蛋糕,也就是说,装入盒子的蛋糕的体积总和不能超过 B。

他打算选择一些蛋糕装入盒子,他希望盒子里装的蛋糕的价值之和尽量大。

为了使盒子里的蛋糕价值之和更大,他可以任意切割蛋糕。具体来说,他可以选择一个 $\alpha(0 < \alpha < 1)$,并将一块价值是 w,体积为 v 的蛋糕切割成两块,其中一块的价值是 $\alpha \cdot w$,体积是 $\alpha \cdot v$,另一块的价值是 $(1-\alpha) \cdot w$,体积是 $(1-\alpha) \cdot v$。他可以重复无限次切割操作。

现要求编程输出最大可能的价值,以分数的形式输出。

比如 n＝3,B＝8,3 块蛋糕的价值分别是 4、4、2,体积分别是 5、3、2。那么最优的方案就是将体积为 5 的蛋糕切成两份,一份体积是 3,价值是 2.4,另一份体积是 2,价值是 1.6,然后把体积是 3 的那部分和后两块蛋糕打包装进盒子。最优的价值之和是 8.4,故程序输出 42/5。

输入数据范围为 $1 \leqslant n \leqslant 1000, 1 \leqslant B \leqslant 10^5, 1 \leqslant w_i, v_i \leqslant 100$。

提示：将所有的蛋糕按照性价比 w_i/v_i 从大到小排序后进行贪心选择。

试补全程序。

```
01  #include<cstdio>
02  using namespace std;
```

```
03
04   const int maxn =1005;
05
06   int n,B,w[maxn],v[maxn];
07
08   int gcd(int u,int v){
09     if(v ==0)
10         return u;
11     return gcd(v,u % v);
12   }
13
14   void print(int w,int v){
15       int d =gcd(w,v);
16   w =w / d;
17   v =v / d;
18     if(v ==1)
19         printf("%d\n", w);
20     else
21         printf("%d/%d\n", w, v);
22   }
23
24   void swap(int &x, int &y){
25       int t =x;  x =y;  y =t;
26   }
27
28   int main(){
29       scanf("%d %d",&n, &B);
30       for(int i =1;i <=n; i++){
31           scanf("%d%d",&w[i], &v[i]);
32       }
33     for(int i =1; i <n; i++)
34       for(int j =1;j <n; j++)
35           if(①){
36           swap(w[j],w[j +1]);
37           swap(v[j],v[j +1]);
38           }
39     int curV, curW;
40     if(②){
41        ③;
42     }else{
43       print(B *  w[1],v[1]);
44       return 0;
45     }
46
47     for(int i =2; i <=n; i++)
```

```
48        if(curV +v[i] <=B){
49            curV +=v[i];
50            curW +=w[i];
51        }else{
52          print(④);
53          return 0;
54        }
55      print(⑤);
56      return 0;
57    }
```

(1) ①处应填(　　　)。

　　A. w[j] / v[j] ＜ w[j + 1] / v[j + 1]

　　B. w[j] / v[j] ＞ w[j + 1] / v[j + 1]

　　C. v[j] * w[j + 1] ＜ v[j + 1] * w[j]

　　D. w[j] * v[j + 1] ＜ w[j + 1] * v[j]

(2) ②处应填(　　　)。

　　A. w[1]<= B　　　B. v[1] <= B　　　C. w[1] >= B　　　D. v[1] >= B

(3) ③处应填(　　　)。

　　A. print(v[1], w[1]); return 0;　　　B. curV = 0; curW = 0;

　　C. print(w[1], v[1]); return 0;　　　D. curV = v[1]; curW = w[1];

(4) ④处应填(　　　)。

　　A. curW * v[i] + curV * w[i], v[i]

　　B. (curW − w[i]) * v[i] + (B − curV) * w[i], v[i]

　　C. curW + v[i], w[i]

　　D. curW * v[i] + (B − curV) * w[i], v[i]

(5) ⑤处应填(　　　)。

　　A. curW, curV　　　B. curW, 1　　　C. curV, curW　　　D. curV, 1

2. (最优子序列)取 m = 16,给出长度为 n 的整数序列 $\alpha_1, \alpha_2, \cdots, \alpha_n (0 \leqslant \alpha_i < 2^m)$。对于一个二进制数 x,定义其分值 $w(x) = x + \text{popcnt}(x)$,其中,popcnt(x)表示 x 的二进制表示中 1 的个数。对于一个子序列 $b_1, b_2, \cdots, b_k$,定义其子序列分值 S 为 $w(b_1 \oplus b_2) + w(b_2 \oplus b_3) + w(b_3 \oplus b_4) + \cdots + w(b_{k-1} \oplus b_k)$。其中,$\oplus$ 表示按位异或。对于空子序列,规定其子序列分值为 0。求一个子序列可以使得其子序列分值最大,并输出这个最大值。

输入第 1 行包含一个整数 n($1 \leqslant n \leqslant 40\ 000$),接下来一行包含 n 个整数 $\alpha_1, \alpha_2, \cdots, \alpha_n$。

提示:考虑优化朴素的动态规划算法,将前 $\frac{m}{2}$ 位和后 $\frac{m}{2}$ 位分开计算。

Max[x][y]表示当前子序列下一个位置的高 8 位是 x、最后一个位置的低 8 位是 y 时的最大价值。

试补全程序。

```
01  #include<iostream>
02
```

```
03  using namespace std;
04
05  typedef long long LL;
06
07  const int MAXN =40000, M =16, B =M >>1, MS = (1 <<B) -1;
08  const LL INF =1000000000000000LL;
09  LL Max[MS +4][MS +4];
10
11  int w(int x)
12  {
13      int s =x;
14      while (x)
15      {
16          ①;
17          s++;
18      }
19      return s;
20  }
21
22  void to_max(LL &x, LL y)
23  {
24      if(x <y)
25          x =y;
26  }
27
28  int main()
29  {
30      int n;
31      LL ans =0;
32      cin >>n;
33      for(int x =0; x <=MS; x++)
34          for(int y =0; y <=MS; y++)
35              Max[x][y] =-INF;
36      for(int i =1; i <=n; i++)
37      {
38          LL a;
39          cin >>a;
40          int x =②, y=a & MS;
41          LL v =③;
42          for(int z =0; z <=MS; z++)
43              to_max(v,④);
44          for(int z =0; z <=MS; z++)
45              ⑤;
46          to_max(ans, v);
47      }
```

```
48    cout <<ans <<endl;
49    return 0;
50 }
```

(1) ①处应填( )。

    A. x >>= 1   B. x ^= x & (x ^ (x + 1))

    C. x -= x | -x   D. x ^= x & (x ^ (x - 1))

(2) ②处应填( )。

    A. (a & MS)<< B   B. a >> B

    C. & (1 << B)   D. a & (MS << B)

(3) ③处应填( )。

    A. -INF   B. Max[y][x]   B. 0   D. Max[x][y]

(4) ④处应填( )。

    A. Max[x][z] + w(y ^ z)   B. Max[x][z] + w(a ^ z)

    C. Max[x][z] + w(x ^ (z << B))   D. Max[x][z] + w(x ^ z)

(5) ⑤处应填( )。

    A. to_max(Max[y][z], v + w(a ^ (z << B)))

    B. to_max(Max[z][y], v + w((x ^ z) << B))

    C. to_max(Max[z][y], v + w(a ^ (z << B)))

    D. to_max(Max[x][z], v + w(y ^ z))

2020 CCF 非专业级别软件能力认证第一轮 (CSP-S)提高级 C++ 语言试题 A 卷参考答案

一、单项选择题(共 15 题,每题 2 分,共计 30 分)

1	2	3	4	5	6	7	8	9	10
C	B	B	B	D	B	A	A	C	C
11	12	13	14	15					
C	D	B	D	C					

二、阅读程序(除特殊说明外,判断题 1.5 分,单选题 3 分,共计 40 分)

	判断题(填√或×)				单 选 题	
第 1 题	(1)	(2)	(3)	(4)	(5)	(6)
	×	×	√	√	C	C
	判断题(填√或×)				单 选 题	
第 2 题	(1)	(2)	(3)	(4)	(5)	(6)
	×	√	都对	B	A	D
	判断题(填√或×)				单 选 题	
第 2 题	(1)	(2)	(3)	(4)	(5)	(6)
	√	×	×	D	D	C

三、完善程序(单选题,每小题 3 分,共计 30 分)

第 1 题					第 2 题				
(1)	(2)	(3)	(4)	(5)	(1)	(2)	(3)	(4)	(5)
D	B	D	D	B	D	B	C	A	B

CCF非专业级别软件能力认证第一轮
(CSP-J)入门级 C++ 语言试题模拟卷

考生注意事项：

- 试题纸共有 7 页,答题纸共有 2 页,满分为 100 分。请在答题纸上作答,写在试题纸上的一律无效。
- 不得使用任何电子设备(如计算器、手机、电子词典等)或查阅任何书籍资料。

一、单项选择题(共 15 题,每题 2 分,共计 30 分;每题有且仅有一个正确选项)

1. 已知十进制中的 18 在 X 进制中的表示为 24,即 $(18)_{10} = (24)_X$,则这个 X 进制为 ( )进制。

    A. 6   B. 7   C. 8   D. 9

2. 根据网址的域名 http://www.jiangsu.gov.cn/,可以判断出该网站是( )类型的网站。

    A. 商业   B. 军事   C. 组织机构   D. 政府部门

3. 与计算机硬件关系最密切的软件是( )。

    A. 编译程序   B. 数据库管理程序   C. 游戏程序   D. 操作系统

4. 下列程序段执行后 s 的值为( )。

```
int i=1,s=0;
while(i++)
    if(!(i%3)) break ;
    else s+=i ;
```

    A. 2   B. 3   C. 6   D. 以上均不是

5. 将 19 分解成 3 个不重复数字(1~9)之和(不计顺序)的方法有( )种。

    A. 3   B. 4   C. 5   D. 6

6. 甲、乙、丙三位同学选修课程,在四门课程中,甲选修两门,乙、丙各选修三门,则不同的选修方案共有( )种。

    A. 36   B. 48   C. 96   D. 192

7. 已知某二叉树的先序遍历序列是 ABDCE,中序遍历序列是 BDAEC,则该二叉树的后序遍历为( )。

    A. BDECA   B. DBCEA   C. DBECA   D. BDCEA

8. 计算机启动时,可以通过存储在( )中的引导程序引导操作系统。

    A. RAM   B. ROM   C. Cache   D. CPU

9. 表达式 a+b*c−(d+e)的前缀形式是( )。

　　A. −+a*bc+de　　B. −+*abc+de　　C. abc*+de+−　　D. abcde*++−

10. 小军在家玩开关灯游戏,小军家的灯有三种颜色,分别是白、黄、红。按1下白灯亮,按2下灯灭,按3下黄灯亮,按4下灯灭,按5下红灯亮,按6下灯灭,再按又是白灯亮,以此循环。当按到49次和100次时灯的状态是( )。

　　A. 灯灭,灯灭　　　B. 白灯亮,灯灭　　　C. 白灯亮,红灯亮 D. 红灯亮,灯灭

11. 704 与 2048 的最小公倍数是( )。

　　A. 45 056　　　　　B. 90 112　　　　　C. 180 224　　　　D. 22 528

12. 在( )的情况下,函数 A∨B 运算的结果是逻辑"0"。

　　A. A 和 B 全部是 0　　　　　　　　B. A 和 B 任一是 0

　　C. A 和 B 任一是 1　　　　　　　　D. A 和 B 全部是 1

13. 小明夫妇请了小刚夫妇和小伟夫妇来他们家玩扑克。这种扑克游戏有一种规则:夫妇两人不能一组。小明和小红一组,小刚的队友是小伟的妻子,琳达的丈夫和小丽一组。那么这三对夫妇分别为( )。

　　　　A. 小明—小丽,小刚—琳达,小伟—小红

　　　　B. 小明—小丽,小刚—小红,小伟—琳达

　　　　C. 小明—琳达,小刚—小红,小伟—小丽

　　　　D. 小明—小红,小刚—小丽,小伟—琳达

14. 4 人过桥,每人单独过桥分别需要用时 1 分、2 分、5 分、10 分,过桥需要灯(只有一盏),一次只能 2 人一起过(意味着需要有人送灯回来),过桥时间以用时多的人为准,则 4 人全部过桥时间最少需要( )分。

　　A. 15　　　　　　　B. 17　　　　　　　C. 19　　　　　　　D. 21

15. 2000 年,华人学者姚期智因在计算理论(包括伪随机数生成、密码学与通信复杂度)方面的突出成就而荣获( )。

　　A. 奥斯卡奖　　　　B. 图灵奖　　　　　C. 诺贝尔奖　　　　D. 普利策奖

二、阅读程序(程序输入不超过数组或字符串定义的范围;判断题正确填√,错误填×;除特殊说明外,判断题 1.5 分,选择题 3 分,共计 40 分)

1.

```
01  #include <iostream>
02  using namespace std;
03  int main()
04  {
05      const int SIZE=10;
06      int height[SIZE],num[SIZE],n,ans;
07      cin>>n;
08      for(int i=0;i<n;i++){
09          cin>>height[i];
10          num[i]=1;
11          for(int j=0;j<i;j++){
12              if((height[j]<height[i])&&(num[j]>=num[i]))
```

```
13              num[i]=num[j]+1;
14          }
15      }
16      ans=0;
17      for(int i=0;i<n;i++){
18          if(num[i]>ans) ans=num[i];
19      }
20      cout<<ans<<endl;
21      return 0;
22  }
```

• 判断题

(1) 如果 height 数组中的输入有负数,则程序会出错。   (   )

(2) 程序输出的 ans 小于或等于 n。   (   )

(3) 将 12 行"num[j]>=num[i]"改为"num[j]>num[i]",程序的输出结果不会改变。

(   )

(4) 将 18 行"num[i]>ans"改为"num[i]>=ans",程序的输出结果不会改变。

(   )

• 选择题

(5) 若输入的数据为

```
10
1 1 1 1 1 1 1 1 1 1
```

则程序的输出结果是(   )。

    A. 1   B. 2   C. 3   D. 4

(6) 若输入的数据为

```
10
3 2 5 11 12 7 4 10 15 6
```

因程序的输出结果是(   )。

    A. 2   B. 3   C. 4   D. 5

2.

```
01  #include <iostream>
02  using namespace std;
03  int n,m,i,j,p,k;
04  int a[100],b[100];
05  int main()
06  {
07      cin>>n>>m;
08      a[0]=n;i=0;p=0;k=1;
09      do{
10          for(j=0;j<i;j++)
11              if(a[i]==a[j])
```

```
12              {
13                  p=1;k=j;break;
14              }
15          if(p) break;
16          b[i]=a[i]/m;
17          a[i+1]=a[i]%m*10;
18          i++;
19      }while(a[i]!=0);
20      cout<<b[0]<<".";
21      for(j=1;j<k;j++) cout<<b[j];
22      if(p)cout<<"(";
23      for(j=k;j<i;j++) cout<<b[j];
24      if(p) cout<<")";
25      cout<<endl;
26      return 0;
27  }
```

- 判断题

(1) 程序输入的 n 和 m 不能相等。   (   )

(2) 程序输入的 m 不能等于 0。   (   )

(3) 第 9~19 行的 do…while 循环一共有 2 个出口。   (   )

(4) 数组 a 和 b 中的数值都小于或等于 n。   (   )

- 选择题

(5) 若输入数据为"11 8",则输出结果为(   )。

　　A. 0.(375)　　　　　B. 1.(375)　　　　　C. 0.375　　　　　D.　1.375

(6) 若输入数据为"5 13",则输出结果为(   )。

　　A. 0.384615　　　　B. 0.(384615)　　　　C. 0.386514　　　　D. 0.(386514)

3.

```
01  #include<iostream>
02  using namespace std;
03  const int V=100;
04  int n,m,ans,e[V][V];
05  bool visited[V];
06  void dfs(int x,int len)
07  {
08      int i;
09      visited[x]=true;
10      if(len>ans)ans=len;
11      for(i=1;i<=n;i++)
12          if((!visited[i])&&(e[x][i]!=-1))
13              dfs(i,len+e[x][i]);
14      visited[x]=false;
15  }
```

```
16   int main()
17   {
18       int i,j,a,b,c;
19       cin>>n>>m;
20       for(i=1;i<=n;i++)
21           for(j=1;j<=n;j++)
22               e[i][j]=-1;
23       for(i=1;i<=m;i++){
24           cin>>a>>b>>c;
25           e[a][b]=c;
26           e[b][a]=c;
27       }
28       for(i=1;i<=n;i++)
29           visited[i]=false;
30       ans=0;
31       for(i=1;i<=n;i++)
32         dfs(i,0);
33       cout<<ans<<endl;
34       return 0;
35   }
```

- 判断题

(1) 第19行的输入中,如果满足 m＝n＊(n－1)/2,则 20～22 行的初始化可以省略。

(　　)

(2) 将第 31 行的代码换成"for(i＝n;i＞＝1;i－－)",程序结果不受任何影响。(　　)

- 选择题

(3) 若输入的数据为

```
4 2
1 2 1
3 4 1
```

则程序的输出结果是(　　)。

  A. 1   B. 2   C. 3   D. 4

(4) 若输入的数据为

```
4 6
1 2 1
2 3 1
3 4 1
4 1 1
1 3 1
2 4 1
```

则程序的输出结果是(　　)。

  A. 1   B. 2   C. 3   D. 4

（5）若输入的数据为

4 3

1 2 10

2 3 20

3 1 30

则程序的输出结果是（   ）。

　　A. 10　　　　　　　B. 20　　　　　　　C. 30　　　　　　　D.　60

（6）若输入的数据为

4 6

1 2 10

2 3 20

3 4 30

4 1 40

1 3 50

2 4 60

则程序的输出结果是（   ）。

　　A. 60　　　　　　　B. 80　　　　　　　C. 100　　　　　　　D.　150

三、完善程序（单选题，每题 **3** 分，共计 **30** 分）

1.（高精度计算）由于计算机运算的数据范围表示有一定限制，如整型 int 表达范围是
（−2^31～2^31−1），unsigned long（无符号整数）是（0～2^32−1），都约为几十亿，因此在
计算位数超过十几位的数时，不能采用现有类型，只能自己编程计算。

高精度计算通用方法：高精度计算时一般用一个数组存储一个数，数组的一个元素对
应于数的一位，将数由低位到高位依次存储在数组下标对应的由低到高的位置上。另外，申
请数组大小时，一般考虑了最大的情况，在很多情况下表示有富裕，即高位有很多 0，可能造
成无效的运算和判断，因此一般利用一个整型数据存储该数的位数。下面的程序是一个高
精度整数的加法运算，请补充完整程序。

```
01  #include <iostream>
02  #include <cstring>
03  using namespace std;
04
05  struct HugeInt{
06      int len;
07      int num[100001];
08  };
09  HugeInt a, b, w;
10  char c[100001], d[100001];
11  void Scan_HugeInt() {
12      cin >>c;
13      cin >>d;
14      a.len =strlen(c);
```

```
15      b.len = strlen(d);
16      for(int i=0; i<a.len; i++)
17          ①;
18      for(int i=0; i<b.len; i++)
19          ②;
20  }
21  void Plus() {
22      w.len = max(a.len, b.len);
23      for(int i=1; i<=w.len; i++) {
24          w.num[i] += ③;
25          w.num[i+1] += ④;
26          w.num[i] %= 10;
27      }
28      if(⑤)
29          w.len ++;
30  }
31
32  int main() {
33      Scan_HugeInt();
34      Plus();
35      for(int i=w.len; i>=1; i--)
36          cout << w.num[i];
37      cout << endl;
38      return 0;
39  }
```

(1) ①处应填（   ）。

A. a.num[i] = c[i]   B. a.num[a.len − i] = c[i]

C. a.num[i] = c[i] − '0'   D. a.num[a.len − i] = c[i] − '0'

(2) ②处应填（   ）。

A. b.num[i] = d[i]   B. b.num[b.len − i] = d[i]

C. b.num[i] = d[i] − '0'   D. b.num[b.len − i] = d[i] − '0'

(3) ③处应填（   ）。

A. (a.num[i] + b.num[i])   B. (a.num[i] + b.num[i]) % 10

C. (a.num[i] % 10 + b.num[i] % 10)   D. (a.num[i] + b.num[i] − 10)

(4) ④处应填（   ）。

A. w.num[i]   B. w.num[i] % 10

C. w.num[i] / 10   D. w.num[i] − 10

(5) ⑤处应填（   ）。

A. w.num[w.len + 1] >= 0   B. w.num[w.len + 1] == 0

C. w.num[w.len + 1] > 1   D. w.num[w.len + 1] != 0

2. (马走日)回溯算法实际上一个类似枚举的搜索尝试过程,主要是在搜索尝试过程中寻找问题的解,当发现已不满足求解条件时,就"回溯"返回,尝试其他路径。回溯法是一种选优搜索法,按选优条件向前搜索以达到目标。但当搜索到某一步时,若发现原先选择并不优或达不到目标,则退回一步重新选择,这种走不通就退回去再走的技术称为回溯法,而满足回溯条件的某个状态的点称为回溯点。

马在中国象棋中以日字形规则移动。请编写一段程序,给定 r×c 大小的棋盘以及马的初始位置(m,n),要求不能重复经过棋盘上的同一个点,计算马有多少途径可以遍历棋盘上的所有点。

```
01  #include<iostream>
02  using namespace std;
03  int r,c;
04  int cnt,tot;
05  int wayr[8]={2,2,1,-1,-2,-2,1,-1};
06  int wayc[8]={1,-1,2,2,1,-1,-2,-2};
07  bool mark[1001][1001];
08  bool check(int x,int y)
09  {
10      if(①) return true;
11      return false;
12  }
13  void search(int x,int y)
14  {
15      for(int i=0;i<8;i++)
16          if(② && ③)
17          {
18              mark[x+wayr[i]][y+wayc[i]]=true;
19              tot++;
20              if(④) cnt++;
21              search(⑤);
22              tot--;
23              mark[x+wayr[i]][y+wayc[i]]=false;
24          }
25  }
26  int main()
27  {
28      cnt=0;
29      int m,n;
30      cin>>r>>c>>m>>n;
31      if(!check(m,n)) cout<<0<<endl;
32      else if(r==1&&c==1) cout<<1<<endl;
33      else
34      {
35          mark[m][n]=true;
36          search(m,n);
37          cout<<cnt<<endl;
38      }
```

39　}

（1）①处应填（　　　）。

    A. x>=0 && y>=0 && x<r && y<c

    B. x>=0 || y>=0|| x<r || y<c

    C. x>=0 || y>=0 && x<r || y<c

    D. x>=0 && y>=0 || x<r && y<c

（2）②处应填（　　　）。

    A. check(x+wayr[i],y+wayc[i])

    B. check(wayr[i],wayc[i])

    C. ！check(x+wayr[i],y+wayc[i])

    D. ！check(wayr[i],wayc[i])

（3）③处应填（　　　）。

    A. mark[wayr[i]][wayc[i]]

    B. mark[x+wayr[i]][y+wayc[i]]

    C. ！mark[wayr[i]][wayc[i]]

    D. ！mark[x+wayr[i]][y+wayc[i]]

（4）④处应填（　　　）。

    A. tot==r * c-1　　　　　　　　B. tot==r * c

    C. cnt==r * c-1　　　　　　　　D. cnt==r * c

（5）⑤处应填（　　　）。

    A. wayr[i],wayc[i]　　　　　　　B. x+wayr[i],y+wayc[i]

    C. x-wayr[i],y-wayc[i]　　　　　D. x-wayr[i],y+wayc[i]

CCF 非专业级别软件能力认证第一轮
（CSP-J）入门级 C++ 语言试题模拟卷一答题纸

一、单项选择题（共 15 题，每题 2 分，共计 30 分）

1	2	3	4	5	6	7	8	9	10

11	12	13	14	15

二、阅读程序（除特殊说明外，判断题 1.5 分，单选题 3 分，共计 40 分）

	判断题（填√或×）				单 选 题	
第1题	(1)	(2)	(3)	(4)	(5)	(6)

	判断题（填√或×）				单 选 题	
第2题	(1)	(2)	(3)	(4)	(5)	(6)

	判断题（填√或×）		单 选 题			
第3题	(1)	(2)	(3)	(4)	(5)	(6)

三、完善程序（单选题，每小题 3 分，共计 30 分）

第1题					第2题				
(1)	(2)	(3)	(4)	(5)	(1)	(2)	(3)	(4)	(5)

CCF 非专业级别软件能力认证第一轮
（CSP-J）入门级 C++ 语言试题模拟卷参考答案

一、单项选择题（共 15 题，每题 2 分，共计 30 分）

1	2	3	4	5	6	7	8	9	10
B	D	D	A	C	C	C	B	A	B
11	12	13	14	15					
D	A	B	B	B					

二、阅读程序（除特殊说明外，判断题 1.5 分，单选题 3 分，共计 40 分）

第1题	判断题（填√或×）				单　选　题	
	(1)	(2)	(3)	(4)	(5)	(6)
	×	√	×	√	A	D

第2题	判断题（填√或×）				单　选　题	
	(1)	(2)	(3)	(4)	(5)	(6)
	×	√	√	×	D	B

第3题	判断题（填√或×）		单　选　题			
	(1)	(2)	(3)	(4)	(5)	(6)
	√	√	A	C	D	D

三、完善程序（单选题，每小题 3 分，共计 30 分）

第1题					第2题				
(1)	(2)	(3)	(4)	(5)	(1)	(2)	(3)	(4)	(5)
D	D	A	C	D	A	A	D	A	B

CCF 非专业级别软件能力认证第一轮
（CSP-S）提高级 C++ 语言试题模拟卷

考生注意事项：

- 试题纸共有 7 页，答题纸共有 2 页，满分为 100 分。请在答题纸上作答，写在试题纸上的一律无效。
- 不得使用任何电子设备（如计算器、手机、电子词典等）或查阅任何书籍资料。

一、单项选择题（共 20 题，每题 1.5 分，共计 30 分；每题有且仅有一个正确选项）

1. 在 IEEE 754 标准中，一个规格化的 32 位浮点数 x 的真值表示为

$$x = (-1)^S \times (1.M) \times 2^{(E-127)}$$

S、E、M 各位占比如下所示：

S	E	M
1 位	8 位	23 位

若一浮点数 x 的 754 标准存储格式为 $(41360000)_{16}$，则其十进制数值为（　　）。

　　A. 314.625　　　　　B. 63.125　　　　　C. 11.375　　　　　D. 303.125

2. 在计算机系统中，采用总线结构便于实现系统的积木化构造，同时可以（　　）。

　　A. 提高数据传输速度　　　　　　　　B. 提高数据传输量

　　C. 减少信息传输线的数量　　　　　　D. 减少指令系统的复杂性

3. 如果某系统 $15 \times 4 = 112$ 成立，则该系统采用的是（　　）进制。

　　A. 六　　　　　　　B. 七　　　　　　　C. 八　　　　　　　D. 九

4. 将多项式 $2^7 + 2^5 + 2^2 + 2^0$ 表示为十六进制数，其值为（　　）。

　　A. 55　　　　　　　B. 95　　　　　　　C. A5　　　　　　　D. EF

5. 一张分辨率为 4K 的 32 位真彩色照片，在不压缩的情况下，其存储容量为（　　）。

　　A. 16KB　　　　　　B. 128KB　　　　　C. 33.75MB　　　　D. 270MB

6. 下列问题中不可以用贪心算法求得最优解的是（　　）。

　　A. 哈夫曼编码　　　B. 活动安排问题　　C. 0-1 背包问题　　D. 单源最短路径

7. 线性表采用链式存储时，节点的存储地址（　　）。

　　A. 必须是不连续的　　　　　　　　　B. 连续与否均可

　　C. 必须是连续的　　　　　　　　　　D. 和头节点的存储地址相连续

8. 树是一种非线性数据结构，其最适合用来表示（　　）。

　　A. 有序数据元素　　　　　　　　　　B. 无序数据元素

　　C. 元素之间具有分支层次关系的数据　D. 元素之间无联系的数据

9. 二叉树是一种特殊的树，一颗二叉树的第 k 层的节点数最多为（　　）。

　　A. $2k-1$　　　　　　B. $2k+1$　　　　　C. 2^{k-1}　　　　　D. 2^{k+1}

10. 设连通图 G 中的边集 $E = \{(a,b),(a,e),(a,c),(b,e),(e,d),(d,f),(f,c)\}$，则从顶点 a 出发可以得到的一种深度优先遍历的顶点序列为（　　）。

A. abedfc　　　　B. acfebd　　　　C. abcedf　　　　D. abcdef

11. 随着世界各国互联网应用的发展,越来越多的 IP 地址被不断分配给最终用户,这样一来,IP 地址近乎枯竭。在这样的情况下,IPv6 应运而生,IPv6 采用( )位二进制表示网络地址。

A. 48　　　　　B. 64　　　　　C. 96　　　　　D. 128

12. 有 7 个一模一样的苹果,放到 3 个不同的盘子中,每个盘子中至少有 1 个苹果的放法一共有( )种。

A. 10　　　　　B. 15　　　　　C. 21　　　　　D. 30

13. 在博士学位的授予仪式上,执行主席看到一脸稚气的维纳,颇为惊讶,于是就当面询问他的年龄。维纳不愧为数学神童,他的回答十分巧妙:"我今年岁数的立方是一个四位数,岁数的四次方是一个六位数,这两个数,刚好把十个数字 0、1、2、3、4、5、6、7、8、9 全都用上了,不重不漏。这意味着全体数字都向我俯首称臣,预祝我将来在数学领域里一定能干出一番惊天动地的大事业。"维纳此言一出,四座皆惊,大家都被他的这道妙题深深地吸引住了。整个会场上的人,都在议论他的问题。请问当年维纳的年龄是( )。

A. 16　　　　　B. 18　　　　　C. 19　　　　　D. 21

14. 新上任的宿舍管理员拿到 10 把钥匙去开 10 个房间的门,他知道每把钥匙只能开其中的一个门,但不知道每把钥匙是开哪一个门的钥匙,现在要打开所有关闭着的 10 个房间,他最多要试开( )次。

A. 10　　　　　B. 25　　　　　C. 30　　　　　D. 55

15. 通过( )技术,人类实现了世界范围的信息资源共享,世界变成了"地球村"。

A. 现代交通　　　B. 现代通信　　　C. 计算机网络　　　D. 现代基因工程

二、阅读程序(程序输入不超过数组或字符串定义的范围;判断题正确填√,错误填×;除特殊说明外,判断题 1.5 分,选择题 3 分,共计 40 分)

1.

```
01   #include <iostream>
02   using namespace std;
03   #define maxn 50
04   const int y=2021;
05   int n,c[maxn][maxn],i,j,s=0;
06   int main()
07   {
08       cin>>n;
09       c[0][0]=1;
10       for(i=1;i<=n;i++)
11       {
12           c[i][0]=1;
13           for(j=1;j<i;j++)
14               c[i][j]=c[i-1][j-1]+c[i-1][j];
15           c[i][i]=1;
16       }
17       for(i=0;i<=n;i++)
```

```
18          s=(s+c[n][i])%y;
19      cout<<s<<endl;
20      return 0;
21  }
```

• 判断题

（1）第 03 行和 04 行的功能相似，都是定义常量，交换定义，即

```
const int maxn=50;
#define y 2021
```

程序运行结果不变。 （   ）

（2）将第 15 行移动到第 12 行行末，程序运行结果不变。 （   ）

（3）输入的 n 的范围为[1,50]，若超出这个范围，则程序运行结果会出错。 （   ）

（4）根据第 14 行程序可知：对于 $1<=i,j<=n$，$c[i][j]$ 的值肯定比 $c[i-1][j-1]$ 的值大。

（   ）

• 选择题

（5）当输入 n＝7 时，输出结果为（   ）。

    A. 64　　　　　　B.　128　　　　　　C. 256　　　　　　D. 512

（6）当输入 n＝17 时，输出结果为（   ）。

    A. 1728　　　　　B. 1435　　　　　C. 65 536　　　　D. 131 072

2.

```
01  #include <iostream>
02  #include <cstdlib>
03  using namespace std;
04  int a[1000001],n,ans=-1;
05
06  void swap(int &a,int &b)
07  {
08      int t;
09      t=a;a=b;b=t;
10  }
11  int kth(int left,int right,int n)
12  {
13      int tmp,value,i,j;
14      if(left==right) return left;
15      tmp=rand()%(right-left)+left;
16      swap(a[tmp],a[left]);
17      value=a[left];
18      i=left;
19      j=right;
20      while(i<j)
21      {
22          while(i<j && a[j]<value) j--;
```

```
23          if(i<j){a[i]=a[j];i++;}else break;
24          while(i<j && a[i]>value) i++;
25          if(i<j){a[j]=a[i];j--;}else break;
26      }
27      a[i]=value;
28      if(i<n)return kth(i+1,right,n);
29      if(i>n)return kth(left,i-1,n);
30      return i;
31  }
32  int main()
33  {
34      int i,m;
35      cin>>m;
36      for(i=1;i<=m;i++)
37          cin>>a[i];
38      cin>>n;
39      ans=kth(1,m,n);
40      cout<<a[ans];
41      return 0;
42  }
```

• 判断题

(1) 将第 15 行 tmp＝rand()％(right－left)＋left 换成 tmp＝(right＋left)/2,程序运行结果不变。　　　　　　　　　　　　　　　　　　　　　　　　　　　　　(　　)

(2) 第 28 行和第 29 行的递归调用,每次只能调用其中一个。　　　　　(　　)

(3) 第 22 行和第 24 行的 while 循环,程序每次运行都会至少执行 1 次循环。　(　　)

• 选择题

(4) 此程序的时间复杂度是(　　)。

　　A. O(log n)　　　　B.　O(n²)　　　　C. O(nlog n)　　　　D.　O(n)

(5) 若输入的数据为

3 4 7 5 2

则程序的运行结果是(　　)。

　　A. 3　　　　　　B. 4　　　　　　C. 7　　　　　　D. 5

(6) 若输入的数据为:

10

80 90 40 50 20 30 10 60 70 100

4

则程序的运行结果是(　　)。

　　A. 44　　　　　　B. 40　　　　　　C. 60　　　　　　D. 70

3.

```
01  #include <iostream>
```

```
02   #include <cstring>
03   using namespace std;
04   const int SIZE=10000;
05   const int LENGTH=10;
06   int n,m,a[SIZE][LENGTH];
07   int h(int u,int v)
08   {
09       int ans,i;
10       ans=0;
11       for(i=1;i<=n;i++)
12           if(a[u][i]!=a[v][i])
13               ans++;
14       return ans;
15   }
16   int main()
17   {
18       int sum,i,j;
19       cin>>n;
20       memset(a,0,sizeof(a));
21       m=1;
22       while(1)
23       {
24           i=1;
25           while((i<=n)&&(a[m][i]==1))
26               i++;
27           if(i>n) break;
28           m++;
29           a[m][i]=1;
30           for(j=i+1;j<=n;j++)
31               a[m][j]=a[m-1][j];
32       }
33       sum=0;
34       for(i=1;i<=m;i++)
35           for(j=1;j<=m;j++)
36               sum+=h(i,j);
37       cout<<sum<<endl;
38       return 0;
39   }
```

- 判断题

(1) 程序的输出结果有可能是 0。 (   )

(2) 数组 a 中的值要么是 0,要么是 1,没有其他值。 (   )

(3) 第 25 行的 while 循环每次执行至少执行 1 次。 (   )

- 选择题

(4) 此程序的时间复杂度是(   )。

A. O(n)　　　　　　B. O(nlog n)　　　　C. O(n²)　　　　D. O(n³)

(5) 若输入 n＝3,则输出结果为(　　　)。

A. 8　　　　　　　B. 64　　　　　　　C. 96　　　　　D. 108

(6) 若输入 n＝7,则输出结果为(　　　)。

A. 16384　　　　　B. 57344　　　　　C. 65536　　　D. 131072

四、完善程序(共 2 题,每题 14 分,共计 28 分)

1. (过河问题)在一个月黑风高的夜晚,有一群人在河的右岸,想通过唯一的一座独木桥走到河的左岸。在这伸手不见五指的黑夜里,过桥时必须借助灯光照明,很不幸的是,他们只有一盏灯。另外,独木桥上最多承受两个人同时经过,否则将会坍塌。每个人单独过桥都需要一定的时间,不同的人需要的时间可能不同。两个人一起过桥时,由于只有一盏灯,所以需要的时间是较慢的那个人单独过桥时所花的时间。现输入 n(2≤n<100)和这 n 个人单独过桥时需要的时间,请计算总共最少需要多少时间,他们才能全部到达河的左岸。

例如,有 3 个人甲、乙、丙,他们单独过桥的时间分别为 1、2、4,则总共最少需要的时间为 7。具体方法是:甲、乙一起过桥到河的左岸,甲单独回到河的右岸并将灯带回,然后甲、丙再一起过桥到河的左岸,总时间为 2+1+4＝7。

```cpp
#include <iostream>
using namespace std;
const int SIZE =100;
const int INFINITY =10000;
const bool LEFT =true;
const bool RIGHT =false;
const bool LEFT_TO_RIGHT =true;
const bool RIGHT_TO_LEFT =false;
int n, hour[SIZE];
bool pos[SIZE];
int max(int a, int b)
{
    if (a >b)
        return a;
    else
        return b;
}
int go(bool stage)
{
    int i, j, num, tmp, ans;
    if (stage ==RIGHT_TO_LEFT) {
        num =0;
        ans =0;
        for (i =1; i <=n; i++)
            if (pos[i] ==RIGHT) {
                num++;
                if (hour[i] >ans)
```

```
                                  ans =hour[i];
                  }
            if ( ① )
                  return ans;
            ans =INFINITY;
            for (i =1; i <=n -1; i++)
                  if (pos[i] ==RIGHT)
                        for (j =i +1; j <=n; j++)
                              if (pos[j] ==RIGHT) {
                                    pos[i] =LEFT;
                                    pos[j] =LEFT;
                                    tmp =max(hour[i], hour[j]) +  ② ;
                                    if (tmp <ans)
                                          ans =tmp;
                                    pos[i] =RIGHT;
                                    pos[j] =RIGHT;
                              }
            return ans;
      }
      if (stage ==LEFT_TO_RIGHT) {
            ans =INFINITY;
            for (i =1; i <=n; i++)
                  if (  ③  ) {
                        pos[i] =RIGHT;
                        tmp =  ④  ;
                        if (tmp <ans)
                              ans =tmp;
                          ⑤  ;
                  }
            return ans;
      }
      return 0;
}
int main()
{
      int i;
      cin>>n;
      for (i =1; i <=n; i++) {
            cin>>hour[i];
            pos[i] =RIGHT;
      }
      cout<<go(RIGHT_TO_LEFT)<<endl;
      return 0;
}
```

(1) ①处应填（　　　）。

  A. num<=0   B. num<=1   C. num<=2   D. num<=3

（2）②处应填（　　）。

  A. go(LEFT_TO_RIGHT)   B. go(RIGHT_TO_LEFT)

  C. go(LEFT)   D. go(RIGHT)

（3）③处应填（　　）。

  A. pos[i]==LEFT && pos[i+1]==LEFT

  B. pos[i]==LEFT || pos[i+1]==LEFT

  C. pos[i]==LEFT

  D. pos[i]! =LEFT

（4）④处应填（　　）。

  A. go(RIGHT_TO_LEFT)+hour[i] B. go(LEFT_TO_RIGHT)+hour[i]

  C. min(hour[i], hour[i+1])+hour[i] D. Hour[i]

（5）⑤处应填（　　）。

  A. pos[i]=LEFT_TO_RIGHT   B. pos[i]=RIGHT_TO_LEFT

  C. pos[i]=LEFT   D. pos[i]=RIGHT

  2.（黑白棋）在一个 4×4 的棋盘上摆放了 14 颗棋子,其中有 7 颗白色棋子,7 颗黑色棋子,有两个空白地带,任何一颗黑白棋子都可以向上下左右四个方向移动到相邻的空格,称为行棋一步,黑白双方交替走棋,任意一方可以先走,如果在某个时刻使得任意一种颜色的棋子形成四个一条线(包括斜线),则这样的状态称为目标棋局。棋盘的初始状态如下。

●○●
○●○●
●○●○
○●○

  程序读入一个 4×4 的初始棋局,黑棋用 B 表示,白棋用 W 表示,空格地带用 O 表示。输出移动到目标棋局所需要的最少步数。

```cpp
#include<iostream>
#include<cstring>
#include<cstdio>
using namespace std;
int xx[5] ={0,0,0,1,-1};
int yy[5] ={0,1,-1,0,0};
int map[5][5],minn =1000;
char s;
void Dfs(int x,int y,int num,int b)
{
    int m =100000,i,j,k;
    if( ① )
        return;
    for(i =1;i <=4;i ++)
    {
```

```
            if(map[i][1] ==map[i][2] && map[i][2] ==map[i][3] && map[i][3] ==map[i][4]
            && (map[i][4] ==1 || map[i][4] ==2))
            m =num;
            if(map[1][i] ==map[2][i] && map[2][i] ==map[3][i] && map[3][i] ==map[4][i]
            && (map[4][i] ==1 || map[4][i] ==2))
            m =num;
        }
        if(map[1][1] ==map[2][2] && map[2][2] ==map[3][3] && map[3][3] ==map[4][4] &&
        (map[4][4]==1 || map[4][4] ==2))
            m =num;
        if(map[4][1] ==map[3][2] && map[3][2] ==map[2][3] && map[2][3] ==map[1][4] &&
        (map[1][4]==1 || map[1][4] ==2))
            m =num;
        if( ② )
        {
            minn =m;
            return;
        }
        for(i =1;i <=4;i ++)
        {
            int tx =x +xx[i];
            int ty =y +yy[i];
            if(tx >0 && tx <=4 && ty >0 && ty <=4 && ③ )
            {
                map[x][y] =map[tx][ty];
                map[tx][ty] =0;
                if(b ==1)
                    b =2;
                else b =1;
                for(j =1;j <=4;j ++)
                    for(k =1;k <=4;k ++)
                        if(!map[j][k])
                            ④ ;
                map[tx][ty] =map[x][y];
                ⑤ ;
                if(b ==1)
                        b =2;
                else     b =1;
            }
        }
    }
    int main()
    {
        int i,j;
        for(i =1;i <=4;i ++)
```

```
        for(j =1;j <=4;j ++)
        {
            cin >>s;
            if(s =='W') map[i][j] =1;
            if(s =='B') map[i][j] =2;
        }
    for(i =1;i <=4;i ++)
        for(j =1;j <=4;j ++)
            if(!map[i][j])
            {
                Dfs(i,j,0,1);
                Dfs(i,j,0,2);
            }
    cout<<minn<<endl;
    return 0;
}
```

(1) ①处应填(　　)。

　　A. num<=0　　　　B. num<=1　　　C. num >= minn　D. b==0

(2) ②处应填(　　)。

　　A. m <= minn　　　　　　　　　B. m < minn

　　C. m > minn　　　　　　　　　　D. m >= minn

(3) ③处应填(　　)。

　　A. ! map[tx][ty]　　　　　　　B. map[tx][ty] == b

　　C. b==1　　　　　　　　　　　D. b==2

(4) ④处应填(　　)。

　　A. Dfs(tx,ty,num,b)　　　　　　B. Dfs(tx,ty,num+1,b)

　　C. Dfs(j,k,num,b)　　　　　　　D. Dfs(j,k,num+1,b)

(5) ⑤处应填(　　)。

　　A. map[x][y] = 0　　　　　　　B. map[x][y] = 1

　　C. map[tx][ty] = 0　　　　　　D. map[tx][ty] = 1

CCF 非专业级别软件能力认证第一轮
(CSP-S)提高级 C++ 语言试题模拟卷答题纸

一、单项选择题(共 15 题,每题 2 分,共计 30 分)

1	2	3	4	5	6	7	8	9	10

11	12	13	14	15

二、阅读程序(除特殊说明外,判断题 1.5 分,单选题 3 分,共计 40 分)

第1题	判断题(填√或×)				单 选 题	
	(1)	(2)	(3)	(4)	(5)	(6)

第2题	判断题(填√或×)				单 选 题	
	(1)	(2)	(3)	(4)	(5)	(6)

第3题	判断题(填√或×)		单 选 题			
	(1)	(2)	(3)	(4)	(5)	(6)

三、完善程序(单选题,每小题 3 分,共计 30 分)

第 1 题					第 2 题				
(1)	(2)	(3)	(4)	(5)	(1)	(2)	(3)	(4)	(5)

CCF 非专业级别软件能力认证第一轮

（CSP-S）提高级 C++ 语言试题模拟卷参考答案

一、单项选择题（共 15 题，每题 2 分，共计 30 分）

1	2	3	4	5	6	7	8	9	10
C	D	A	C	C	C	B	C	C	A
11	12	13	14	15					
D	B	B	D	C					

二、阅读程序（除特殊说明外，判断题 1.5 分，单选题 3 分，共计 40 分）

第1题	判断题(填√或×)				单 选 题	
	(1)	(2)	(3)	(4)	(5)	(6)
	√	√	×	√	B	A

第2题	判断题(填√或×)				单 选 题	
	(1)	(2)	(3)	(4)	(5)	(6)
	√	√	×	C	D	D

第2题	判断题(填√或×)				单 选 题	
	(1)	(2)	(3)	(4)	(5)	(6)
	√	√	×	C	C	B

三、完善程序（单选题，每小题 3 分，共计 30 分）

第1题					第2题				
(1)	(2)	(3)	(4)	(5)	(1)	(2)	(3)	(4)	(5)
C	A	C	A	C	C	B	B	D	A

附录 C 部分习题参考答案

第1章 计算机基本知识
1.1 基本常识

题号	1	2	3	4	5
答案	C	C	B	D	A

1.2 系统结构

题号	1	2	3	4	5	6	7	8
答案	B	C	A	C	B	A	D	D

1.3 软件系统

题号	1	2	3	4	5	6
答案	D	C	B	D	C	A

1.4 数据表示与计算

题号	1	2	3	4	5	6	7	8	9	10	11	12
答案	D	A	A	A	B	B	C	A	D	D	C	C

1.5 信息编码

题号	1	2	3	4	5	6	7	8	9	10
答案	B	B	B	C	C	C	D	A	D	C

1.6 网络基础

题号	1	2	3	4	5	6	7	8	9	10
答案	B	B	B	D	C	B	B	A	B	D

第2章 程序设计基础
2.1 计算机语言与算法

题号	1	2
答案	B	B

2.2 C++语言基础

题号	1	2	3	4	5	6
答案	B	D	D	B	B	C

第3章 基本数据结构

3.1 线性表

题号	1	2	3	4	5	6
答案	C	A	A	D	D	C

3.2 栈和队列

题号	1	2	3	4	5	6	7	8	9	10	11
答案	D	A	C	C	D	C	C	C	B	B	B

3.3 树

题号	1	2	3	4	5	6	7	8	9	10	11
答案	A	C	B	D	A	A	C	D	C	A	C

3.4 图

题号	1	2	3	4	5	6	7
答案	D	D	B	B	A	A	A

3.5 排序

题号	1	2	3	4	5	6	7	8	9
答案	A	A	D	D	C	B	C	D	C

第4章 算法与数学

4.1 应用数学

题号	1	2	3	4	5	6	7	8
答案	C	D	D	A	C	A	B	C

4.2 组合学

题号	1	2	3	4	5	6	7	8	9	10
答案	B	C	D	C	C	B	D	A	B	C

第 6 章　C++ 基础语法

第 1 题	判断题(填√或×)				单 选 题	
	(1)	(2)	(3)	(4)	(5)	(6)
	×	√	×	√	B	B

第 2 题	判断题(填√或×)				单 选 题	
	(1)	(2)	(3)	(4)	(5)	(6)
	×	×	√	×	C	C

第 3 题	判断题(填√或×)				单 选 题	
	(1)	(2)	(3)	(4)	(5)	(6)
	×	√	√	×	C	A

第 4 题	判断题(填√或×)				单 选 题	
	(1)	(2)	(3)	(4)	(5)	(6)
	√	×	√	×	A	D

第 5 题	判断题(填√或×)			单 选 题		
	(1)	(2)	(3)	(4)	(5)	(6)
	×	×	√	D	B	D

第 6 题	判断题(填√或×)				单 选 题	
	(1)	(2)	(3)	(4)	(5)	(6)
	×	√	×	√	C	D

第 7 题	判断题(填√或×)				单 选 题	
	(1)	(2)	(3)	(4)	(5)	(6)
	√	×	×	√	A	C

第 8 题	判断题(填√或×)				单 选 题	
	(1)	(2)	(3)	(4)	(5)	(6)
	√	×	√	×	A	D

第 9 题	判断题(填√或×)			单 选 题	
	(1)	(2)	(3)	(4)	(5)
	B	B	D	B	A

第 7 章　数据结构

第 1 题	单 选 题					
	(1)	(2)	(3)	(4)	(5)	
	B	B	A	D	A	

续表

第2题	单 选 题					
	(1)	(2)	(3)	(4)	(5)	(6)
	×	√	√	×	B	D
第3题	判断题(填√或×)			单 选 题		
	(1)	(2)	(3)	(4)	(5)	(6)
	×	√	√	D	A	D

第8章 算法

第1题	单 选 题				
	(1)	(2)	(3)	(4)	(5)
	B	A	C	B	A
第2题	单 选 题				
	(1)	(2)	(3)	(4)	(5)
	C	C	A	A	A
第3题	单 选 题				
	(1)	(2)	(3)	(4)	(5)
	D	C	A	A	B